U0494735

学会选择 懂得放弃

陈泰先 ◎ 编著

当代世界出版社

图书在版编目（CIP）数据

学会选择 懂得放弃 / 陈泰先编著. —北京：当代世界出版社，2011.9

ISBN 978 – 7 – 5090 – 0762 – 4

Ⅰ.①学… Ⅱ.①陈… Ⅲ.①人生哲学—通俗读物 Ⅳ.① B821 – 49

中国版本图书馆 CIP 数据核字 (2011) 第 140620 号

书　　名：	学会选择　懂得放弃
出版发行：	当代世界出版社
地　　址：	北京市复兴路 4 号（100860）
网　　址：	http：//www.worldpress.com.cn
编务电话：	（010）83908400
发行电话：	（010）83908410（传真）
	（010）83908408
	（010）83908409
经　　销：	新华书店
印　　刷：	北京玥实印刷有限公司印刷
开　　本：	710 毫米 ×1000 毫米　1/16
印　　张：	21
字　　数：	302 千字
版　　次：	2011 年 09 月第 1 版
印　　次：	2011 年 09 月第 1 次
印　　数：	1~6000 册
书　　号：	ISBN 978 – 7 – 5090 – 0762 – 4
定　　价：	36.80 元

如发现印装质量问题，请与承印厂联系调换。
版权所有，翻印必究：未经许可，不得转载！

前　言

鱼和熊掌不可兼得，你必须有所选择，有所放弃。

喜欢钓鱼的人可能都知道要想钓到大鱼就必须用香甜可口的食物做鱼饵。因此人们要想获得更高的利润就必须做出双倍甚至更多的努力。记得有这么一个故事：

聪明的农夫知道老鼠会来偷吃仓库里的粮食，所以事先设了一个可以让老鼠空腹进去的小洞，只要老鼠随便吃一点粮食就钻不出来，到时就可以瓮中捉鳖。老鼠不知道农夫的计谋，看到有这种便宜，便一狠心饿了二天，顺利地钻入了粮仓。可当它得意地美餐一顿后，却怎么也爬不出来了，所幸的是农夫对这档子事疏忽了，老鼠在又忍饿两天后钻出小洞，逃之夭夭。

从这则故事中我们应该得到深刻的启发：必须学会选择，懂得放弃。

选择是人生成功路上的航标，只有量力而行的睿智选择才会拥有更辉煌的成功。

放弃是智者面对生活的明智选择，只有懂得何时放弃的人才会事事如鱼得水。

人生如演戏，每个人都是自己的导演，只有学会选择和懂得放弃才能导出精彩的电影和拥有海阔天空的人生境界。

目 录

第一篇 感悟心灵，感悟生活

1. 放弃思想包袱，就不会跌伤自己 …………………（3）
2. 学会如何读书 ……………………………………（4）
3. 男人的意义 ………………………………………（5）
4. 一只美洲虎 ………………………………………（7）
5. 从容面对人生的选择 ……………………………（8）
6. 懂得放弃享乐 ……………………………………（10）
7. 书房的生命 ………………………………………（11）
8. 选择与放弃决定幸福 ……………………………（12）
9. 生命倒计时 ………………………………………（13）
10. 永不休息的鬼 ……………………………………（14）
11. 幸福女神与不幸女神 ……………………………（16）
12. 挫折时，要怪自己没有选择好 …………………（17）
13. 选择与放弃，决定你的生命 ……………………（18）
14. 敢于不如人 ………………………………………（19）
15. 用不完金币的穷人 ………………………………（21）
16. 人生的六个坎 ……………………………………（22）
17. 青蛙求王 …………………………………………（24）
18. 收藏你的阳光 ……………………………………（25）

19. 选择快乐…………………………………………（26）
20. 选择幸福的漂亮鱼………………………………（27）
21. 弱者回首就变强…………………………………（29）
22. 死神60年的账单…………………………………（30）
23. 放弃个人"尊严"…………………………………（31）
24. 不和老鼠打架……………………………………（32）
25. 温暖别人也就是温暖自己………………………（33）
26. 人生无处不套牢…………………………………（34）
27. 不把便宜让给别人………………………………（35）
28. 寻找画的美丽……………………………………（36）
29. 放弃死亡你才能好好地活着……………………（37）
30. 人缘要靠善待去争取……………………………（38）
31. 额外的要求………………………………………（39）
32. 国王的秃头………………………………………（40）
33. 借钱与还钱………………………………………（41）
34. 真理不容犹豫……………………………………（42）
35. 母子鸟的永不放弃………………………………（43）
36. 成功就是选择与放弃……………………………（44）
37. 放自己一马………………………………………（45）
38. 选择进路与退路…………………………………（46）
39. 把所有的鸡蛋放入同一个篮子…………………（48）
40. 利用好今天………………………………………（49）
41. 多一分耐心，多一点谦恭………………………（50）
42. 独特之处决定着你的自信………………………（52）
43. 完全消除需要得到赞许的心理…………………（53）
44. 不要把得失看得太重……………………………（55）
45. 要超常就需要扬弃………………………………（56）
46. 错过花，你将收获雨……………………………（58）
47. 感觉和智能，孰重孰轻…………………………（60）
48. 别做"完美主义者"………………………………（62）
49. "事必躬亲"并非好习惯…………………………（65）

50. 知足常乐，终身不辱……………………………………（66）
51. 忍是大智、大勇、大福…………………………………（69）
52. 吃亏是福，贪得是祸……………………………………（70）
53. 原谅生活是为了更好地生活……………………………（71）
54. 闻过则喜，闻过则改……………………………………（73）
55. 失意时要懂得心宽………………………………………（75）
56. 学会善待自己……………………………………………（77）
57. 朋友可多勿滥……………………………………………（79）
58. 时髦可追也可不追………………………………………（81）
59. 逢人留一手………………………………………………（83）
60. 善从师，而不强为人师…………………………………（85）
61. 聚散都是缘，路要自己走………………………………（87）
62. 悲观也是福………………………………………………（88）
63. 行事不可纵容……………………………………………（90）
64. 不战而胜，上兵伐谋……………………………………（92）
65. 谁笑到最后，谁笑得最甜………………………………（94）
66. 忘记就是选择放弃………………………………………（95）
67. 利用你的逆向思维………………………………………（96）
68. 细心体验，用心生活……………………………………（99）
69. 包容过去，融通未来……………………………………（101）
70. 选择最合适的，那才是最美的…………………………（103）
71. 天公不作美，人自寻找之………………………………（104）
72. 用你的慧眼去择善………………………………………（106）
73. 过而不改，是为过矣……………………………………（107）
74. 别让猜疑折磨自己………………………………………（109）
75. 生得快乐，活得潇洒……………………………………（111）
76. 规划你的人生……………………………………………（113）
77. 不要把宝石当石子放弃…………………………………（114）
78. 在金钱之外………………………………………………（115）
79. 感激对手…………………………………………………（116）
80. 钻石就在你的脚下………………………………………（118）

81. 书生圆梦……………………………………（119）
82. 另类成本……………………………………（121）
83. 人生的加法与减法…………………………（122）
84. 信用是最宝贵的财富………………………（123）
85. 狼比狗聪明的原因…………………………（124）
86. 等待…………………………………………（125）
87. 我很重要……………………………………（126）
88. 捞鱼…………………………………………（127）
89. 上帝不会给得太多…………………………（128）
90. 山羊的优势…………………………………（129）
91. 没什么?有什么……………………………（130）
92. 选择好自己的生活方式……………………（132）
93. 选择自己的幸福……………………………（134）
94. 盯住一只羊不放……………………………（135）
95. 放下人情包袱………………………………（136）
96. 及时拿好主意………………………………（137）
97. 打破超凡脱俗的英雄主义…………………（138）
98. 世上只有不肯快乐的心……………………（139）
99. 吃亏即占便宜………………………………（141）

第二篇　凡人的世界

1. 别让雨下进灵魂里…………………………（147）
2. 拥有一项关键的能力………………………（148）
3. 擦净心灵……………………………………（150）
4. 生命在于永不放弃…………………………（151）
5. 我在你身边…………………………………（152）
6. 学会忍耐……………………………………（153）

7. 寻找幸福……………………………………（154）
8. 不苛求朋友的回报…………………………（156）
9. 等人不超过45分钟…………………………（157）
10. 真诚的力量…………………………………（159）
11. 选择不到幸福………………………………（160）
12. 希望的种子…………………………………（161）
13. 幸福钥匙……………………………………（162）
14. 自欺欺人的"夫人"…………………………（164）
15. 父亲俱废的手………………………………（165）
16. 生死相依……………………………………（166）
17. 老观念，新观念……………………………（167）
18. 爱的盼望……………………………………（168）
19. 母亲的"谎言"………………………………（169）
20. 用毒药害婆婆………………………………（170）
21. 父亲五元钱的故事…………………………（172）
22. 擦亮自己做人的牌子………………………（174）
23. 征服…………………………………………（175）
24. 选择比什么都重要…………………………（176）
25. 给生命选择希望……………………………（178）
26. 擦背…………………………………………（179）
27. 父母的碗里是否有菜………………………（181）
28. 失去的总是珍贵的…………………………（182）
29. 不再自卑……………………………………（183）
30. 情人与妻子的待遇…………………………（185）
31. 爱与不爱如何去选择………………………（186）
32. 没有人在原处等你…………………………（188）
33. 搁置的玉米会失去原有的美味……………（189）
34. 爱是一盏灯…………………………………（190）
35. 夫妻难得是糊涂……………………………（191）
36. 做好自己的梦………………………………（193）
37. 积极地迈出第一步…………………………（194）

38. 做自己的救世主…………………………………（196）
39. 放弃就是最大的跨越………………………………（198）
40. 让你和你的员工忙碌起来…………………………（200）
41. 选择现在……………………………………………（202）
42. 时机需要选择………………………………………（203）
43. 你有权选择自己对逆境的态度……………………（205）
44. 放弃负面心态，选择快乐人生……………………（206）
45. 能力估计错误，你将会失败………………………（207）
46. 调整好心态你就是个幸福的人……………………（209）
47. 最后的选择…………………………………………（210）
48. 在绝境处寻找生机…………………………………（212）
49. 成功说难也易………………………………………（213）
50. 火把的启示…………………………………………（214）
51. 败者的起点…………………………………………（215）
52. 成功的捷径…………………………………………（217）
53. 锻造柔软……………………………………………（218）
54. 渔夫的放弃…………………………………………（219）

第三篇　名人的殿堂

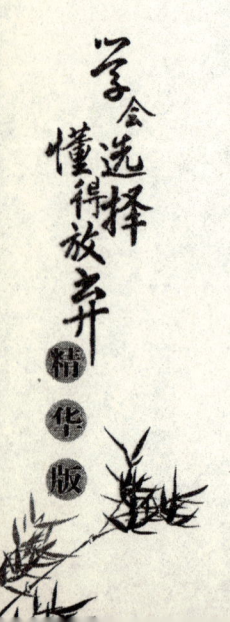

1. 轻易放弃，永远到不了终点………………………（223）
2. 下一次就是你………………………………………（224）
3. 爱拼才会赢…………………………………………（226）
4. 相信自己……………………………………………（227）
5. 困难可以磨练意志…………………………………（228）
6. 有梦就有希望………………………………………（229）
7. 智慧就是金子………………………………………（230）
8. 帮人帮己……………………………………………（232）
9. 钱只是符号而已……………………………………（233）

10. 剔凿生命的石屑……………………………………（235）
11. 人要活得自由自在…………………………………（236）
12. 不赌为赢……………………………………………（237）
13. 可以选择好生命……………………………………（238）
14. 天才选择给自己铺路………………………………（240）
15. 你手里有支笔，怕什么……………………………（241）
16. 做别人没有做过的…………………………………（242）
17. 只有舍去才能得到…………………………………（244）
18. 选择开除自己………………………………………（245）
19. 选择"叫"……………………………………………（246）
20. 选择一个"冤家"做搭档……………………………（248）
21. 危机的背后…………………………………………（249）
22. 宽容是"黏合剂"……………………………………（250）
23. 选择小鱼，放弃大鱼………………………………（251）
24. 用心去干一件事……………………………………（252）
25. 千万别怀疑自己……………………………………（254）
26. 确定你是对的，然后勇往直前……………………（255）
27. 学会选择，不要被他人所左右……………………（257）
28. 学会以退为进的策略………………………………（258）
29. 为他人着想是为自己铺路…………………………（260）
30. 奋斗才能永恒………………………………………（263）
31. 为何一定要成方圆…………………………………（266）
32. 选择今天……………………………………………（268）
33. 学会放弃烦恼………………………………………（271）
34. "懒惰"也是一种智慧………………………………（273）
35. 一定要选择好人生的进退…………………………（275）
36. 要想获得，必先给予………………………………（277）
37. 庄稼看收成，做人看结果…………………………（279）
38. 强弱只是相对的……………………………………（281）
39. 喊出属于你的声音…………………………………（283）
40. 学会思索，懂得放弃………………………………（285）

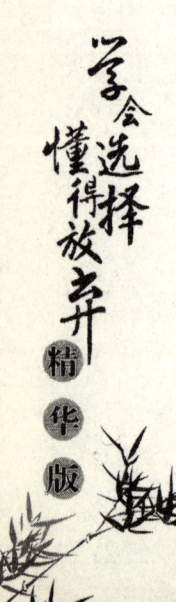

41. 每个人都有获得成功的机会……………………（286）
42. 天才懂得选择………………………………………（287）
43. "敢做"比"会做"更重要…………………………（289）
44. 选择冒险……………………………………………（290）
45. 成功是平凡的积累…………………………………（291）
46. 用心很重要…………………………………………（293）
47. 选择专注……………………………………………（295）
48. 你的态度决定了你的前途…………………………（296）
49. 泥泞的路才能留下脚印……………………………（298）
50. 放弃的力量…………………………………………（299）
51. 选择小事成就大业…………………………………（300）
52. 只选择一把椅子……………………………………（302）
53. 丢失的玩具…………………………………………（303）
54. 创业的启示…………………………………………（304）
55. 坦言失败是成功……………………………………（305）
56. 奇迹是怎样创造的…………………………………（306）
57. 苦难与天才…………………………………………（308）
58. 机遇是金……………………………………………（309）
59. 学会低头……………………………………………（310）
60. 失之东隅，收之桑榆………………………………（311）
61. 救活自己的只能是自己……………………………（313）
62. 坚持与放弃…………………………………………（314）
63. 掌握好分寸…………………………………………（315）
64. 永不投降……………………………………………（316）
65. 谁都不会一无是处…………………………………（317）
66. 放弃常规……………………………………………（318）
67. 不被完美所累………………………………………（319）
68. 选择你的环境………………………………………（320）
69. 学会恰到好处地放弃………………………………（321）
70. 放心面对，用心解决………………………………（322）

第一篇

感悟心灵，感悟生活

1. 放弃思想包袱，就不会跌伤自己

　　许多时候，我们不是跌倒在自己的缺陷上，而是跌倒在自己的优势上，因为缺陷常能给我们提醒，而优势却常使我们忘了去选择和放弃。

三个旅行者同时住进了一个旅店。

　　早上出门的时候，一个旅行者带了一把伞，另一旅行者拿了一根拐杖，第三个旅行者什么也没有拿。晚上归来的时候，拿伞的旅行者淋得浑身是水，拿拐杖的旅行者跌得满身是伤，而第三个旅行者却安然无恙。于是前两个旅行者很纳闷，问第三个旅行者："你怎么会没事？"

　　第三个旅行者没有回答，而是问拿伞的旅行者："你为什么会淋湿而没有摔伤呢？"

　　拿伞的旅行者说："当大雨来临的时候，我因为有伞就大胆地在雨中走，却不知怎么淋湿了；当我走在泥泞坎坷的路上时，我因为没有拐杖，所以走得非常仔细，专拣平稳的地方走，所以没摔伤。"

　　然后，他又问拿拐杖的旅行者："你为什么没有淋湿而是摔伤了呢？"

　　拿拐杖的旅行者说："当大雨来临的时候，我因为没有带雨伞，便拣能躲雨的地方走，所以没有淋湿；当我走在泥泞坎坷的路上时，我便用拐杖拄着走，却不知为什么常常跌伤。"

　　第三个旅行者听后笑笑说："这就是我安然无恙的原因。当大雨来时我躲着走，当路不好时我小心地走，所以我没有淋湿也没有摔伤。你们的失误就在于你们有凭借的优势，认为有了优势便少了忧患，而不懂得去选择去放弃。"

第三个旅行者才是真正的旅行者，他的旅行没有思想包袱，他懂得放弃，同时他也学会了选择，所以他既不会被雨淋也不会跌伤自己。

2. 学会如何读书

正确的选择和恰当的放弃是一个人的立世之本，但并非每个人都能做到。成功与否，要看我们能否合理取舍。

14岁那年，我搭便车离开得克萨斯州的休斯敦，头顶艳阳，到处漂泊，置身于江湖风波的浪尖，先到加州，后又来到夏威夷。我在追寻着我的梦想。

快到爱坡索地区的时候，我在街道拐角碰到一个老头，是个讨饭的。他看我行色匆匆，就叫我停下来，接着问我是不是从家里偷跑出来的。我告诉他说根本不是的，因为是爸爸开车把我送到休斯敦的高速公路上，爸爸还为我祈祷说："儿子，追逐你的梦想非常重要。"

那个乞丐说要为我买杯咖啡，我说："不，先生，我想来点苏打水。"我们走到拐角处的啤酒店，坐在一对转椅上，喝着饮料聊了几分钟之后，这个友善的乞丐要我跟着他，说有重要的东西要给我看并与我一同分享。之后我们穿过几个街区来到爱坡索市立图书馆。

老乞丐先把我领到一个座椅旁，让我稍等片刻，他要在书架中找到一些特别的东西。不多一会儿，他怀里抱着几本旧书回来了。他把旧书放在桌上，在我身边坐下来开始发话。起头的几句意义非凡的话

改变了我的生活。他说:"我要教你两件事,小伙子:

第一,切记不要从封面判断一本书的好坏,因为封面会蒙骗人。"

他接着说:"我敢打赌你认为我是个叫花子,是不是,小伙子?"

我说:"是的,我猜你是的,先生。"

"小伙子,我想你会大吃一惊的,我是世界上最有钱的人。人们想要的东西我都有。但一年前,我的妻子死了,自那之后我开始沉思并反省生活的意义。我认识到生活中的许多东西我都还没有体验过,比如做一个沿街乞讨的叫花子。于是我放弃了荣华富贵选择做一年叫花子。所以,不要以貌取人,那会受骗的。"

"第二,学会如何读书,因为只有一种东西别人无法从你身上拿去,那就是智慧。"

说到这,他握住我的右手,把刚从架上抽出的书放在我的手上。那是柏拉图和亚里士多德的著作——从古到今的不朽经典。

我会永远铭记在心中。

3. 男人的意义

做一个真正的男人难吗?不难。

只要你懂得选择人生的尊严与操守,自尊、自信、正直,放弃那些迎合别人的无谓牺牲,那么你就能拥有别人最真诚的敬意。腰杆直了,影子才能直。

国外一个城市公开招聘市长助理,条件必须是男人。当然,所说的男人并不仅仅是从生理上的界定,它指的是精神上的男人。

经过了多番文化和综合素质的角逐,有一部分人获得了参加最后一项特殊考试的机会,这也是最关键的一项。那天,他们云集在公司大院里,轮流去一个办公室应考,这最后一关的考官就是市长本人。

第一个男人进来,只见他一头金发熠熠闪光,天庭饱满,高大魁梧,仪表堂堂。市长带他来到一个特建的房间,房间的地板上洒满了碎玻璃,尖锐锋利,令人望之胆寒。市长以万分威严的口气说:"脱下你的鞋子!将里面桌子上的一份登记表取出来,填好交给我!"男人毫不犹豫地将鞋子脱掉,踩着尖锐的碎玻璃取出登记表填好交给了市长。他强忍着钻心的痛,却依然镇定自若,表情泰然,静静地望着市长。市长指着一个大厅淡淡地说:"你可以去那里等候了。"男人非常激动。

市长带着第二个男人来到另一间特建的屋子,屋子的门紧闭着。市长冷冷地说:"里边有一张桌子,桌子上有一张登记表,你进去将表取出来填好交给我!"男人推门,门是锁着的。"用脑袋把门撞开!"市长命令道。男人不由分说,低头硬撞,一下、两下、三下……足足有半个小时,头破血流,门终于开了。他取出表认真地填好交给了市长,市长说:"你可以去大厅等候了。"男人非常高兴。

就这样,一个接一个,那些身强体壮的男人都用自己的意志和勇气证明了自己。市长表情有些沉重。他带最后一个男人来到一个房间,市长指着站在房间里的一个瘦弱的老人对男人说:"他手里有一张登记表,去把它拿过来填好交给我!不过他不会轻易给你的,你必须用你刚硬的铁拳将他打倒……"男人严肃的目光射向市长:"为什么?你得有让我认为足够的理由?""不为什么,这是命令!""你简直是个疯子,我凭什么打人家?何况他是弱小的老人!"

市长又带他分别去了那个有碎玻璃的房间和紧锁着的房间,同样遭到了他的反对和拒绝。市长对他大发雷霆……

男人气愤地转身就走,却被市长叫住了。市长将这些应考的人都召集在一起,告诉他们只有最后一个男人考中了。

那些无一不伤筋动骨的人捂着自己的伤口审视着被宣布考中的人,当发现他身上的确一点伤也没有时都惊愕地张大了嘴巴,他们非常不服气地尖着嗓子异口同声:"为什么?"

市长说:"你们都不是真正的男人。"

"为什么?"

市长语重心长地说:"真正的男人是懂得反抗,敢于为正义和真理献身的人,而不是选择惟命是从,做出没有道理牺牲的人。"

9. 一只美洲虎

一个没有对手的动物,一定是死气沉沉的动物;同样,一个没有对手的民族,必定成为一个不思进取的民族。

美洲虎是一种濒临灭绝的动物,现在世界上仅存17只,其中有一只生活在秘鲁的国家动物园里。

为了保护这只虎,秘鲁人从大自然里单独圈出一块地来,让它自由地生存。参观过虎园的人都说,这儿真是虎的天堂,里面真山真水,山上花木葱茏,山下溪水潺潺。1500英亩的草地上,有成群的牛、羊、鹿、兔等供老虎享用。然而,奇怪的是,从没人见过老虎捕捉他们,也没人见过它威风凛凛地从山上冲下来。人们唯一见到的情景是它躺在装有空调的虎房里,吃了睡,睡了吃。

有些市民认为它太孤独了。一只虎,没有爱情,没有伴侣,怎么能有精神呢?于是大家自愿集资,然后通过外交渠道,与哥伦比亚和巴拉圭达成协议,定期从他们那儿租雌虎来陪它生活。

然而,这项人道主义之举,并未带来多大的改观,那只老虎最多陪外来女友走出虎房,到阳光下站一站,不久就又回到它卧着的地方。人们不知道它还有什么不满足的地方。

一天,一位来此参观的市民说:"它怎么能不懒洋洋的,虎是林中之王，你们放一群只知吃草的小动物，能提起它的兴趣吗？这么大的一个老虎保护区，你们不放两只狼，至少也得放一只豺狗吧。"人们听他说的有理，就捉了三只美洲豹投进了虎园。

这一招果然灵验。自从三只豹子进了虎园，美洲虎再也没有回过虎房，它不是站在山顶长啸，就是冲下山来，在草地上游荡。它不再睡觉，不再吃管理员送来的肉。没多久，它还让巴拉圭的一只雌虎下了一只小虎崽。

5. 从容面对人生的选择

一首耳熟能详的歌中唱道："曾经在幽幽暗暗反反复复中追问，才知道平平淡淡从从容容才是真。"

面对人生，就让我们以闲看云卷云舒、花开花落的心境，从容去选择吧，选择一种气度，选择一种风范，选择一种壮美！

据说古罗马有个皇帝，常派人观察那些第二天就要被送上竞技场与猛兽空手搏斗的死刑犯，看他们在等死的前一夜是怎样表现的，结果发现惶惶凄凄的犯人中居然有能呼呼大睡且面不改色的人。于是皇帝便派人将他释放，并把他训练成带兵打仗的猛将。

无独有偶，据传中国也有个君王，在接见新来的臣子时，总是故意叫他们在外面等待，迟迟不予理睬，再偷偷看这些人的表现，并对那些悠然自得，毫无焦躁之容的臣子刮目相看。

一个人的胸怀、气度、风范可以从细微之处表现出来。或许，

古罗马的那位皇帝以及古中国的那位君王之所以对死囚或新臣委以重任，便是从他们细微的动作、神态中看到了与众不同的潜质，看到了那份处变不惊、遇事不乱的从容。

有一个地道的电影迷，特喜欢战争片和灾难片。除了战乱的残酷和自然力的破坏带给他的那种灵魂的强烈震撼之外，影片的主人公面对枪林弹雨，面对飓风、地震、洪水、沉船或外星生物的入侵等等，极度危险、十万火急的非常时刻所表现出的那种沉稳、坚毅，每每令他惊羡和叹服。从容，是傲松之于严冬："大雪压青松，青松挺且直"；从容，是义士之于刑柙："我自横刀向天笑，去留肝胆两昆仑"；从容，是智者之于声色利诱："淡泊以明志，宁静以致远"。从容，是一种理性，一种坚忍，一种气度，一种风范。从容，才能临危不乱；从容，才能举止若定；从容，才能化险为夷。三国故事里，诸葛亮以"空城计"击退司马懿数十万大军，他那过人的胆略和超常的镇定、从容，被传为千古佳话。只有从容地面对人生的选择，不惧怕危难，才能懂得生存的真谛。

在瞬息万变、诱惑四伏的现实社会里，更需要人们保持一种平淡沉稳、从容自若的心态。远离浮躁，从容选择，已成为一个现代人适应社会环境的基本要求。某公司总裁的用人之道别具一格，他往往在公司职员没有任何思想准备时，对他们降职处理。怨天尤人、灰心丧气者终被淘汰，而处变不惊、从容应对者最后都备受青睐。逆境，抑或突如其来的变故与危困，都是很好的试金石，能明晰地鉴定一个人素质的优劣、强弱。甚至那些养鸟的行家，在选鸟的时候，都要故意去惊吓那些鸟，绝不要那种稍受一点儿惊吓就扑扑拍翅、乱成一团的鸟。

6. 懂得放弃享乐

一开始就选择享受的人和一开始就执着奔波、千锤百炼的人，最后的结局就是后者成了珍品，前者成了废料。

深山里有两块石头，第一块石头对第二块石头说："去经一经路途的艰险坎坷和世事的磕磕碰碰吧，能够搏一搏，不枉来此世一遭。"

"不，何苦呢？"第二块石头嗤之以鼻，"安坐高处一览众山小，周围花团锦簇，谁会那么愚蠢地在享乐和磨难之间选择后者，再说那路途的艰险磨难会让我粉身碎骨的！"

于是，第一块石头随山溪滚涌而下，虽历尽了风雨和大自然的磨难，但它依然义无反顾地在自己的路途上奔波。第二块石头讥讽地笑了。

许多年后，饱经风霜历尽千锤百炼的第一块石头和它的家族已经成了世间的珍品、石艺的奇葩，被千万人赞美称颂，享尽了人间的富贵荣华。第二块石头知道后，有些悔不当初，现在它也想投入到世间风尘的洗礼中，然后得到像第一块石头那样的成功和高贵，可是一想到要经历那么多的坎坷和磨难，甚至疮痍满目、伤痕累累，还有粉身碎骨的危险，便又退缩了。

一天，人们为了更好地珍存那石艺的奇葩，准备为它修建一座精美别致、气势雄伟的博物馆。于是，他们来到高山上，把第二块石头粉了身碎了骨，给第一块石头盖起了房子。

第一块石头，选择了艰难坎坷，懂得放弃享乐，所以它成了珍品，成了石艺的奇葩，而第二块石头，不仅最后落得粉身碎骨的下场，而且成了废物。

1. 书房的生命

书房的生命是主人赋予的。只有当你真正和书相爱了，你的书房才可能有生命。

有一个爱慕虚荣的女子，在二十年前大学生很吃香的年代，如愿嫁了一个文科大学生，并且还颇以自己的书生夫婿为荣。但随着时间的推移，眼看别人的夫婿纷纷成了大款或是大官，而自己的夫婿依旧只是一介书生，渐渐心生怨恨，经常数落夫婿没用，说："那些破书，有什么用？"后来就扬言要烧掉那些书，夫婿闻之，严厉警告她说："你若烧我的书，就等于是杀害我的生命！"结果有一天，这女子真的烧了夫婿的书，于是夫婿义无反顾地提出离婚。众亲友都来做工作，欲使他们重修旧好，但书生说："我对她说过烧书就等于杀我，而她竟真的烧书，那我们之间还有什么感情可言？"之后那书生郁郁寡欢，不久后病逝，走完了他爱书的一生。也许有人会笑他太痴情，但这份痴情，终不失为凄美。当然，我想大部分爱书人都不至于爱得那么沉重。

那些曾经真诚地爱过书，后来在名利场中陷溺的人，他们早年简陋的书房可能也曾生机勃勃，但是如今却已经沦为伪文化的装饰品。功成名就之后，他们的书房富丽堂皇，里面塞满了别人送的豪华精装本。他们还会时不时地将书房向访客夸耀一番，但那样的书房已经没有生命了。

天下的事太难说，也太可笑。故事中的书生，不懂得去放弃，所以失去了生命；而装饰书房的伪君子不懂得选择，让书房没了生命。

8. 选择与放弃决定幸福

造成一个人有心理障碍，影响一个人的幸福的，有时并不是物质的贫乏或丰裕，而是一个人选择与放弃的心境。如果把自己的心浸泡在后悔和遗憾的旧事中，痛苦必然会占据你的整个心灵。

一位精神病医生有多年的临床经验，退休后，他撰写了一本医治心理疾病的专著。这本书足足有1000多页，书中有各种病情的描述和药物、情绪治疗的办法。

有一次，他受邀到一所大学讲学，在课堂上，他拿出了这本厚厚的著作，说："这本书有1000多页，里面有治疗方法3000多种，药物10000多样，但所有的内容，只有四个字。"说完，他在黑板上写下了"如果，下次。"

医生说，造成自己精神消耗和折磨的莫不是"如果"这两个字，"如果我考进了大学"、"如果我当年不放弃她"、"如果我当年能换一项工作"……

医治方法有数千种，但最终的办法只有一种，就是把"如果"改成"下次"，"下次我有机会再去进修"、"下次我不会放弃所爱的人"……

钱钟书在《围城》中讲过一个十分有趣的故事：天下有两种人。譬如一串葡萄到手后，一种人挑最好的先吃；另一种人把最好的留在最后吃。但两种人都不快乐。先吃最好的葡萄的人认为他的每一颗葡萄都越来越差；第二种人则认为他每吃一颗都是吃剩留下的葡萄中最坏的。

原因在于，第一种人只有回忆，他常用以前的东西来衡量现在，所以不快乐；第二种人刚好与之相反，同样不快乐。

为什么不这样想，我已经吃到了最好的葡萄，有什么好后悔的；我留下的葡萄和以前相比，都是最棒的，为什么要不开心呢？

这其实就是生活态度问题，它决定了一个人的喜怒哀乐。如果一个人一生不懂得去选择也不懂得去放弃，那他一辈子就永远也没有快乐。

9. 生命倒计时

生命犹如一张小小的磁卡，所不同的是，我们常会忘了，在我们大脑中也有个显示器，它告诉我们有限的时光还剩多少。当生命倒着计时，那年年减少的数字，便会提醒我们——来日不多，该做的事情得赶紧去做。

非洲有一个民族，婴儿刚生下来就获得60岁的寿命。人生大事都得在这60年内完成，此后的岁月便颐养天年了。

这真是个绝妙的计岁方法。从某种意义上说，人生不过是我们从上苍手中借来的一段岁月而已，过一年还一岁，直至生命终止。可惜我们常会产生这样一种错觉：日子长着呢！于是，我们懒惰，我们懈怠，我们怯懦……无论做错什么，我们都可以原谅自己，因为来日方长，不管什么事放到明天再说也不迟。

直到有一天，死亡的阴影笼罩着我们时，我们才悚然而惊：糟了，总以为将来还长着呢，怎么死亡说来就来了！那些未尽的责任怎么办？那些未了的心愿怎么办？那些未实现的诺言怎么办……还能怎么办？面对死亡通知书，人类只能踏上那条不归路。追悔也罢，遗憾也罢，那个早已写好的结局无人能更改。临终之前，也许人们会在模糊中想起"譬如朝露，去日苦多"的感叹，想起"少壮不努力，老大徒伤悲"的教诲，可一切，都悔之晚矣！

此时让我们想想那个倒着计岁的非洲民族，他们的人生智慧真令人惊叹！生命既是借来的一段光阴，当然是过一天少一天了。而面对自己日渐减少的寿命，谁又能无动于衷呢？

生命倒计时，一个多么有必要的提醒。面对有限的时光，我们理应善加利用。于是，我们将手中事务整理清楚，分出轻重缓急，再一一安排妥当。当我们的生命只剩下短短几年、几个月甚至几天时，有谁舍得将时光浪费在鸡毛蒜皮中？有谁舍得将精力花在流言蜚语上？如此宝贵的时光，只能用在重要的事情上。这样当预定的终点到达时，心中才不会有太多遗憾。

生命倒计时，常让我想起电话磁卡。当我们将磁卡插入话机时，显示器立刻显示出卡中数值，随着通话时间的延长，卡中数值不断减少。面对不断变小的数字，下意识地，你会提醒自己：长话短说，别浪费钱。因为那些变化的数字如同一双眼睛，提醒着你，最终让你三言两语结束通话。

10. 永不休息的鬼

别以为不停地工作是一种成功的前兆，是一种人生的优点。其实，工作与休息是相得益彰的，而且工作的同时，还需要有时间思考。

一个过路的人壮起胆子去问一个卖鬼的人："你的鬼，一只卖多少钱？"

卖鬼的人说："一只要200两黄金！"

"你这是搞什么鬼?要这么贵！"

卖鬼的人说："我这鬼很稀有的。它是只巧鬼。任何事情只要主人吩咐，全都会做。又是只工作鬼，很会工作，一天的工作量抵得上100人。你买回去只要很短的时间，不但可以赚回200两黄金，还可以成为富翁呀！"

过路的人感到疑惑："这只鬼既然那么好，为什么你不自己使用呢？"

卖鬼的人说："不瞒您说，这鬼万般好，惟一的缺点是，只要一开始工作，就永远不会停止。因为鬼不像人，它不需要睡觉休息的。所以您要24小时，从早到晚把所有的事吩咐好，不可以让它有空闲，只要一有空闲，它就会完全按照自己的意思工作。我自己家里的活儿有限，不敢使这只鬼，才想把它卖给更需要的人！"

过路人心想自己的田地广大，家里有忙不完的事，就说："这哪里是缺点，实在是最大的优点呀！"

于是他花200两黄金把鬼买回家，成了鬼的主人。

主人叫鬼种田，没想到一大片地，两天就种完了。

主人叫鬼盖房子，没想到房子三天就盖好了。

主人叫鬼做木工装潢，没想到半天就装潢好了。

整地、搬运、挑担、舂米、炊煮、纺织……不论做什么，鬼都会做，而且很快就做好了。

短短一年，鬼主人就成了大富翁。

但是，主人变得和鬼一样忙碌，鬼是做个不停，主人是想个不停。他劳心费神地苦思下一个指令，每当他想到一个困难的工作，例如在一个核桃核里刻10艘小舟，或在象牙球里刻9个象牙球，他都会欢喜不已，以为鬼要很久才会做好。

没想到，不论多么困难的事，鬼总是很快就做好了。

有一天，主人实在撑不住，累倒了，忘记吩咐鬼要做什么事。

鬼把主人的房子拆了，将地整平，把牛羊牲畜都杀了，一只一只种在田里。将财宝衣服全部舂碎，磨成粉末。再把主人的孩子杀了，丢到锅里炊煮……

正当鬼忙得不可开交，主人从睡梦中惊醒，才发现一切都没有了。

原来，永远不停止地工作，才是最大的缺点呀！

人的一生要懂得工作也要懂得休息，否则非累死不可。

11. 幸福女神与不幸女神

幸福与不幸是在选择与放弃中产生的，你选择了幸福，你就要放弃你不幸的东西。

有一个人整天祈祷上天赐给他幸福，他的诚心感动了上天，终于有一天，美丽的幸福女神敲响了他的家门。他喜出望外，赶忙请她进屋。但幸福女神却说："请等一等，我还有一个妹妹呢。"说着把在暗处跟随着她的妹妹介绍给他。他一看大吃一惊，因为这个妹妹长得十分丑陋。他问："她真的是你的妹妹？"幸福女神回答说："是的，她是我的妹妹——不幸女神。"他说："我想请你进来，让她留在门外，好吗？"幸福女神严肃地说："这可不行，我俩如影随形，无论走到哪里，都是在一起的，无法分开。"

其实，我们又何尝没有这样的经历呢？有时，不幸是幸福的垫脚石，没有它，我们无法摘到幸福之树的果子；有时，不幸是幸福的衬托，没有它，我们甚至无法感知到幸福；有时，不幸和幸福是同一件事情的两个不同的侧面，就像一枚硬币的两面一样，很容易翻转过来。"祸兮福所倚，福兮祸所伏"……

12. 挫折时，要怪自己没有选择好

遭遇挫折时，无论怎样怪别人都是徒劳无益的，我们只能是怪自己没有选择好，因为任何时候只怪自己才是最明智、正确的生活态度。

小时候，每当我们摔倒后，第一个念头就是找找看是什么东西绊了脚，我们总是怪别人乱放东西，实在找不到东西，还可以怪路不平。尽管那样做对于疼痛的减轻并没有直接的作用，但能找到一个可以责怪的对象多少算是一种安慰。

长大后，每当我们碰到挫折时，也总是不自觉地找出许多客观原因来开脱自己，实在找不到原因时就说自己的命不好。我们并不认为这样开脱自己其实是一种幼稚。

有一个早几年就下海开公司的朋友近来走了"霉运"，原本蒸蒸日上的业务突然间屡屡失败，公司里多年来一直忠心耿耿的两个业务副总管也离开了他，甚至"跳槽"到竞争对手的公司去了。

在内外交困之时，这个朋友并没有认真、及时地反省自己，反而一味地责怪过去的战友，动不动就发脾气，结果造成恶性循环，导致了公司上下人心涣散，陷入了更大的困境。

其实，公司经营上出现了问题，作为公司老总首先就有不可推卸的责任，即使是被人背叛也是他用人不当在先，如果不反省，把所有的过错都归咎于他人，那么将会面临更大的危险。所幸的是这位朋友在家人的提醒下终于醒悟过来，开始面对自己过去各方面的失误，并客观总结因自己的固执所带来的失败和教训。

怨天忧人其实是一种懦弱，更是一种不成熟的表现，还会掩盖现实，留下重蹈覆辙的隐患。而不客观地责怪他人则会衍生出新的矛盾。一个真正意义上的强者并不会是一个一帆风顺的幸运儿，他必然要经历各种痛苦和挑战。战胜一切困难的人必须首先战胜自己，而战胜自己的前提就是反省自身，只怪自己。

只怪自己是一种解脱，因为我们不肯认错无非是顾及面子，不肯承认自己的失败。这个世界上从来就没有常胜将军，所有自我的包袱和面子在勇敢地承认自己的失误之时就已经悄然放下，他会因此变得轻松，所谓"吃一堑，长一智"，善于总结自己的人就会把失败的教训变成自己的财富。

只怪自己是一种力量。一个勇于律己并善于律己的人无疑是高尚的，他会因此有包容整个世界的力量，让所有人钦佩其不凡的风度并乐于交往。

只怪自己是一种境界。其实就算别人真有可以谴责之处，过分地责怪也是于事无补的，而从自身检讨才是一条惟一可行的道路。在这个世界上最难以战胜的敌人其实就是自己，如果一个人已经到了只剩下自己这一个对手时，实际上他已经是天下无敌了。

13. 选择与放弃，决定你的生命

如果不懂得选择与放弃，那么只有"死路"一条。

祖父用纸给我做过一条长龙。

长龙腹腔的空隙仅仅只能容纳几只半大不小的蝗虫慢慢地爬行过去。

祖父捉了几只蝗虫，投放进去，但它们都在里面死去了。

祖父说："蝗虫性子太躁，除了挣扎，它们没想过用嘴巴去咬破长龙，也不知道一直向前可以从另一端爬出来。因此，尽管它有铁钳般的嘴壳和锯齿一般的大腿，也无济于事。"

当祖父把几只同样大小的青虫从龙头放进去，然后关上龙头，奇迹出现了：仅仅几分钟，小青虫们就一一地从龙尾爬了出来。

蝗虫的死是因为它不懂得去选择，它也不懂得放弃，只知道不停的挣扎，所以只有死路一条；而青虫却恰恰相反，它懂得放弃，知道如何去选择，所以它活了下来。

命运一直藏匿在我们的思想里。许多人走不出人生各个阶段或大或小的阴影，并非因为他们天生的个人条件差，而是因为他们没有想过要将阴影纸龙咬破，也没有耐心慢慢地找准一个方向，一步步地向前，直到眼前出现新的洞天。

14. 敢于不如人

敢于不如人，其实就是敢于承认自己的不足，这是一种期待成长的勇气。每个人都有长有短，只有真正看清这一点，你才能胜于人。

常常觉得自己在很多地方不如人。

在家务上，不如勤劳能干的主妇；在工作上，不如善于察颜观色的同事；在处理人际关系上，不如12岁的女儿；在新知识的运用与掌握上，..不及年轻人的迅速灵敏；碰到复杂事物，又缺乏长辈的精明练达、长袖善舞；最糟的是遇到紧急情况缺乏应变能力，甚至明明稳操胜券的事情，却偏偏输得干干净净。

某人曾洋洋自得地说："你不用和我吵，你根本吵不过我，你吵你准输。"口讷，碰到情急的事情，往往张口结舌，失却判断，彻底忘记事情的核心点及对方理亏的关键，最后莫名其妙地被对方的声势压倒。世上原是有是非的，却还得看你怎么说，和谁说。

调子放得最低最低，心态修炼得最静最静，经历了几番风雨几轮挫折，渐渐地，要明白，一个人不可能处处胜于人。有得必有失，样样齐全了，你也许会遭到更大的、意料不到的天灾人祸。就像小病小灾缠绵一生的人，往往能安享天年，而无病无痛的人常常遽祸忽至，防不胜防。命运往往无常，做什么都要留有余地。

其实，从另一种角度来说，敢于不如人，也是某种程度上的自信。天外有天，山外有山，一个人怎能时时处处胜过所有的人呢？每个人都有自己的优点与优势，也都有自己的缺点与短处，扬长避短才是机智，拿自己最不擅长的柔弱之处去硬碰别人修炼得最拿手的看家本领，其结果是可想而知了。人有各种潜能但你不可能在所有地方都有机会发挥出来，你只能在一些地方用足你的力气。而你没有用力气的地方，在你无暇顾及的地方，你必然不如那些在这地方用足力气的人。你的精力有限，机遇也有限，因此，你能如人的地方肯定很少很少，而不如人的地方绝对很多。只有对这一点看明白了，你才能有从容的心态，也才能真正地如人了。

15. 用不完金币的穷人

对于饥饿的人来说，选择金钱可以拯救生命；对于贪婪的人来说，选择金钱等于自杀。

哲人的故事：

在一间很破的屋子里，有一个穷人，他穷得连床也没有，只好躺在一张长凳上。

穷人自言自语地说："我真想发财呀，如果我发了财，决不做吝啬鬼……"

这时候，上帝在穷人的身旁出现了，说："好吧，我就让你发财吧，我会给你一个有魔力的钱袋。"

上帝又说："这钱袋里永远有一块金币，是拿不完的。但是，你要注意，在你觉得够了时，要把钱袋扔掉才可以开始花钱。"

说完，上帝就不见了。而在穷人的身边，果真有了一个钱袋，里面装着一块金币。穷人把那块金币拿出来，里面又有了一块。于是，穷人不断地往外拿金币，一直拿了整整一个晚上。他想：啊，这些钱已经够我用一辈子了。

到了第二天，他很饿，很想去买面包吃。但是，在他花钱以前，必须扔掉那个钱袋。于是，他又开始从钱袋里往外拿钱。每次当他想把钱袋扔掉时，总觉得钱还不够多。

日子一天天过去了，穷人完全可以去买吃的、买房子、买最豪华的车子，可他还是对自己说："还是等钱再多一些吧。"

第一篇 感悟心灵，感悟生活

他不吃不喝地拿，金币已经快堆满一屋子了。同时，他变得又瘦又弱，头发也全白了，脸色蜡黄。

他虚弱地说："我不能把钱袋扔掉，金币还在源源不断地出来啊！"

终于，他倒了下去，死在了他的长凳上。

可悲！可叹！

16. 人生的六个坎

能够放弃是一种跨越，当你能够放弃一切，做到简单从容地活着的时候，你人生中的那几道坎也就过去了。

人从出生到成熟到衰老到死亡，就那么几十个春秋，眨眼的功夫就过去了。

20岁之前谈梦。人自母体分离出来，初谙世事至少要十四五年，而初谙世事并不意味着成熟，这个时候很多想法都很浪漫，有些近似童话。所以会经常做梦，梦见自己会飞，梦见自己成为心目中的偶像。同学之间，朋友之间谈论的话题也往往与现实离题万里。在这段花季年华里，一切都是浮动的，一切都是彩色的。

20岁以后谈理想。20岁是迈入成人行列的第一道门坎，以前的彩色梦幻渐渐淡化，在现实面前，开始走向成熟，也开始有了人生的目标。但20岁的抱负却又气吞山河，有些不切实际。所以，我们说人到20岁已经长大了，但绝对不意味着已经成熟了。

上了30岁谈责任。"三十而立"于今人来说也许为时尚早，以现代平均寿命计，人生尚未过半，而少年得志毕竟也不是这个世界的多数。但30岁可以说是成熟的人了。至少已经确立了自己的人生坐标和基点。在这个阶段，世界会把很多重担压在你的肩头，你无可逃遁。人生由此便多了一种沉甸甸的东西——责任，因此人生的内涵也丰富起来。结婚了需要有个爱巢栖息爱情，儿女出世了要拼力哺育，父母老了要尽赡养之责，还有，工作的担子也加重了……这一切责任，都得30岁的你一个一个地去履行，没人能够替代你。这个时候，一切言谈行为都变得那么实在。

40岁谈事业。迈过40岁的沟坎，人已如日中天了，此刻有志者已经事业有成，即使是平凡之辈，积蓄也开始殷实。人的生理心理也已熟透，万事都有主张，一切责任也因为时光流淌而减负了。这个时候，人通常会像爬上了一道高坡一样，长长地舒口气。然而当回头看时，才发觉前些年为自己活得太少。于是，发展自己便成了这个阶段的主旋律。

50岁开始谈经验。古人道"五十而知天命"，此刻对于人来说应该是尘埃落定了。优胜者领受尊敬的风光，淘汰者只好独尝出局的悲哀。但无论优或劣，你都会明白成败的原因，而大局已定再难更改，优胜与淘汰的总结便成了宝贵的经验，化作了后人的财富。

60岁以后谈往昔。衰老是人类不可抗拒的自然法则，人老了就力不从心了，即使想大展宏图也难于展翅了。此刻的成功者可以享受他自己创造的成果，失败者也只好独饮自酿的苦酒了。好汉不提当年勇也好，蹉跎一生不堪回首也罢，岁月刻在自己身上和心上的痕迹是无法抹杀的。夕阳苦短，来日无多，不再思想前景的辉煌，但回首昔日的风光或坎坷，多少能激活生命的潜力，保持旺盛的活力。

一辈子就这样走过来了，不管是辉煌还是平凡，都得一个坎一个坎地迈过。当然，怎样迈，迈得成功与否，都得由你自己来完成，而围绕着人生的一切都离不开去选择、去放弃。

17. 青蛙求王

抛弃凡事依附于人的奴隶意识，学会掌握好自己的命运。

许多青蛙烦恼着没有一个蛙王来管理它们，便推派使臣去向天神邱彼得祈求。天神知道青蛙头脑简单，便抛一块大木头到河里。青蛙们被那木头所激起的水声吓了一跳，都躲到水底去。但是它们看那木头浮在水面不动，便游到水面上来，一点也不怕，还爬上木头蹲坐着。不久，它们认为神派了这样呆笨的王来管理它们，真是岂有此理，便再推派一个代表，去向邱彼得请求，希望另外再派一个君王。于是邱彼得派了一条鳗鱼去统治它们，青蛙们见鳗鱼生性和善，并无君王的威严，又去请邱彼得替它们再选一个王。邱彼得对于它们的请求很不耐烦，便派一只鹭鸶去，可没想到这鹭鸶每天吃青蛙，没多久就把河里的青蛙吃得干干净净。

本来蛙王应由青蛙自己拥立或选出来，向天神求王，本身就是奴隶的行为，偏偏青蛙们又嫌弃那些愿意跟它们平等、友善相处的蛙王，结果只招来被奴役、吞噬的命运。

18. 收藏你的阳光

只要你心中选择了阳光,你就会拥有阳光的灿烂。

从前,田野里住着田鼠一家。夏天快要过去了,它们开始收藏瓜果、稻谷和其他食物,准备过冬。只有一只田鼠例外,它的名字叫做弗雷德里克。

"弗雷德里克,你怎么不干活呀?"其他田鼠问道。

"我有活干呀,"弗雷德里克回答。

"那么,你收藏什么呢?"

"我收藏阳光、颜色和单词。"

"什么?"其他田鼠吃了一惊,以为这是一个笑话,笑了起来。

弗雷德里克没有理会,继续工作。

冬季来了,天气变得很冷很冷。

其他田鼠想到了弗雷德里克,跑去问它:"弗雷德里克,你打算怎么过冬呢,你收藏的东西呢?"

"你们先闭上眼睛,"弗雷德里克说。

田鼠们有点奇怪,却还是闭上了睛眼。

弗雷德里克拿出第一件收藏品,说:"这是我收藏的阳光。"

昏暗的洞穴顿时变得晴朗,田鼠们感到很温暖。

他们又问:"还有颜色呢?"

弗雷备里克开始描述红的花、绿的叶和黄的稻谷,说得那么生动,田鼠们仿佛真的看到了夏季田野的美丽景象。

他们又问:"那么,你的那些单词呢?"

弗雷德里克于是讲了一个动人的故事,田鼠们听得入了迷。

最后,它们变得兴高采烈,欢呼雀跃:"弗雷德里克,你真是一个诗人!"

收藏阳光、颜色和单词,收藏夏季美丽的景象,好在严冬来临之际温暖自己的心房,这是多么简单的道理,却又多么实在!

人生如四季,也有阴晴圆缺。无论去哪里,也许总难免有不愉快的事情发生,因此,对于生存,精神力量和物质储备同等重要,而这关键是要学会选择,懂得放弃。

19. 选择快乐

快乐的人只记得一生满足之处,不快乐的人只记得相反的内容。

当弥尔顿双目失明后,他就发现了这一真理:"思想运用以及思想本身,能将地狱变为天堂,抑或将天堂变为地狱。"

以拿破仑和海伦·凯勒的生平为例,就可以证明弥尔顿的话是何等的正确:拿破仑拥有了一般人梦寐以求的一切——荣耀、权力、财富等等,然而他却对圣海琳娜说:"在我的一生中,从来没有过快乐的日子。"而海伦·凯勒是个又盲又聋又哑的残疾人,可她却说:"生活是多么美好啊!"

一个人活了50多岁,如果问他在生活中学到了什么的话,那么,他回答:"除了你自己,没有任何人和任何事物可以给你带来平静。"

我相信，我们内心的平静与我们在生活中所获得的快乐息息相关，它不在于我们身处何方，也不在于我们拥有什么，更不在于我们是怎样的一个人，而只在于我们的心灵所达到的境界。

20. 选择幸福的漂亮鱼

在人生之中，你选择一种幸福的同时，也许你就放弃另一种幸福。

一条鱼，生活在大海里，总感到没有意思，一心想找个机会离开大海。一天，它被渔夫打捞上来，高兴得在网里摇头摆尾，"这回可好啦！总算逃出了苦海，可以自由呼吸了。"乐得直蹦高……

可当听到渔夫与他儿子议论着用什么方法将它烹饪的时候，它重重地摔了下来，昏了。

醒来时，它发现自己竟在一口破旧的水缸中。原来渔夫决定将它养下，只因它那身漂亮的斑纹。

每天，渔夫总会往水缸里放些鱼虫，鱼很高兴，不停晃动身子，展示它漂亮的斑纹，讨渔夫欢喜。鱼开始庆幸自己的美妙命运，庆幸现在的生活，庆幸自己的一身花衣。想想当初在海中，每天不得不自己出去寻找食物，还得时时提防大敌的突然袭击的日子，真是辛苦啊！它的那些朋友可能已几天没吃过东西，也可能已成了他人的腹中之物。想到这，它大口咽下一群鱼虫，自言自语道："这才是生活。"

在它眼中，这分明是一条漂亮鱼应得的待遇。

日子一天一天的过，鱼儿一天一天的游。似乎有些厌倦，但它再也不愿回到海里了。

　　渔夫要出海了，这次可是出远海，十天半月才能回家，留下儿子一人。第一天，鱼没按时吃到鱼虫。第二天，依然没有吃的，它开始抱怨渔夫儿子这样怠慢一条漂亮鱼。第三天，它渐渐支持不住，饿得发慌。想到在海中，十天找不到食物，它依然行动敏捷，现在身子发了福，游水的本领大不如前了。第四天，终于有吃的了，不是鱼虫，而是渔夫儿子吃剩的残羹。顾不上嫌弃，鱼大嚼起来。

　　终于，消息传来，渔夫出海遇难了。渔夫儿子收拾了东西搬走了。什么都带上了，只忘了那条漂亮鱼。鱼在缸里大喊："嗨！带上我，别丢下我！"没人理它。

　　四周静悄悄的，只剩下一口破水缸，一条漂亮鱼。

　　鱼很悲伤，想到昔日渔夫待它不薄，现在却遇难身亡。想到自己今后，无人照料，困于水缸。于是鱼开始抱怨，抱怨水缸太小，抱怨伙食太差，抱怨渔夫儿子对它无礼，抱怨渔夫轻易出海，甚至抱怨它决意离开大海时伙伴们为何不加劝阻，抱怨它所认识的一切，只忘了抱怨它自己。

　　它又开始幻想：一个富商路过此处，发现一条漂亮鱼，于是把它小心地收好，养在家中的大水塘，每天都有可口的鱼虫……

　　太阳升起来了，四周静悄悄，只剩下一口破水缸，一条漂亮的鱼——死鱼。

　　生活就是这样，任何爱慕虚荣，幻想在别人的世界里获得幸福的人，永远找不回自己真正的生活，也终将会被生活的浪涛所淘汰。

21. 弱者回首就变强

在强者面前懂得放弃的人，表面上是弱者，其实他才是真正的强者，因为他学会了正确的去选择。

看《动物世界》，有一个场景始终在我的脑海里激荡。

一群迁徙的野牛在行进途中，突遭数只猎豹的袭击。刚才还是悠然自得的牛群顿时像炸了窝的马蜂，惊恐着四处奔逃，躲避着猎豹。一只只野牛在奔逃中被扑倒，没有搏斗，挣扎也是那样有气无力，成了猎豹的食物。就在我为野牛大叫惋惜时，突然，一只看似弱小的野牛，就在快被猎豹追上的刹那，突然转向，全身奋力后坐，努力将身体的重心后移，奔跑的四蹄成了四条铁杠，直直地斜撑在地上，随即身体周围腾起一股浓浓的尘土，如同爆响的炸弹掀起的浪。在这千钧一发之际，这只小小的野牛停住了，我的心随即提到了嗓子眼。急停下来的小牛，不但没有被猎豹吓倒，反而反转过身来，愤怒地沉下头扬起头顶上那一双尖尖的硬硬的角，猛抵冲过来的猎豹。那只不可一世的猎豹，还没有看清眼前发生的一切，就被野牛的尖角抵住了身体扎进了肚子，抛向空中。顿时，其它猎豹却惊呆了，先是顿立，继而掉头逃走。

这是我平生看到的最惊心动魄的场面。

野牛是动物世界中身体强壮而眼大胆小的群体，又是一个生存中求实惠缺乏灵性的动物。在突如其来的灾祸面前，它们惟一的选择就是逃跑。而一旦被捉住，只有任其猎杀。我不知道为什么惟有那只小野牛不像它的父母兄弟姐妹以奔逃求生，而选择以战为逃生方式，但从中却给了我许许多多的启迪和联想。

人生磨难九十九。面对困难，人不应在困难中倒下，哪怕是不可抗拒的天灾人祸，哪怕是你弱小得奄奄一息，也要时刻记住：弱者回首就变强。

22. 死神60年的账单

你在抛开了时间的同时，你就选择放弃了生命。

深夜，危重病房里，癌症患者迎来了他生命中的最后一分钟，这时死神来到他的身边。

他向死神恳求道："请给我一分钟时间，我要用这一分钟，最后一次看看天，看看地，想想我的亲人朋友和敌人，或者听一片树叶从树枝上飞落到地上的那一声'叹息'……"

死神说："你的想法不坏，但我不能答应你。因为这一切，我都留了时间给你欣赏，你却没有珍惜。不信，你看一下我给你列的这一份账单：

"在你60年的生命中，你有一半时间在睡觉，这不怪你，这30年权且算是我占了你的便宜。"

"在余下的30年中，你曾经叹息时间过得太慢的次数一共是1万次，你因此想出了许许多多消磨时间的办法，其明细账大致可罗列如下：

"打麻将(以每天2小时计)，从青年到老年，你一共耗去了6500小时，折合成分钟是39万分钟。"

"喝酒，每顿以1小时计(实际远非这个数)，从青年到老年，也不低于打麻将的时间。"

"此外，同事之间的应酬，上班之前狂侃甲A联赛以及各种烂电视剧，拿着一张报纸出神、吐烟圈，对张三说李四的坏话，对李四说张三的坏话，又耗去你不低于打麻将和渴酒的时间。"

"除了这些，你还无数次叹息生命的无聊、空虚和寂寞，为此，你还强拉邻居、同事或下属打麻将、扑克，甚至强抢小孙子的电子游戏。后来，你还赶潮流学人家上网，化名'温柔帅哥'……"

"你还参加了无数有较强催眠作用的会，这使得你的睡眠时间远远超过了30年。而且，你又主持了许多类似的会，使更多的人睡眠也和你一样超标。"

"还有……"

死神想继续往下念的时候，发现病人的眼中，生命之火已经熄灭了。

死神的账单里，是以你一生的时间为总投入的，而怎样去开支却由你自己填写。有的人利润很高，是因为他懂得选择与放弃；有的人却总是浪费成本，那是因为他们盲目去选择，盲目去放弃。

23. 放弃个人"尊严"

只有放弃个人的"尊严"，我们才能有尊严，一味的坚持自己的错误，谈何尊严？

作为一名教师，也许"道歉"比"训斥"难度要大得多。

一个偶然的机会，一位小学教师向我讲述了他的一次经历：四年级语文单元测验，他误将一位学生答对的题扣了分。卷子发下来，这位学生举起手："老师，我认为这道题这样答是对的，理由是……"

他重新看后作了纠正。按说这件事就算过去了。不料，一会儿这位学生又举手："老师，您错了，应该向我道歉。品德课上老师就是这么说的。"顿时，教室里一片寂静，他也愣住了。片刻后，他笑着说："是我疏忽了，对不起！"我问这位老师："您当时不觉得窘迫吗？"他却说："像这样有道德、有勇气的学生，很少见，我喜欢。"

这句话深深地震撼了我。一位四年级的小学生敢于坚持自己认知的正确性，要求教师纠正自己的错误已属不易，更可贵的是他用品德课上构架起来的道德标准去待人处世，坚持学生和老师不仅在真理面前平等而且在人格上也平等，这就更为勇敢了。

教书育人是教师的天职。育人，就是教孩子做具有健全人格、高尚人格的人。如果说"教书"是教师以知识的力量征服、感召自己的教育对象，那么，"育人"就需要教师以人格的力量征服、感召自己的教育对象。因此，塑造和维护好自己的人格形象，是教师做好教书育人工作的必要条件。教师人格上的"失足"，不仅会导致"育人"不能，甚至连"教书"也会难以为继。试想，如果那位老师坚持维护个人"尊严"，动辄训斥学生，那个小学生还敢与老师"据理力争"吗？

24. 不和老鼠打架

你是狮子，你就要选择好你的对手，对于老鼠的挑战，你要懂得放弃比赛。

有一次，一只鼬鼠向狮子挑战，狮子果断地拒绝了。"怎么，"鼬鼠说，"你害怕吗？"

"非常害怕，"狮子说，"如果答应你，你就可以得到曾与狮子比武的殊荣；而我呢，以后所有的动物都会耻笑我竟和鼬鼠打架。"

你如果与一个不是同一重量级的人争执不休，就会浪费自己的很多资源，降低人们对你的期望，并无意中提升了对方的层次。同样的，一个人对琐事的兴趣越大，对大事的兴趣就会越小，越少遭遇到真正问题，人们就越关心琐事。

威廉·詹姆斯说过："明智的艺术就是清醒地知道该忽略什么的艺术。"不要被不重要的人和事过多打搅，因为成功的秘诀就是抓住目标不放，而不是把时间浪费在无谓的牺牲上。

25. 温暖别人也就是温暖自己

自我欣赏的结果，必然是自我封闭。给别人一条路，也等于给自己一条路。

小时候听过一个故事，讲的是寒冷的冬天，一个卖包子的和一个卖被子的同到一座破庙中躲避风雪。天黑了，卖包子的很冷，卖被子的很饿，但他们都相信对方会有求于自己，所以谁也不先开口。

过了一会儿，卖包子的说："吃一个包子。"卖被子的说："盖上条被子。"

又过了一会儿，卖包子的又说："再吃个包子。"卖被子的也说："再盖上条被子。"

就这样，卖包子的一个一个吃包子，卖被子的一条一条盖被子，谁也不愿向对方求助。到最后，卖包子的冻死了，卖被子的饿死了。

人若敬我，我便敬人；人若爱我，我便爱人；人若求我，我便求人；人若予我，我便予人。卖包子的和卖被子的所奉行的，正是这样一种人生哲学。

有句歌词唱道："只要人人都献出一点爱，这个世界就会变成美好的人间。"但其中最关键的，是谁先献出一点爱。

26. 人生无处不套牢

既然无论如何我们都只是一个套中人，那何不像艺术体操运动员那样，将自己于圈套中出出进进，还不失时机地来一个表演动作，潇潇洒洒过一生呢？

因为股市猛地热了起来，有个词的使用频率也就突然增高，这便是——套牢。凡是玩股票的人，没有一个喜欢自己被套牢的。可是大凡玩股票的人，没有一个幸免于此。

股市真可谓是人生大课堂。收市之后，你如果将眼光放得远一点，你会发现，人生真是无处不套牢。生而为人，出生前就被子宫套牢了。后来，被学校套牢，工作了被单位套牢，结了婚被家庭套牢，死了被骨灰盒套牢。

说起来，人总是有一点贱，有些套子是自己要去钻的。股票是自己要买的，婚是自己要结的，国是自己要出的，儿子是自己要生的。假如买不到股票，人是会抱怨的；生不出儿子，人是会沮丧的；出不了国，人是会恼火的。有朋友终于拿到了绿卡，却立即愁眉苦脸起来，问一问，说是原本穷学生一个，万事没有关系，而现在要以一个美国人的标准来要求自己，车是什么档次的车，房子是什么档次的房子，衣服是什么牌子衣服，工作是什么样的工作等等，原来绿卡也是个圈套。

但人是不能没有一点东西将自己套牢的。过于自由，心里就空落落的，魂不守舍，食不甘味。人不是被这个套牢，就被那个套牢，小学之后还有中学，一套接着一套，彻底的孤鬼儿一个是不可想象的。有种说法是不会错的，凡是活人必然是套中之人。

人要套自己最无可救药。我的一个朋友热爱炒股，小有进账。然而他总是拨起算盘算自己理论上应该赚多少，而实际上少赚了多少，这样算来算去反而愈加不快乐。我劝他何苦和自己过不去，留得"生命"在，还怕没柴烧？朋友觉得这话是对的，但心里忍不住还是惦记那飞走的铜钱。

27. 不把便宜让给别人

老怕便宜了别人，算计过甚的人，最终吃亏的还是自己。所以说，生活中该放的就得放，过于精明，最后只有吃亏一条路。

朋友向我讲过一个笑话，是真事。

某人买回一堆小陶罐，大如拳，广口，给鸟喂食嫌大，装酱油还没盖儿。问他何意，此人双眼放光，用手比划："才一毛八一个，多便宜。"大家看罐子有几十个，问干什么用。他一搔头皮，说："这倒没想。"众人哄笑说："再便宜，没用也是白买。"他正色说："不对，这么便宜，我不买别人就要买呀。全包圆儿，不能便宜了别人！"

看来，卖陶罐的比他先发现此物没什么用，才便宜卖。他买罐的狂喜到了不计较用途的地步,而最大的快乐不在便宜,而在别人无法享受这种便宜,即买断。

这样的心理很多人都有。报载,新近谢世的一位日本财阀,与他一起殉葬还有价值数千万美元的两幅西洋名画。这是在岛国发生的第二个用金钱消灭人类共同文化财富的例子。几年前,也有一位日本财阀以梵高的画殉葬。他们咽不下气的原因是:他死了,然而许多美好的东西仍然存在着,让他们接受不了。这些财阀不见得爱画,但大家都说好,他们就要买下,而且让大家永远见不到它。

28. 寻找画的美丽

生活的美与丑,全在我们自己怎么看,只要选择一种积极的心态,懂得用心去体会生活,就会发现,生活处处都美丽动人。

一个对生活极度厌倦的绝望少女,打算投湖自杀。在湖边,她遇到了一位正在写生的画家,画家专心致志地画着一幅画。少女厌恶极了,她鄙薄地睨了画家一眼,心想:幼稚,那鬼一样狰狞的山有什么好画的!那坟场一样荒废的湖有什么好画的!

画家似乎注意到了少女的情绪,但他依然专心致志神情怡然地作着画。过了一会儿,他说:"姑娘,来看看画吧。"

她走过去,傲慢地睨视着画家和画家手里的画。

少女被吸引了,竟然把自杀的事忘得一干二净,她真是没发现过世界上还有那样美丽的画面——他将"坟场一样"的湖面画成了天上的宫殿,将"鬼一样狰狞"的山画成了美丽的长着翅膀的女人,最后，画家将这幅画命名为《生活》。

良久，画家突然挥笔在这幅美丽的画上点了一些脏垢麻乱的黑点，似污泥，又像蚊蝇。

少女惊喜地说："星辰和花瓣！"

画家满意地笑了："是啊，美丽的生活是需要我们自己用心发现的呀！"

29. 放弃死亡你才能好好地活着

放下死亡的包袱，敲开自己的心扉，积极地对待生活中的每一天，你才能好好地活着。

一位名人去世了，朋友们都来参加他的追悼会。昔日前呼后拥、香车宝马的名人躺在骨灰盒里，百万家财不再属于他，宽敞的楼房也不再属于他，他所拥有的只有一个骨灰盒大小的空间，山珍海味浇灌的肚子也化成了一把灰烬。

从名人的追悼会上回来，几乎每一个人都会有些感慨，那么聪明的一个人，那么会算计的一个人，每一个与他斗的人最终都败下阵来，可是他斗来斗去也斗不过生命。撒手后，一切都是空。

人们想：趁现在好好活着吧，活着就是幸福。你看名人的遗孀那副泪水涟涟的样子！什么名呀利呀，权呀势呀，轰轰烈烈了一世，最后还不是一个人孤零零地走路？以前踩着那么多人的肩膀向上爬，得罪了那么多人，值么？

一边是死亡的震撼，一边是活着的琐碎，我们很容易被死亡所震撼，然而我们更容易被活着的琐碎所淹没。不要去在意那些繁杂的纠葛，活着就是幸福，让我们好好珍惜现在鲜活的生命吧。

30. 人缘要靠善待去争取

人无论得意时还是失意时，只有选择善待他人，才能获取别人对自己的善待。

我与某公司董事长做了多年邻居。当他财大气粗的时候，他的汽车碾扁了别家的小鸡小鸭；他的狼犬对着邻家的小孩子露出可怕的白牙；他修房子把建材乱堆在邻家门口。坦白说，他在邻居中间没有什么人缘。

后来，他的公司因周转不灵而歇业，我们经常在街巷中相遇，我步行，他也步行。他的脸上有笑容了，他的下巴收起来了，他家的狼犬也拴上链子了，他也经常弯腰摸一摸邻家孩子的头顶。可是，坦白说，他仍然没有什么人缘。

一天，偶然跟他闲谈，我随口说："人在失意的时候得罪了人，可以在得意的时候弥补；在得意的时候得罪了人，却不能在失意的时候弥补。"言者无心，听者有意，他若有所悟地点一下头。

于是他暂时停止改善公共关系，专心改善公司的业务。终于，公司又生意兴隆起来，不过他的座车从此不再按喇叭叫门；在雨天减速慢行，小心防止车轮把积水溅到行人身上；他的下巴仍然收起来，仍然时不时地摸一摸邻家孩子的头顶。再后来，他搬迁了，全体邻居依依不舍送到公路边上，用非常真诚的声音对他喊："再见!"

乡间邻里，人与人之间应当彼此尊重与关怀，这里面其实有一种因果的轮回：你善待别人，别人也会善待你。

31. 额外的要求

勤勤恳恳做每一件事，平平淡淡对待生命，那么我们面对名利时，就会多了一份平静，少了一份贪婪。努力了，属于你的，跑不掉；不属于你，再苛求，也难得到，别把自己弄得那么累。

连木尔赤和一个极愚笨的人由于意外的原因，同时得到了命运的宠幸。命运之神说："我给你们中一次巨额奖金的机会，有花不完的硬通货。"

但连木尔赤提出了额外的要求："我比那笨人更多理性、智力，我应该在最后比他富有。"命运之神勉强答应了。

愚笨的人果然有了横财，于是宝马香车、美人红酒。中年以后，穷极无聊，成为赌场的常客。当钱所剩不多时，寿终正寝，结束了庸俗的一生。

连木尔赤在死的前一天中了一亿美元的六合彩。命运之神满足了他的要求。

这说明有时好处求得越多，死得越尴尬。

第二次连木尔赤和一个极愚笨的人得到命运之神的宠幸，他再加上额外的要求："我要和那愚笨的人同样在年轻时富有，而且应该在最后比他富有。"命运之神请求他收回要求未果，悲伤地答应了他。

两个人同一天有了两亿美元。愚笨的人毫无创造性地当即过上了物质主义的生活，连木尔赤花了一天拟定他比愚人高妙千倍的花钱计划。第二天，他死了。命运之神再次满足了他的要求。

这说明有时好处求得越多，死得更悲惨。

命运之神宠幸他们的第三次，连木尔赤仔细思考了一个无缺憾的要求，以便使自己完全能占愚笨之人的上风，他说："我要和他同样在年轻时走运，终生比他有钱，而且长命百岁，这样，才能对得起我的智慧。"命运之神马上允许了。

愚笨的人得到了3亿美元，聪明的连木尔赤得到一个精神病医生的护理。命运之神的一条准则据说是：如果一个人处心积虑要把所有的好处拢给自己，就有病了。

32. 国王的秃头

人的快乐是在选择与放弃中找到的。

国王最近懊恼极了，因为他的头发大把大把地掉，御医束手无策，换了多种秘方也不管用，眼看就要秃头了。

"我身为一国之尊，居然保不住头上的毛，岂不丢人？"国王对皇后说，"每次看到头发浓密的臣子对我笑，就觉得他是嘲笑我，真想把他拖出去斩首！"

这话传出去，满朝文武都不敢笑了，只有几个人不怕，照样盯着国王笑，因为那几个人比国王还秃。

皇后看了灵机一动，对国王说："你何不把那些秃头全升为高官？"

国王照做了，而且自从秃头都升官之后，国王就变得快乐了。"秃头可以做高官，秃头走运，秃头有什么不好？"国王心想，"那些有头发的人，想秃还秃不成呢！"

人的快乐常建立在"同"上，譬如我们是同一家人、同一国人、同一种人、同一遭遇的人……你有过这样"同"的经历吗？

33. 借钱与还钱

> 既然选择了借钱给别人，就要懂得放弃那些钱。

某日我到一位教授家拜访，适逢他的一位朋友去还钱。那人走了之后，教授就拿着钱感叹地说："失而复得的钱，失而复得的朋友。"

我听了不解地问后一句话的意思。

教授说："我把钱借给朋友，从来不指望他们还。因为我心想，如果他没钱而不能还，一定不好意思再来，那么我吃亏也只是一次；如果他有钱而想赖账，一定不敢再来，那么我等于花点钱，认清一个坏朋友。朋友借钱，只要数目不太大，我总是会答应，因为这是通财之谊。借出之后，我从不去催讨，因为这难免伤了和气。因此，每当我把钱借出去，总有既借出了钱了又借出了朋友的感觉。而每当不待我开口，他们就如约将钱还来，我又有失而复得了钱，且失而复得了朋友的快乐。这不是一种很平和完满的境界吗？"

对待借钱与友谊，我们能否像教授这样豁朗达观，做到两全齐美呢？这关键在于我们自己的心态。

34. 真理不容犹豫

面对真理，我们应斩钉截铁的选择，决不要去放弃。

太太问我："1+1等于几？"这使我十分警惕，因为她手中正好拿着本罗素的小册子。我反问："在任何情况下？"太太说："正常情况下"。

我沉吟良久，瞥一眼太太，见她不怀好意地微笑，心中越发谨慎了。趁她不注意，我偷偷在电脑上演算了一次，果然等于2！我皱起眉头，有些悲观：如此简单的算式也要劳驾电脑，还有何面子在地球上鬼混？

我心一横，硬起头皮叫道："在动物那儿，它等于虚无；在商人那儿，它等于无限；在拿破仑那儿，它是力量；在居里夫人那儿，它还是1……"太太奋力挥书，作斩钉截铁状："我和罗素只要你一个答案！"

我气沉丹田，以万夫莫当之勇进发："我的启蒙老师告诉我——1+1等于2！"

太太哈哈大笑!说："没错，罗素说得好，1+1=2，这是真理，而对于真理，我们有什么好犹豫和顾忌的呢?你呀，太不争气！"

在真理面前，没有假如，我们不能受外界的干扰，应斩钉截铁地选择，永远不会错。

35. 母子鸟的永不放弃

> 人生需要懂得放弃，由于亲情关系而拖累一批人，不如牺牲一个换来大家的幸福。

在地球最北端的格陵兰岛上有这样一种鸟：假如你逮住了母鸟，用不了多长时间，它的孩子们一定会千方百计地飞来寻找它的母亲，不论你把母鸟藏到哪里，带到多远的地方；同样，假如你逮住了雏鸟，它们的母亲也会千方百计地寻找到它的孩子，不论你把它的孩子带到哪里。

岛上的人们把这种鸟叫母子鸟。

格陵兰岛的大部分土地都在北极圈以内，土地长年冰封，岛上的人们主要以狩猎为生。要按我们一般的想法，岛上的猎人只要想办法逮住母鸟或子鸟，坐在家里等着大批的鸟自投罗网就可以了，但是，格陵兰岛上的居民们没有这样去做，而且，千百年来，岛上的人从来也没有人去射杀母子鸟。这个传统一辈一辈地流传下来，成为格陵兰岛上不成文的规定。

格陵兰岛上几乎没有三口两口的小家庭，大都是几十口人的大家庭，直到实在是住不下了，才恋恋不舍地分开居住。人们说，连鸟都知道亲情团圆，都知道千里相随，我们为什么要骨肉分离呢？

岛上的大部分居民还处在半原始的生活状态，但几乎所有到了这个岛上的人，都为他们注重亲情、和睦相处的情景所震惊。岛上几乎没有什么法律，更谈不上军队和警察，但他们却和睦快乐地生活着。

医生给人治病，都会凭着自己的良知倾其所能，因为他知道在病人的家里，许多亲人正在焦急地盼望着。商人没有人去做坑人骗人的奸商，因为他们知道，假如是坑骗了孩子，会令他们的父母痛心；而坑骗了父母，会连累了他们的孩子。整个社会，所有的人都在这么想，每一个人都是有父母有孩子的人，都有许许多多的亲人在牵挂着，不能做伤害人让人痛心的事情啊。

36. 成功就是选择与放弃

有许多人，就因为一生都在走最短的路，结果走进死路里，把大好的年华都浪费掉了。不要怕走弯路，但它有一个前提：走弯路是为了走最快的路。

坐在出租车上，司机问："先生，是走最短的路，还是走最快的路？"我好奇的问他："最短的路不是最快的吗？""当然不是，现在是高峰，最短的路经常交通堵塞，走的时间就长。您要是有急事，就得绕道走，多跑点路，可能早到……"因为我有急事，当然只能选择最快的路。

走最短的路，还是走最快的路？

人不只是在坐出租车时才遇到这种情况，人生的时时刻刻都会面临着这样的选择，这种选择有时让人很无奈，可只要想有出息的人都会选择走最快的路，因为一个人的一生，时间是有限的，机会是有限的，只能选择最快的路。

我的朋友栖云写过一篇非常好的随笔，她写坐车上山走盘山道的感受。坐车上山，从山底到山顶的路都是盘山而上的，路的距离是直线到山顶的几倍甚至十几倍。可我们想一想，要是修一条从山底直达山顶的直线的路，那得有多少车和人要葬身此山呀!因此走最快的路还有一个前提：最快的路也应该是安全的路!

走最快的路，有时还得走一段艰辛的路，被荆棘划破皮肉，被乱石扎破脚，可为了快点到达目的地，也只能忍受一些苦难。

走最快的路，还得少犹豫。要是走到每个路口都要坐下来想半天走哪条路更快，那可能就是走得最慢的了。

人生需要选择，也需要放弃，选择与放弃是成功的两个不可缺少的条件。

37. 放自己一马

> 要给自己一个空间，不然活着就会很累。

常常，我会碰到朋友对我手上那只晶莹剔透的玉环发出许多称赞，接着仔细端详把玩，然后往往是接上一句大惊小怪："怎么镶了一节K金，难道有瑕疵？"逢此，我也总会不厌其烦、千篇一律地解释："不小心碰裂了，为了补拙，惟有包金一途，土则土矣，但总胜过折断啊！"

十多年前，与它初次相遇时，我被它那翠绿光泽给吸引，爱不释手，它所费不赀的售价，着实让我思量斟酌好久，最后痛下决心，把它带回家当纪念品，从此长系我手，视为珍物。自从有了它之后，我每天都格外小心，惟恐一个不小心留下任何伤痕。而这份美丽无瑕也成了我的一个负担。但在一次美国之行的一顿晚餐后，我因倦乏之极，一个大意撞上乐园的门柱，只听"铿"的一声，玉镯断裂，留下了不可弥补的缺憾。

我不禁想起当年一个师大好友。她从小就是模范生，从来都是拿第一的"乖乖女"；她任教高中，在教学、带学生方面，也是处处在人之上。她已习惯于"人上人"。为了永远高高在上的盛名，她不停督促自己拼命往前，几乎走火入魔，也因此煎熬在冷冷孤独里而不自觉。一年、两年——数年的压抑累积，终于在教学的第十个年头，正当要领教育部颁发的奖章之际，她终因不胜负荷而病倒了，一场忧郁症，让她住进了医院。我前往探视时，她流着泪细述自己一路行来的追求完美、逞强好胜，怎堪沦落至此？

健康是福，盛名如烟。活着平安才是最聪明与最理智的选择。千般万般的第一也不过镜花水月，在失去健康之后，更是一文不名，何苦来哉！人应学着善待自己，放自己一马。毕竟宇宙大千，没有十全十美的事。凡事量力而为，尽己之心，活一个健康平和又知足的生活，才是对自己"第一"的安排。

38. 选择进路与退路

在人生的旅途中，前进固然可喜，后退也未必可悲，最重要的是：在前进时要知道自制，免得只能进而不能退；后退时则要知道自保，使自己在退却重整之后，能够再前行！

你说想征服高山，但是当我问你登山者应该带些什么东西时，你却答不上来。

现在我告诉你吧：如果是攀登路径不熟的高山，即使原定一日往返，除必备的指南针外，你的行囊中也应该包括一把小刀、一条绳索、一盒用塑料袋包好的火柴、一点盐巴、一块折起来不大的透明塑料布或雨衣和一个哨子。

这些东西大多数都不是为你的进路准备的，而是为你的退路准备的。但是不论是在你登山的旅途上，或是在你人生的旅途上，"有退路"都是寻取进路的必要条件。

那把小刀，在前进时可以帮助你切割猎物、削竹为箭、砍木为叉；在你被蛇咬伤时，更可以用来将伤口切成十字，以吸出毒血。

那条绳索，在你前进时可以帮助你攀爬；在你遇险时，可以用来营救；在编织担架时，用来捆绑。

那盒火柴，在你前进时，可以用来烹食；在你遇难时，则可能让你点起柴火，熬过高山上寒冷的夜晚。

那块透明的塑料布或雨衣，在你前进时，可以用来防雨；当你困阻在深山时，更可以使你抵御地面或环境中潮冷的侵袭；甚至在缺水时，用来收集地面蒸发的水气，使你免于干渴。

那块盐巴，在你前进时，可以用来烹调鲜美的食物；在你困厄时，则能用来消毒、补充体力；甚至帮助你吞下平时绝对难以接受的野生食物。

至于那只哨子，在你前进时，固然可以用为招呼队友，作为集合的讯号；在你落难而饥寒交迫，喊不出声音时，更可能因为有这只哨子，隔几分钟吹一下，而使搜救人员找到你。如此说来，哪一样东西可以少呢，它们占的空间不大，却是你行前绝不能疏忽并且落难时可能保命的法宝。

我过去曾多次对你说：旅游时，如果是旧地重游，不妨在既有的大道之外，再去寻访一些小路，发掘新的风景；相反地，如果是到陌生的地方，则应该记住来时的道路，以便遇到困阻时能够脱身。对已知的环境，做进一步想；对未知的环境，做退一步想。

39. 把所有的鸡蛋放入同一个篮子

在实现目标的道路上,最忌讳的就是朝三暮四。

好多年前,有人要将一块木板钉在树上当搁板,贾金斯走过去,说要帮他一把。

贾金斯说:"你应该先把木板头子锯掉再钉上去。"于是,他找来了锯子,还没有锯到两三下又撒手了,说要把锯子磨快些。

于是他又去找锉刀。接着他又发现必须先在锉刀上安一个顺手的手柄。于是,他又去灌木丛中寻找小树,可砍树又得先磨快斧头。

磨快斧头需将磨石固定好,这又免不了要制作支撑磨石的木条。制作木条少不了木匠用的长凳,可这没有一套齐全的工具是不行的。于是,贾金斯到村里去找他所需要的工具,然而这一走,就再也不见他回来了。

后来人们发现,贾金斯无论学什么都是半途而废。他曾经废寝忘食地攻读法语,但要真正掌握法语,必须首先对古法语有透彻的了解,而没有对拉丁语的全面掌握和理解,要想学好古法语是绝不可能的。

贾金斯进而发现,掌握拉丁语的惟一途径是学习梵文,因此便一头扑进梵文的学习之中,可这就更加旷日费时了。

贾金斯从未获得过什么学位,他所受过的教育也始终没有用武之地。但他的先辈为他留下了一些本钱。他拿出10万美元投资办一家煤气厂,可造煤气所需的煤炭价钱昂贵,这使他大为亏本。于是,他以

9万美元的售价把煤气厂转让出去，开办起煤矿来。可这又不走运，因为采矿机械的耗资大得吓人。因此，贾金斯把在矿里拥有的股份变卖成8万美元，转入了煤矿机器制造业。从那以后，他便像一个内行的滑冰者，在有关的各种工业部门中滑进滑出，没完没了。

　　他恋爱过好几次，可是每一次都毫无结果。他对一位姑娘一见钟情，十分坦率地向她表露了心迹。为使自己匹配得上她，他开始在精神品德方面陶冶自己。他去一所"星期日"学校上了一个半月的课，但不久便逃课了。两年后，当他认为问心无愧、可以启齿求婚之时，那位姑娘早已嫁给了一个愚蠢的家伙。

　　不久他又如痴如醉地爱上了一位迷人的、有5个妹妹的姑娘。可是，当他上姑娘家时，却喜欢上了二妹。不久又迷上了更小的妹妹。到最后一个也没谈成功。

　　在商业界有一句格言："把所有的鸡蛋放入同一个篮子。"意思是精益求精，全力以赴在一个领域里做最好。在日常生活中也是如此。

40. 利用好今天

　　只有那些懂得如何利用"今天"的人，才会在"今天"创造成功的奠基石，孕育明天的希望。

　　在古老的原始森林里，阳光明媚，鸟儿欢快地歌唱，辛勤地劳动。其中有一只寒号鸟，有着漂亮的羽毛和嘹亮的歌喉，于是到处游荡卖弄。好心的鸟儿提醒它说："寒号鸟，快垒个窝吧!不然冬天来了怎么过呢?"

寒号鸟轻蔑地说:"冬天还早呢?着什么急呢!趁着今天大好时光,快快乐乐地玩玩吧!"

就这样,日复一日,冬天眨眼就来到了。鸟儿们晚上都在自己暖和的窝里休息,而寒号鸟却在寒风里,冻得瑟瑟发抖,用美丽的歌喉哀叫道:"抖落落,抖落落,寒风冻死我,明天就垒窝。"

第二天,太阳出来了,万物苏醒了。沐浴在阳光中,寒号鸟好不得意,完全忘记了昨天晚上的痛苦,又快乐地歌唱起来。

有鸟儿劝它:"快垒窝吧!不然晚上又要发抖了。"

寒号鸟嘲笑地说:"不会享受的家伙!"

夜晚又来临了,寒号鸟又重复着昨天晚上一样的故事。就这样重复了几个晚上,大雪突然降临,鸟儿们奇怪寒号鸟怎么不发出叫声了呢?后来太阳出来了,大家寻找一看,寒号鸟早已被冻死了。

《寒号鸟》虽是一则寓言,但它的确讲明了在人的一生中,"今天"是多么重要,它是你最有权力发挥或挥霍的。寄希望于明天的人,是一事无成的人。因为到了明天,后天也就成了明天。

41. 多一分耐心,多一点谦恭

在实践理想时,你必须与自己做比较,看看明天有没有比今天进步——即使只有一点点。

许多年前一所大教堂的牧师问一位美国学者:"你知不知道任何有关南非树蛙的事?"

"不知道。"学者有点儿惊讶地回答他。

他说:"你可能不想知道南非树蛙的事,但如果你想知道,你可以每天花5分钟阅读相关资料,5年内你就会成为最懂南非树蛙的人。然后有人会邀请你到他们总公司,还付你一大笔钱就为听听你对南非树蛙的意见。当然,这是很专业的一门学问,听众可能不多,但想想看,只要持续5年,每天花5分钟阅读相关资料,你就能够成为南非树蛙这个领域中最具权威的人。"

大多数人都不愿意每天投资5分钟的时间(与5个钟头的时间相比实在是少之又少)努力成为自己理想中的人。

伍迪·艾伦说过,生活中90%的时间只是在混日子。大多数人的生活层次只停留在为吃饭而吃、为搭公车而搭、为工作而工作、为了回家而回家。他们从一个地方逛到另一个地方,事情做完一件又一件,好像做了很多事,但却很少有时间从事自己真正想完成的目标。就这样,一直到老死。我猜想很多人临到退休时,才发现自己虚度了大半生,剩余的日子又在病痛中一点一点的流逝。

成功与不成功之间的距离,并不是大多数人想像的是一条巨大的鸿沟。成功与不成功只差别在一些小小的动作:这个动作就是每天花5分钟阅读、多打一个电话、多努力一点、在适当时机的一个表示、表演上多费一点心思、多做一些研究,或在实验室中多试验一次。

伟大的哲学家冯·哈耶克说:"如果我们多设定一些有限定的目标,多一分耐心,多一点谦恭,那么,我们便能够进步得更快且事半功倍;如果我们'自以为是地坚信我们这一代人具有超越一切的智慧及洞察力并以此为傲',那么我们就会反其道而行之,事倍功半。"

42. 独特之处决定着你的自信

你可以放弃自己许多东西，但你决不能放弃自己的独特之处。

小时候，我们就常被告知，雪花是独一无二的，没有任何两片雪花是同样的。我们的指纹、声音和DNA也是如此。因此可以肯定，我们每一个人都是独一无二的个人。然而，尽管我们知道历史上从来没有完全像我们一样的人存在过，但我们还是习惯于将自己与别人相比。我们常常在报纸上读到某人取得了伟大的成就，然后很快就发现他们的年龄超过了我们，因此我们至少得到了一点暂时的安慰：我们也还是有可能取得同样的成功的。

但是，把自己与别人相比是毫无意义的，因为你根本不知道别人在生活中的目标与动力以及别人独一无二的能力。别人有别人的才干，你有你的才干。我们常常认为才干就是音乐、艺术或智力方面的天赋，但实际上，我们人人都有奇妙的、被我们忽视的才干，诸如激情、耐力、幽默、善解人意、交际才能等等，它们是可以帮助我们取得成功的强有力的工具，我们不能随意就把它否定。

不断地拿自己与别人相比，只能使你对自我形象、自信以及取得成功的能力产生怀疑。你应该向"这个人"请教自己的能力是否得到了充分开发——"这个人"就是你自己。

心理学家指出：我们对自己的认知、对自己的定位以及我们将要实现的目标决定着我们在这个世界上的独特的位置。

科学家认为人50%的个性与能力来自基因的遗传，这意味着另外的50%不取决于遗传，而取决于创造与发展。当然，我们必须承认有些事情是我们无论如何积极也无法改变的，比如身高、眼睛、肤色等等，但是我们却可以改变对它们的看法，这是一种优良的品质。

从一定意义上说，你如果认定了自己的独特之处，你就能成就你独一无二的形象。如果你有一个清晰的自我形象，那么你便不会给自己贴上标签。不要被你所做的工作、所住的房子、所开的汽车或是所穿的衣服限制住，你不是这些东西的总和。成功者相信的是自己，他们取得成功的潜力不依赖于地位或身份，而依赖于他们自身实现目标的信心，而你的信心就来自于你的选择和放弃。

43. 完全消除需要得到赞许的心理

毫无疑问，你要在生活中有所作为，就必须完全消除需要得到赞许的心理！它是精神上的死胡同，不会给你带来任何益处。

一位名叫奥齐的中年人，对于现代社会的各种重大问题都有着自己的一套见解，如人工流产、计划生育、中东战争、水门事件、美国政治等等。每当自己的观点受到嘲讽时，他便感到十分沮丧。为了使自己的每一句话和每一个行动都能为每一个人所赞同，他花费了不少心思。

他向别人谈起他同岳父的一次谈话。当时，他表示坚决赞成"无痛致死法"，而当他察觉岳父皱起眉头时，便几乎本能地立即修正了自己的观点:"我刚才是说,一个神智清醒的人如果要求结束其生命,那么倒可以采取这种做法。"

他在上司面前也谈到自己赞成"无痛致死法",然而却遭到强烈的训斥:"你怎么能这样说呢?这难道不是对上帝的亵渎吗?"奥齐实在承受不了这种责备,便马上改变了自己的立场:"……我刚才的意思只不过是说,只有在极为特殊的情况下,如果经正式确认绝症患者已经死亡,那才可以截断他的输氧管。"最后,奥齐的上司终于点头同意了他的看法,他又一次摆脱了困境。

当他与哥哥谈起自己对"无痛致死"的看法时,哥哥马上表示同意,这使他长长地出了一口气。

他在社会交往中为了博得他人的欢心,不惜时时改变自己的立场。就个人思维而言,奥齐这个人是不存在的,所存在的仅仅是他人做出的一些偶然性反应;这些反应不仅决定着奥齐的感情,还决定着他的思维和言语。总之,别人希望奥齐怎么样,他就会怎么样。

现实生活中,这样的人和事也不少。有一个做秘书的,领导让他看一篇报告写得如何。他看过后来汇报,说:"我认为写得还不错。"领导摇了摇头。秘书赶紧说:"不过,也有一些问题。"领导又摇摇头。秘书说:"问题也不算大。"领导又摇摇头。秘书说:"问题主要是写得不太好,表述不清楚。"领导又摇摇头。秘书说:"这些问题改改就会更好了。"领导还是摇头。秘书说:"我建议打回这个报告。"这时领导说了:"这新衬衣的领子真不舒服。"

一旦寻求赞许成为一种需要,你要做到实事求是就几乎不可能了。如果你非要受到夸奖,并常常做出这种表示,那就没人会与你坦诚相见。同样,你就不能明确地阐述自己的思想与感觉,你会为迎合他人的观点与喜好而放弃你的自我价值。

生活中人必然会遇到大量反对意见,这是现实,是你为"生活"付出的代价,是一种完全无法避免的现象。

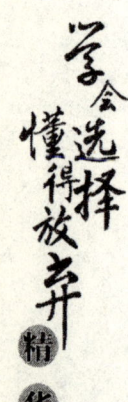

44. 不要把得失看得太重

我们的心像钟摆一样在得失间摇摆，放弃是一种智慧。

汉代司马相如所著《谏猎书》有云："明者远见于未萌，而智者避危于未形。"

"卧薪尝胆"的故事说的便是这一道理。春秋时期，吴国军队把越国军队打得落花流水，越王勾践被迫放弃了王位和自己的国家，忍辱负重，给吴王夫差当了奴仆。三年以后，勾践被释放回国，他立志洗雪国耻，发愤图强，每天睡在草堆上，吃饭时先尝尝苦胆的滋味，以提醒自己不忘亡国之耻。公元前473年，勾践率领大军灭了吴国，做了春秋时期的最后一个霸主。

现实生活中，我们也需要有一种放弃的智慧。当你与人发生矛盾或冲突时，只要不是原则问题，你完全可以放弃争强好胜的心理，化干戈为玉帛，避免两败俱伤；当你与家人发生摩擦时，放弃争执，保持缄默，或许就可以使家庭保持和睦温馨。

以前有一位国王，他缺手断腿，但他爱民如子。他很想将他自己画下来，留给后代子民瞻仰，就请来全国最好的画家帮他画像。那位画家的确是一流的，将他画得很逼真，很传神，但是国王看了之后很难过地说："我这么一副残缺相，怎么传得下去！"就把画家给宰了。于是又请来第二位画家，第二位因有前车之鉴，不敢据实作画，就把他画得圆满无缺，把缺的手补上去，把断的腿补上去，国王看了之后更难过，说："这个不是我，你在讽刺我。"又把第二位画家给宰了。后来又请来第三位画家，第三位画家想我该怎么办呢?写实派的给宰了，完美派的也给宰了。画家想了好久，最后急中生智，画了一幅国王单腿跪下闭住一只眼瞄准射击的画像，把他的优点全部暴露，把他的缺点全部掩盖，这就叫做"隐恶扬善"。国王看后非常满意。这好像是一个笑话，但却在告诉我们要"隐恶扬善"，多讲人家好的那一面是对的。

批评别人表面上好像占了便宜，其实都是一样，有得就有失，得就是失，失就是得，但是人们非常可怜，都是患得患失，未得患得，既得患失。我们的心，就像钟摆一样，得失、得失……就这么样摆，非常痛苦。而一个人最高的境界，应该是无得无失，因为失就是得，得就是失，塞翁失马，你怎晓得是福还是祸呢?

45. 要超常就需要扬弃

想获得某种超常的发挥，就必须扬弃许多东西。

中国有句古话：有所为有所不为。有所得，就必有所失。什么都想得到，只能是生活的侏儒。而要想获得某种超常的发挥，就必须放弃许多东西。瞎子的耳朵最灵，因为眼睛看不见，他必须竖着耳朵听，久而久之，耳朵达到了超常的功能。会计的心算能力最差，2加3也要用算盘打一遍，而摆地摊的则是速算专家。生活中也一样，当你的某种功能充分发挥时，其他功能就可能退化。

世间行业千千万万，哪行做好了都能赚钱。经营任何一种行业的

商人，你应经营你熟悉的主业，把它研究深、透，方能成为该行业的老大。

而作为一个成熟的商人，你更要学会放弃，那些你不熟悉的行业，千万不要轻易进入。别人在赚钱，不要眼红心动，否则，今天投资，就意味着明天垮台！

很多人都梦想能拥有一份好工作，这份工作最好是能同时带来财富、名声、地位。但事实上，在激烈的市场竞争中，已经没有哪一种工作是真正的热门行业，无论何种工作，都无法提供完全的保障。那么如何以不变应万变，取得一份较为实际同时又富含理想色彩的工作呢？以下建议，您不妨一试：

①放长线钓大鱼。求职就业，你不必总是盯着"热门"。过去是360行，现在的行当更多，而且随着社会的变迁，旧的行业在不断消失，新的行业又不断产生。近10年来，就业市场中冒出不少新兴行业，像投资顾问、房屋中介经纪人、自由工作者等等，都吸引了大批就业人口。而一种新兴的职业之所以能在就业市场中独领风骚，是与社会经济发展和人们就业观念的转变息息相关的。一开始，它也许并不是热门，只是追求的人多了，才成了时尚。如果这时你想介入该行业，就应当充分考虑你的兴趣、能力，你的就业磨合期、收益时限以及这一职业的未来前景。

其实，如今整个社会对于"职业贵贱"的观念越来越淡，那些过去被人视为"下等人"干的工作，现在反而更能锻炼人。西方国家的许多大学毕业生，一开始没有多少是按专业对口工作的，很多人是从推销员、收银员乃至在餐厅打工起步，然后一步步走上新的岗位。比起"抢短线"的激进行为，在择业中搞"长线投资"似乎更为理智、更具个性。

②以智能求生存。时代在变，社会在变，我们正在从事的工作也在不断变化，如何让自己成为就业市场的"常胜将军"呢？你需要的是不断"充电"。除了本行工作，你还应当熟知一些专业以外的事务。不仅要成为专门人才，还要把自己塑造成一个适合时代发展的复合型人才。这样，你才能适应就业市场的需求。

③个人主导生活。为了求得一份收入丰厚的工作，有不少人放弃了个人的兴趣追求。从社会对劳动力的不同需求来看，这种选择无可厚非。但这往往并不是人们心目中最理想的选择。赚钱当然是必要的，但人们除了工作之外，对其他事物也有追求，如自由的时间、良好的健康、满意的人际关系和幸福的家庭等等。因此，一份相对自由的、能充分发挥个人聪明才智的工作将越来越成为人们的首选。这样，人们就可能拥有更多灵活的时间，弹性安排自己的生活。这样的工作才是个性化的、理想的工作。

46. 错过花，你将收获雨

在落泪前留下身影，将昨天埋在心底，然后有个轻松的开始。

许多事情，总是在经历过以后才会懂得。一如感情，痛过了，才会懂得如何保护自己；傻过了，才会懂得适时的坚持与放弃。在得到与失去中我们慢慢地认识自己。其实，生活并不需要这些无谓的执著，没有什么不能割舍。学会放弃，生活会更容易。

学会放弃，在落泪以前转身离去，留下简单的背影；学会放弃，将昨天埋在心底，留下最美的回忆；学会放弃，让彼此都能有个更轻松的开始。遍体鳞伤的爱并不一定就刻骨铭心。这一程，情深缘浅，走到今天，已不容易，轻轻地抽出手，说声再见，真的很感谢，这一路上有你。曾说过爱你的，今天，仍是爱你。只是，爱你却不能与你在一起。一如爱那原野的火百合，爱它，却不能携它归去。

收拾起心情，继续走吧，错过花，你将收获雨；错过她，我才遇到了你。继续走吧，你终将收获自己的美丽。

爱情没有永久保证书。有个男士饱受一位前女友的骚扰，他所有亲戚朋友都收到电话恐吓。后来他亲自去恳谈和解时才发现，原来他的前女友已经有了新的同居人——她自己有新欢，但就是不让他轻松如意。新的已来，旧爱还不愿割去。

最近还有一个令人震惊的例子，一位在婚姻关系中不断有外遇的丈夫，在前妻以验伤单为由诉请离婚后，过了几年还来泼前妻硫酸，致使前妻一眼失明，全身百分之四十烧伤。她失去了工作，严重地破了相，必须抚养两个孩子，还要担心因伤害罪入狱的前夫假释出狱后，继续伤害她。更可怕的是她的前夫还沾沾自喜地叫人来传话："现在你没人要了吧，我还是可以要你，你乖乖把孩子带回来……"

如果心中有"曾经拥有就永远不要失去"的偏执狂与占有欲，那么你越想要获得反而会使爱越走越远。

谁说喜欢一样东西就一定要得到它。有时候，有些人，为了得到他喜欢的东西，殚精竭虑，更甚者会不择手段，以至走向极端。也许他得到了他喜欢的东西，但是在他追逐的过程中，失去的东西也无法计算，他付出的代价可能是其得到的东西所无法弥补的。其实喜欢一样东西，不一定要得到它。

有些东西是"只可远观而不可近瞧的"，一旦你得到了它，日子一久你可能会发现其实它并不如原本想象中的那么好。如果你再发现你放弃的东西更珍贵的时候，我想你一定会懊恼不已。所以也常有这样的一句话"得不到的东西永远是最好的"。所以当你喜欢一样东西时，得到它并不一定是你最明智的选择。

谁说喜欢一个人就一定要和他在一起。有时候，有些人，为了能和自己所喜欢的人在一起，他们不惜使用"一哭二闹三上吊"这种最原始的办法，想以此挽留爱人。也许这留住了爱的人，但是这却留不住他/她的心。其实喜欢一个人，并不一定要和他在一起，人不是常说"不在乎天长地久，只在乎曾经拥有"吗？喜欢一个，最重要的是让他快乐，因为他的喜怒哀乐都会牵动你的心绪。所以也有这样一句话

"你快乐，所以我快乐"。因此，当你喜欢一个人时，暗恋也不失为上策。

有一首歌这样唱："原来暗恋也很快乐，至少不会毫无选择"；"为何从不觉得感情的事多难负荷，不想占有就不会太坎坷"；"不管你的心是谁的，我也不会受到挫折，只想做个安静的过客"。所以，无论是喜欢一样东西也好，喜欢一个人也罢，与其让自己负累，还不如放轻松地面对，即使有一天放弃或者离开，你也学会了平静。

47. 感觉和智能，孰重孰轻

一个人要想获得成功，必须有一定的智能，但拥有高智能并不一定就意味着成功，只要你拥有积极健康的情绪就能成功。

长期以来，人们在研究"成功"的时候，总是将人智商的高低看成是事业是否成功以及人生是否能够绚丽多彩的最为重要的先决条件。这就给人造成了一种错觉，似乎高智商就意味着成功，低智商和平常智商似乎就无成功的可能。人们对"情绪"研究甚少，甚至有些观点认为"情绪"不过是困扰生活的一些因素罢了。

最新的研究成果表明，智商的高低的确有一定的意义。如果对大多数人进行一个整体观察，很多低智商的人大多从事劳力的工作，而高智商的人大多从事劳心的工作，而且智商高的人往往比智商低的人平均薪水要高。我国最近一项统计表明，高学历的人收入远远高于低学历的人，学历越高，收入越高。

然而问题并非如此简单,统计数据仅仅只能表明高学历高智商的人的平均薪水比低学历低智商的人高。而在同一项统计中人们还发现,我国现阶段收入最高的人群却并非高学历高智商者。有很多公司的老总文化程度并不高,有些是高中文化程度,有些是初中甚至是小学文化程度,但这些老总却网罗着大批高智商高学历的精英。这些高学历高智商的人反倒成了他们的追随者,并为其创造财富。

如何解释这一现象呢?

要解释这种现象就得研究人如何才能成功,研究决定成功的关键因素是什么?要成功就需要行动,而且是积极的行动;要成功就要开发人的潜能,只有你能从你自身开发出更多的潜能,你才可能比他人获得更大的成功。

现在让我们再来看看,在我们的身体中是什么东西在决定着我们的行动?又是什么东西在调控着我们,使我们能够释放出潜能?先来看看著名的心理学家哈德飞的一项实验。

哈德飞让三个人在三种不同的情况下,尽全力抓紧握力器。发现在一般清醒的状态下,他们平均的握力是一百零一磅;将三个人催眠,并告诉他们,他们非常虚弱,结果,他们的平均握力只有二十九磅,即不到他们正常力量的三分之一;在催眠之后,告诉他们,他们非常强壮,结果他们的平均握力达到了一百四十多磅。

当他们在思想里很肯定地认定自己有力量之后,他们的力量增加了50%。

如果你觉得这个实验还不足以说明问题的话,不妨再看一个发生在美国内战时期最奇特的故事。

"现代基督教信仰疗法"的创始人玛丽·贝克·艾迪由于生活的磨难,健康状况一直不好,整天情绪低落。一个寒冷的冬日,她走路时,突然摔倒在结冰的路面上,她的脊椎受到了严重的损伤。医生说,即使奇迹出现而使她能够活下来,她也无法再行走了。然而玛丽却是一位忠实的基督徒。有一天,她读到《马太福音》里的句子:"有人用担架抬着一个瘫子到耶稣跟前。耶稣就对瘫子说:'小子,放心吧,你的罪赦了……起来,拿起你的褥子回家去吧'。那人就站了起来，回家去了。"

耶稣的几句话使玛丽产生了一种力量，于是她立刻下了床，开始行走。玛丽从自身看到了奇迹，她认为创造奇迹的就是"思想"。从此，玛丽开始了"基督教信仰疗法"的治疗，并以这种疗法治愈了很多病人，消除了很多人的忧虑、恐惧和病痛。她深信，只要改变了自己的想法，就能改变自己的生活。

越来越多的实验和事例都证明，高智商就等于高成就这一公式并不成立，人生的成就至多有20％归诸智商，80％则受其他因素的影响。在其他因素中，情商无疑对人的影响最大。主导我们行动和激发人类潜能的主要动因不是智商而是情商。如果缺乏情商的配合智能绝对不可能得到最大的发挥，甚至可以说智能发挥的前提就是看情绪在不在最佳状态。如以人的决策为例，决策需要较高的智能，因为决策需要有较强的逻辑思维能力高智商的人在决策时能做出更科学的决策，但是不是意味着决策就不需要感觉这样一些非理性的情商呢？

事实上，理性决策绝不可缺少感觉的成分，感觉先将我们导到一个正确的方向，而后逻辑才能做最佳的发挥。人生本来就是一连串的决策过程，每个人每时每刻都要进行简单的或复杂的决策，如到了男大当婚，女大当嫁的时候，每个青春男女都要面临结婚对象的决策。这时候感觉往往能帮助我们在开始时就筛选掉许多不当的选择。然后，才是理性发挥作用的时候。

48. 别做"完美主义者"

不要等到所有的情况都完美以后，才动手去做，那样的话你有可能一事无成。

在我们周围，你会发现一些人，他们的才智过人，工作能力也很不错，而且非常勤奋。但是，他们却出不了什么成果，眼看着比他们在各方面都差一些的人成果都十分显著了，而他们却依然默默无闻。

寻找这类人之所以迟迟不能成功的原因，可能不是一件容易的事情，因为他们的才华虽然说不上盖世，但比起常人却高了一截，他们的脑筋很灵光，工作也够勤奋。如果真是这样的话，他有可能是个"完美主义者"。

你可能要问："完美主义"不好么？回答是：不好。如前所说，这些人之所以不能获得成绩，不能取得人生的成功，不是他们缺少能力，而是他们在做任何事情之前，都不能抑制自己追求完美的冲动。他们想把事情做到尽善尽美，这当然是可取的，但他们在做一件事情之前，总是想使客观条件和自己的能力也达到尽善尽美的程度然后才去做，因而，这些人的人生始终处于一种等待的状态。他们没有做成一件事情不是因为他们不想去做，而是他们一直等待所有的条件成熟。

比如，他想写一篇论文，他会先尝试几种、十几种，乃至上百种方案之后才去动手。这么做当然是好的，因为他可能在比较之后找到一种最佳的方案。但是，在他开始写的时候，他又会发现他选择的那种方案依然不够完美，而他却非得要找出一种"绝对完美"的方案来。于是，他就将这种方案又搁置起来，继续去寻找他认为的"绝对完美"的新方案，或者，将这一论文的选题放下，又去想别的事情。实际上，天下没有什么东西是"绝对完美"的，这种人总是不愿出现任何一种失误，担心因此而损害自己的名誉，所以，他的一生都在寻找的烦恼中度过，结果什么事情也没能做成。

如果你不相信这一点，你可以从你的人生档案中找出你拖延着没有做的事情：搬了新家窗帘还没有装，所以没有请朋友来家里玩；这篇文章的构思还不是很成熟，所以还没有写；这只现价三十元的股票原想等掉到五块钱再买，但它一直掉不到五块钱，所以就一直未买等等。归纳一下你会发现，你一直在等待所谓的条件完全具备，你好做得尽善尽美，可是，你可能会发现社会上同样的事情有些人的方案或者条件还不如你的成熟，但他们的成果已经问世，或者已经赚了一大笔钱，你又会因此而烦恼。造成这种状况的原因就是你也患上了"完美主义"的毛病。

这就可以解释，为什么会有那么多表面看起来相当精明能干的人，到头来却一事无成。

你还可以做这样的试验，把手头的某项工作交给你的两位部下，一位是完美主义者，一位是现实主义者，看他们面对同一工作会有哪些不同。等他们的方案提交上来，你会发现，完美主义者可以一下子给你提供十多种可能的方案，分别说明了其可行性与利弊得失，但是他无法确定哪种方案最好，他会采用哪种方案；而现实主义者则不然，他可能只有一种方案，也就是他要实施的那套方案，在聪明才智方面，他比不上前者，但他能够给你一套很实在，马上就可实施的方案。

所以，在人生中，无论是对待工作、事业，还是对待自己、他人，我们不妨做一个适度的妥协主义者，而不要做一个完美主义者。因为完美主义者有可能什么事情也没有做成，而妥协者却会多多少少有些进展。

请记住：不要等到所有情况都完美以后，才动手去做。如果坚持要等到万事俱备，那你可能就只能永远等待下去了。同时，对待自己也要宽大些，不必追求永远绝对的完美。这样，你不但少了许多烦恼，同时，你会发现，你的工作、事业在一个较短时间内就会有大的发展。

49. "事必躬亲"并非好习惯

在现代社会,随着社会分工的越来越细,老板或其他管理人员,也需要"抓大放小",给下属以发展空间。

一说到"事必躬亲",我们有许多人会想到《三国演义》中那个"鞠躬尽瘁,死而后已"的军师诸葛亮。这个为了帮助刘备以及刘备的儿子恢复汉室的丞相诸葛亮,在刘备死后,为了使摇摇欲坠的蜀政权不至于加速灭亡,可以说做到了"事必躬亲"。

可惜的是,诸葛亮的本事再大,也没有能挽狂澜于既倒,最后只能抱病死在了五丈原。不过,诸葛亮与其说是病死的,倒不如说是累死的,他就是让"事必躬亲"给活活地累死了。

所以说,诸葛亮是聪明了一世,也糊涂了一世。他的聪明我们已熟知,而他的糊涂就在于太相信自己,而没有将别人也可以做的事情让别人去做。

在现代社会,随着社会分工的越来越细,老板或其他管理人员,也需要"抓大放小",给下属以充分的发展空间。

人的确有着巨大的潜能,人也有着无限的可能,但是,人毕竟是人,而不是万能的上帝。所以,你不可能懂得天下所有的知识,你也不可能熟练地掌握了天下所有的技艺,你更不可能做完天下所有的事情。了解了这一点,你也就了解了我们的社会为什么会有各行各业的分工,你也就了解了一个成功人士要走向成功绝不会仅仅靠他一个人单枪匹马地去冲锋陷阵。

现代社会生产的一个突出特点,也就是它不同于古代作坊式生产的地方,就是它是以流水线式的生产为基本模式,即集体的力量越来越重要,甚至,任何一个产品,单是依靠一个人的力量根本无法生产。比如电视机,除了发明电视机者,还有设计师、安装师以及每个零件的生产者,等等,如果一个人想造出一台电视机,而且每个部件都是自己设计、生产,不知道要到猴年马月才能生产出来。

所以,一个好的经理或是其他管理人员,他就会懂得"更精明而不是更辛苦地工作"。

一个成功的管理人员,除非特别需要,不要把自己的公事包带回家,因为忙了一天,你的心绪和身体两方面都需要迫切地摆脱你的工作。

充分授权给你的下属。在"抓大放小"的前提下,你要把本来属于下属的工作或者适合下属的工作,以及完成这项工作所需要的权威坚决地交给下属。这样不但可以将你从繁忙的事务中解脱出来,同时对下属也是一个很好的锻炼机会。

所以,为了能把你真正地解放出来,你要学会把具有挑战性的工作,甚至是决策性的工作,还有使下属有所收益的工作授权给他们。这首先建立在你充分信任你的某些下属的基础上,"用人不疑,疑人不用",这其中的道理,你可能比谁都清楚。因此,在你授权的时候,别忘了把整个事情都托付给对方,同时交付足够的权力好让他做必要的决定。

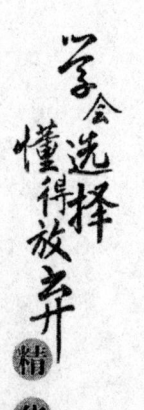

50. 知足常乐,终身不辱

知足者常乐也,而其终身不辱也。人生中很多失败的例子是不知足所导致的。

记得台湾的一位大学校长在新生接待会上问了一个这样的问题："同学们,你们快乐吗?""快乐!"下面的同学立即欢呼起来。"好,好,我的话到此结束。"大家惊愕了半天,然后才慌然大悟,顿时掌声大作。这位颇有风趣的校长其实是很了解学生心理的,也很了解人的心理。他认为人的根本目的是追求快乐,而如果大家都很快乐,自己就不必再扫别人的兴了,因此,这位校长的做法很高明。

快乐是一种什么样的心境呢?或者说快乐到底是什么样子呢?这个问题,也许很难说清楚。但有一点必须肯定,快乐是很主观的,一个人的快乐他人是看不见的,只有通过他的表现和行为举止才能有所了解。一个人认为是快乐的事,而另一个人却未必认为快乐。总之,快乐是很奇怪的,因人而异,因事而异,这种东西很大一部分是一种心理上的满足。

追求快乐是人性之一。哪个人不愿自己生活得快乐点?有人说人生来都是痛苦的,哪有快乐可言?我也没说人生来都是快乐的呀!正因为人生多痛苦,所以追求快乐才是我们应该努力的一个方面!人生活的根本目的是什么呢?归根到底是为了"快乐"二字。成功的事业、富足的家产、自我实现……都是为了最终的快乐。快乐是一副润滑剂,有了它你的生活将会光滑许多,没有它你前进的道路上谁能想到又会有多少障碍和阻力?

快乐的反面是痛苦。痛苦何来呢?人生来就是有需要的,生来便具有各种欲望。这些需要和欲望应该是得到满足的,而一旦得不到满足,痛苦便产生了。而人越是痛苦,才越觉得快乐的可贵,才会拼命地去追求快乐。当他得到了新的快乐,新的痛苦又产生了,因为人的欲望是无止境的。那么,我们是不是就永远也无法追求到快乐了呢?不,快乐是能追求到的,尽管人的欲望无穷,但只要我们能知足,便能常乐。

知足的人即满足于自我的人,知足者能认识到无止境的欲望和痛苦,于是就干脆压抑一些无法实现的欲望,这样虽然看起来比较残忍，但它却减少了痛苦。在能实现的欲望之内，他拼命为之奋斗，一旦得到了所求，快乐便油然而生，每上进一个台阶，快乐的程度也会上进一个台阶。

人生之中，其旅程不会是一帆风顺的，处处有坎坷、崎岖，甚至是断崖，痛苦更是无穷无尽。难道我们非要一味地求苦而将快乐置于身边而不顾吗？这是生活的根本目的吗？不，绝不是。也许有人会说："不吃苦中苦，那熬人上人？"那么，我问什么才算"人上人"？

竞争，使得我们每个人都为了眼前的利益而奔走忙碌，丝毫不敢有所懈怠。于是，我们攀比，希望在各个方面都超过自己周围的人，当超过了自己周围的人我们还想再超过其它更远的人，但是，一个人以有限的精力能实现他所有的梦吗？这样盲目的攀比，其结果只能使自己更加的痛苦，而仍一无所得。人为什么总这样霸道？为什么不允许别人超过自己呢？别人也是人嘛！我们没有理由只相信自己，我们没有理由不让别人超过我们，我们甚至没有理由去怀疑别人。我们应该拥有自我，去安静地生活，干自己该干的事情，做自己喜欢的工作，在自己的范围内寻找有意义的事情，去和对手竞争，一步一步向高的阶层攀登。这样，我们便能在人生每一步成长的过程中，体验到自我实现和成长的足迹，同时也会体会到自我奋斗的快乐！

一位西方哲人说过，成功是没有标准的。只要我们尽了我们的力量，发挥了我们所有的潜力。这样，如果结果仍不是最优秀的，仍不失为一种成功。因为成功并不意味着都是第一，结果在有的领域是主要的，而过程则自有它的魅力之处。我们重视结果，并不是说我们不要过程，结果给人带来的快乐只是暂时的，而过程给我们带来的快乐和回忆则是无尽的。

人生中有很多失败的例子是由不知足所造成。人太贪婪了，欲望太强了，而其自身的能力又有限，这样必然会导致自己应有的下场。清朝嘉庆年间和珅的下场不是给我们以深刻的启示吗？为了积聚财富，和珅像发了疯一样，什么手段都敢使，其穷奢极欲达到了极致，其结果呢？还不是"机关算尽太聪明，倒误了聊聊性命"，身死人手。

当然，我在这里并不是反对大家去努力奋斗，只是说相对于无止境的成就来说，一个人达到个人所能及的成就也就可以了。由于人是有区别的，所以就每个人能达到何种成就来说又是不同的。

51. 忍是大智、大勇、大福

忍学是中国的国粹，是中国儒家思想的精髓。中国历史上，许多成名人物都是靠"忍"字而成大业的。

中国有句古话：忍一时，风平浪静；退一步，海阔天空。意思是让我们在某些特殊情况下，不要一味使用莽劲去碰壁，而应该分析局势，做出某些以退为进的决策。这句古话的核心思想就是一个"忍"字。

忍学是中国的国粹，是两千多年来儒家思想的精髓。中国历史上的许多成名人物都是靠"忍"字而成大业的。许多成功的犹太籍、日籍企业家、金融巨头亦将"忍"字奉为修身立本的真经……可以毫不夸张地说，忍学是世界上成功的企业家、政治家、军事家、外交家、科学家的必修之课。

"忍"能成大器。只要你在做人的准则中牢记住"忍"这一条，你定能成大器。越王勾践，卧薪尝胆，甚至以一国之君的身份为人做马夫，终于赢得了后来的"三千越甲可吞吴"的大业。汉朝时的韩信，若不是能忍得住那"胯下之辱"，怎能从一个街头小痞子一跃而成淮阴侯。至于中华民族传统美德造就出了古今多少"巾帼英雄"，那更不必说了。实在"忍"不住的潘金莲为后人所蔑视的事实更证明了"忍成大器"的真理。

"忍"能赚大钱。这是一个在商海中遨游多年的朋友对我讲的一句话。多年来，他一直坚信，在自己有求于人的时候，一定要付出代价，这个代价就是"忍"。从银行贷款，就要忍住审查人员的吹毛求疵；与老板谈生意，稍一不忍就可能损失一笔大钱。如果你的确要求助于那个对你挑鼻子瞪眼睛的人，你就忍一忍吧！只要不是原则性冲突，忍过了之后，钱就进来了，何乐而不为呢？

当然，我们讲一个"忍"字，并不是要你怯懦，真正的"忍"是以退为进的手段。那些只是一味地退让，而不考虑自己真正的目标，不思进取的人，忍来忍去反而会让他永远爬起来。

52. 吃亏是福，贪得是祸

贪是人类祸害的根源。

清代志士郑板桥积十载为官之辛酸用血泪凝成的"吃亏是福"，屡被认做是怪论，其人也被视为怪物。于是，友人送此条幅良久，我终不敢理直气壮地将其挂起来。

此"论"怪耶？笔者人微言轻，不便"正面冲突"，还是从与之对应的命题"贪得是祸"着笔，拈些事例来个旁敲侧击，学走迂回论证之道吧！

郑板桥得此绝"论"，并非一时冲动。他做秀才时就断然将家奴契券付之一炬，宣称此举"是为人处，即是为己处"，其中便隐含了"贪得是祸"的含义。及至登上县令之位，他谈及为人之道时又披露某些人说："一捧书本，便想中举，中进士，做官，如何攫取金钱，造大房屋、置多田产。起手便走错了路头,后来越做越坏,总没有个好结果。"这就明言"贪得是祸"了。

看几个《东方时报》的记载吧!(1988年8月20日)

广东建行某某分行某票据交换员,贪污200余万元巨款潜逃澳门,原以为"过了海便是神仙",且不说此人早被反解回佛山,"神仙"将成"鬼仙",就是过海之后也何曾"神仙"过一阵子?如若不信,但看他自供的在澳门惶惶然如惊弓之鸟的窘态:半步不敢出街门,常以腐乳、大头菜佐餐度日。此情此景,也许是孔老夫子描述的"小人常戚戚"吧,不亦"贪得是祸"乎?

湖南某县一人收受贿赂,贪污、挪用公家的建筑物资。两院通告发布后,眼看就要雨随雷声下,便如热锅上的蚂蚁,时时观"气候",阵阵看"动静",本来几次想投案自首,但直到提笔写下"自首书"并取出赃款时,仍"足将进而趑趄,口将言而嗫嚅",终以一小时之差而被拘审,痛失良机!这前前后后,他每一根神经都处于极端紧张状态,何曾坦荡过一片刻?岂非"贪得是祸"乎?

这"贪得是祸"即立,"吃亏是福"就理所当然了。甘心吃亏之辈,当年较之贪得之徒当然是亏了,殊不知事物发展的必然规律是:满者,损之机;亏者,盈之渐。

53. 原谅生活是为了更好地生活

别跟自己过不去,也别跟生活过不去,没理由不滋润,不快活,关键是我们选择什么样的角度看生活看自己。我们有我们的难处,生活有生活的难处,我们应当学会原谅生活。

"月有阴晴圆缺,人有悲欢离合,此事古难全。"古人有古人的悲哀,可古人很看得开,他把人世间的悲欢离合比作月的阴晴圆缺,一切全出于自然,其中有永恒不变的真理,它像一只无形的手在那里翻云覆雨,演绎着多色多味的世界,今人也有今人的苦恼,因为"此事古难全"。

苦恼和悲哀常常引起人们对生活的报怨,哀命运不佳,怨生活的不公。其实生活仍然是生活,关键看你从什么角度去看。我见过几位"麻将专家",真正意义上的赌徒,他们无限沉溺于这种游戏之中,自然应该受到道德谴责。可是人生又是什么?从某种意义上说,难道不也是一场赌局吗?用你的青春去赌事业,用你痛苦去赌欢乐,用你的爱去赌别人的爱。要不怎么有人说:"如果你觉得活得没意思了,那就该死了。"(诗人顾成的话)

沮丧的时候,退归你生活的角落,去充电、打气。选一盒录音带,京剧、越剧、歌曲、乐曲什么都成,边听边练毛笔字,书写龚自珍的乙亥杂诗"霜豪掷罢倚天寒",多带劲!"不是逢人苦誉君,亦狂亦侠亦温文",多亲切!想发泄一下,那就大声唱出来:"我站在冽冽风中,恨不能荡尽绵绵心痛;看苍天,四方云动,剑在手,问谁是天下英雄……"(取自歌曲《霸王别姬》)渐渐地排遣了沮丧,焕发了激情,环视四周,发现一切正常,你的消沉、你的低落、你的怨愤没有任何意义,既然如此,何不让自己回归正常?为什么总跟自己过不去呢?试试看,每天吃一颗糖,然后告诉自己——今天的日子,果然是甜的!

有时候,我们要对自己狠一点,不必过分纵容自己,"不识庐山真面目,只缘身在此山中。"走出去,登到顶上去,你会看到另一番景象:"日照香炉生紫烟,遥看瀑布挂前川,飞流直下三千尺,疑是银河落九天。(李白《望庐山瀑布》)"。

看清了自己,再来看生活,也许就多了几分宽容在里面。生活本身,并不是可以实现所有幻想的万花筒,生活和我们是相互选择的,不该过分计较生活的失言,生活本来就没有承诺过什么。它所给予的,并不总是你应当得到的,而你所能取得的,是凭你不懈的真诚和执着所换来的。

　　人类以热爱生命为目的，但却有另一部分人以猎取生命为职业，一位德国作家兼心理医生，维克多·费兰克，回忆自己住纳粹集中营的生活时说："人所拥有的任何东西，都可以被剥夺，唯独人性最后的自由不能被剥夺，正是这种不可剥夺的精神自由，使得生命充满意义且有目的……那一刻我所身受的一切苦难，从遥远的科学立场看来，全都变得客观起来。我就用这种办法把自己超越；在困厄的处境，我把所有的痛苦与煎熬当成前尘往事，并加以观察，这样一来，我自己以及我所受的苦难全变成我手上一项有趣的心理学研究题目了。"这种方式值得借鉴。当我们凭窗而坐，静看一本关于战争或其它的书时，我们有什么理由不快活，不滋润？

　　原谅生活，是一种积极有效的方式；原谅生活，不是可以淡漠所有的不公，不是为了超脱凡世的恩怨，而是要正视生活的全部，以缓解和慰藉深深的悲哀。相信生活，才能原谅生活，如果你的桅杆折断，不论是你自己的错，还是生活的错，都不该再悲哀地守着荡舟的孤独。

　　请重新支起新的桅杆！

　　原谅生活，是为了更好的生活。

54. 闻过则喜，闻过则改

　　一个人的过失总是不可避免的，它是客观存在的规律，重要的是要正视它，即"闻过则喜"，并且勇于改正它，即"闻过则改"。此不失为精明的处事为人之道。

人们在社会生活中，每日都要处理许多人际交往中大大小小的事情，但是，要么由于经验不足、情势不明，要么有意无意地把事情弄成僵局，甚至招致失败，犯下这样或那样程度不同的错误，害己殃人。

对待过失，正确的态度应该是像孔子所言，"过则勿惮改"（《论语·子罕》），就是说要勇于改过。因为"过而不改，是谓过矣"。（《春秋》）可见，孔子非常重视"改过"的行为。《史记·孔子世家》说："君子有过则谢以质，小人有过则谢以文。"意思是说，君子能认识错误，承认错误，态度诚恳；小人对自己的错误，则往往虚伪地掩饰，这就是人们常说的"文过饰非"。这种掩饰过失的态度本身就是一种错误。

古语讲："朝闻过而夕改之。"历史上有许多明智之士或达官贵人，当他们犯了错误之后，一旦觉察，就主动地认错，积极改过，从而受到人们的尊敬和信赖。《史记·廉颇蔺相如列传》记载了战国时赵国名将廉颇负荆请罪的故事，廉颇处世，起初缺乏全局观念，计较个人名利，意气用事，与蔺相如比职位高低，并散布闲言中伤他，这是廉颇的过失。而蔺相如识大体，顾大局，不计个人恩怨得失，甘愿忍受屈辱，不与廉颇争锋，表现了他的宽宏大量和高尚品格，深受人们的赞扬。然而，廉颇负荆请罪也同样被传为佳话。他虽有过失，但当他一旦认识了错误之后，能坚决改正，这就说明他不仅是战场上的猛将，而且是生活中的勇士。要知道，改过是需要勇气的，更何况他是一位名将。

从廉颇与蔺相如的故事中，可以看出，知过能改需要有两个最基本的条件：一是要"自知"，自己的所作所为经过反省之后，感到自己真是错了，而不仅仅是别人的指责。知错是一种自觉的行动，严刑之下只有屈服，却谈不上信服。二是要"虚心"，世界上许多事情，往往是当局者迷，旁观者清。当局者经过他人指出错误，反省领悟，进而改正。

一个人对待过失，首先要有"闻过则喜"的态度，其次要有"闻过则改"的决心。实践证明，"过而不改，是谓过矣"(有错误而不愿意改正，这种错误才是真正的错误)是振耳发聩的名言，每个人都必须认真去品味，它是一剂治病救人的良药。正确的态度，应该像《呻吟语·应务》中所说的那样：你说"是"，我便从。我不是从你，我自从"是"，何私之有？你说"不是"，我便不从。不是不从你，我自不从"不是"，何嫌之有？

我们需要树立"过则勿惮改"的人生态度。可以这样说，"闻过则喜，闻过则改"是一种有益于自身修养不断提高，有益于改正过失，避免今后再犯的美德，它体现了人的理智和胸怀，是一种不断完善自我，激励上进的处世之道。

55. 失意时要懂得心宽

人生偶有失意，在所难免，一向得意容易让人忘形；为失败哀怨，对现实不满也是无用之举，一切当以心宽化解之。

古人诗云："人生失意无南北。"俗话也说："不如意事常八九。"如此人生岂不让人伤心透了？有句话你是知道的——叫"好事多磨"。我们应该有这样的信念：失意是一种磨练的过程，心即使在冰冻三尺之下也不会凉的。有瑞雪兆丰年之说，雪愈大，年愈丰。你更不会忘记"宝剑锋从磨砺出，梅花香自苦寒来"。

"比海更宽的是天空，比天空更大的是人的心灵。"不论生活如何磨人，如何将你压缩在一个四方的小盒子里，但思维的空间是不受限制的，心灵的视野没有藩篱，无比宽广，任你驰骋，来去自如。生命的迷人之处就在这里!

　　站得高,你就看得远。红橙黄绿青蓝紫,七彩人生,各色不同;酸甜苦辣咸,五种味道,各有所好;喜怒哀乐悲恐惊,七种情感,品之不尽。没有一帆风顺的人生。如果一生无挫折,未免太单调、太无趣、太乏味。"观钱塘潮者,赏其潮头也;著奇文台者,一波三折也;伟人在世羡煞后生者,三起三落也!"没有坎坷不必走,没有失败的尴尬和忍辱,哪来成功的喜悦?也许你忍受不了人情的冷暖和失败的打击而抱头哀叹。早已说过"不如意事常八九",自己遇到,那就当它是横亘于面前的一块石头吧,摆正它,蹬上去!也许视野会更开阔、心胸会更豁达呢!

　　人很善良,常常把宽容给了陌路,把温柔给了爱人,却忘了留一点给自己。有一句话很有用,叫"没什么"。对别人总要说许多"没什么",或出于礼貌,或出于善良,或出于故作潇洒,或出于无可奈何,或是真不在意,或是别有用心。不管出于什么,谁让生活有那么多不尽人意之处呢。如果你要劝解自己,也要学着这么说。缺少阳光的日子很忧愁,你要学会说"没什么";失去朋友的生活很寂寞,你要学会说"没什么"。自己已经很累了,需要一种真诚的谅解,说句"没什么"。这么说着,并不是让你放纵所有的过错,只是渴求自拔;也不是决意忘怀所有的遗憾,只是拒绝沉溺。

　　人有同情心,见别人伤心(除了敌人和仇家)自己也不会快乐,总要上前劝一劝。劝告是出于善心,言语也很有哲理,然而听的人未必都能听得进去,听进去了也未必照此行事,因为剧痛使人麻木。有位女作家说:"我不劝任何人任何事。解铃还需系铃人,自己心上的疙瘩只有自己亲自动手方可解开,朋友的话,善良人的话都只是催化剂。自己才是起决定作用的因素。"

　　总之,失意在所难免,权且把心放宽。

56. 学会善待自己

都市的喧嚣，红尘的烦恼，使得我们每个人觉得生活得很累很累。那么何不顺其自然，少一点对别人的在意而多给自己留点空间呢？

生活在现代的大都市里，尤其是现在随着时代竞争的加剧和生活节奏的飞速提高，使得我们不得不适应这一大的趋势。于是，紧张的工作、沉重的社会压力，加上时间的宝贵，使人与人之间关系的逐渐冷淡，人们在社会上真正的心灵沟通越来越少，老年人与青年人之间的代沟也越来越大。于是，很多人便觉得生活得很累，觉得生活似乎已失去了色彩而显得有些苍白和暗淡。其实，我们对"累"可以进行具体的分析。

一种累，的确是工作太忙，休息的时间太少，以致于身心疲惫。这种累其实只需要好好休息，减少一点工作时间，多进行点娱乐活动和社交活动，你便觉得很轻松，只要松懈下来，你便不会觉得很累。我有一位朋友在三资企业工作，他的情况基本如此，因为三资企业的加班费比较高，所以他就连星期天也投入了进去，这样超负荷的工作使他面目憔悴，回到家后又得不到妻子的理解，所以，他总觉得活得很累很累。直到有一天，公司组织到外地旅游，他被同事勉强说服报了名。在旅途中，他不仅得到了充分的休息而且大大激发了他对娱乐活动的兴趣，回京后，他就学会了玩和休息，结果工作效率也提高了，生活得很轻松愉快！

另一种累，完全是心理上的累。这种人本来很乐观、豁达，对人非常热情，诚实，办事周到而一丝不苟，稍有点过失他就过意不去。是典型的完美主义者。为了使每件事近乎完美，他必须比别人付出的更多，这样当然要比别人累。但这还不是其真正的原因。这种人往往对某种东西特别在乎，他感觉付出了很多，当然要求要有所回报，这样他的期望值就比较高，而一旦他内心的期望与实际情况之间形成强大反差，一种失落感也便油然而生，心累也就在所难免。

其实，我们每个人都希望而且也很在乎别人的回报。我们不可能一味地给予别人而不求回报，这样会引起我们心理上的极大不平衡而觉得很累。人总是带有某种期望的，这无可厚非，但问题是人的期望越大，其失望也就越大，如果我们不会善待自己、保护自己，那么我们将生活得很累很累。

究竟怎样才能善待自己呢？首先，要顺其自然，不苛求自己，不给自己故意制造压力。老子曰："道法自然。"一件事，我们按它本来的规律去做而不扭曲它的本来面目，这样我们岂不得到一种和谐而安宁的心境？

其次，应多留点空间给自己。人活着是为了什么呢？为了父母？为了子女？为了朋友？都不是，人是为了自己而活着的。既然出生和存在是我们所无法选择的，那么我们就应该好好善待自己，多留一点空间给自己。我们可以给自己更多的时间去休息，去娱乐，去社交，使自己的身心得到健康而全面的发展；我们可以给自己更多的时间去独立思考、独立生活、独立体验。而不是将更多的时间投入到繁琐的家务中，也不是将自己独立的个性依附于别人的肩膀上。为他人而生活着的人，不会不累的。

最后，我们应合理地向别人和社会索取。索取是人们生存最起码的条件，离开索取，人们将无法生活。我们向社会索取并非没有理由，因为我们毕竟也为社会付出了很多。期待着别人的给予，人总是期待着别人的回报。如果得不到适当和足够的回报，人在内心深处会产生一种强烈的心理抵触情绪，而使周身紧张，造成心理不平衡。其实，每个人正常生活的前提有一条是身心健康。长期的心理不平衡，会使我们的内心冲突加剧,可能导致心理疾病的发生。所以我们合理索取,要求回报不是什么不道德的事情,而是我们生存的必要条件。

以律己之心律人,以宽人之心宽己。有时候,我们学会了如何宽容别人,而却忘了如何宽恕自己。毕竟,我们自己也非圣贤,我们也会像小孩一样犯下很多可笑的错误,这时我们就是要宽容自己,不要残忍地对待自己,毕竟人谁无错,我们还有机会。

总之,善待自己。我们除了学会宽容别人、成全别人之外,还要学会成全自己,宽容自己、给自己更多的时间和空间,不断发展和完善自己。这样,你才生活得充实、幸福。

57. 朋友可多勿滥

朋友多了路好走,但是滥交朋友找麻烦。故朋友可以广交但不可滥交。对朋友一定要学会选择,懂得放弃。

人,不能没有朋友,没有朋友的日子是难过的。但是,芸芸众生谁为友?需要慎重选择。现如今,被称为朋友的人到处都是,人们习惯将过去称为"同志"的改称呼为"朋友",似乎更亲切。其实"同门曰朋,同志曰友。""同志"之称也有朋友的意思。这里需要说明一下,我们所讲的交友需选择,不是这种泛泛之称的朋友。

一个人结交什么样的朋友,对自己的思想、品德、情操、学识都会有很大的影响。俗话说:"近朱者赤,近墨者黑","近贤则聪,近愚则聩。"古代名人很重视对朋友的选择。孔子曰:"君子慎取友也。"也有人说:"匹夫不可以不慎取友。"(见《荀子·大略》)。

品德高尚的人，历来受人推崇，也是人们愿意结交的对象。而品德低劣的人，却常常被人所鄙视，极少有人愿与之结交，当然也不排除"臭味相投"的"朋友"。实际上，每个人不管自觉或不自觉，他们交朋友总是有所选择的。明代学者苏竣把朋友分为"畏友、密友、昵友、贼友"四类，如此划分便可明白：畏友、密友可以知心、交心，互相帮助并患难与共，是值得深交的；那些互相吹捧、酒肉不分的昵友，口是心非，当面一套，背后一套，有利则来，无利则去；还有那可能趁人之危，损人利己的贼友，那是无论如何也不能结交的。

志同道合，情趣相投，这可以作为择友的一个标准。志向不同，情趣有变，友谊不可能长久的。"管宁割席"的典故就是个例子，管宁热衷读书做学问，而华歆则热衷于官场名利，两人缺乏做朋友的共同思想基础，割席而坐是可以理解的。人类普遍存在着一种"趋同"的心理。有一个心理学实验说明了这个现象，心理学家让十几个素不相同的人呆在一间屋里，不与外界交往，只让这些人相处。几天后发现，有共同爱好和追求者大都成了朋友，而没有共同爱好和追求者则形同路人。

选择朋友要选品德高尚、心胸宽广者为宜。孔子说："与善人居，如入芝兰之室，久而不闻其香，即与之化矣。与不善人居，如入鲍鱼之肆，久而不闻其臭，亦与之化矣。"墨子有更形象的比喻，他把择友比作染丝，"染于苍则苍，染于黄则黄，所入者变，其色亦变。五入而已为五色，故染不可不慎也。"也许你说自己"抗腐性"强，那为什么不"择善而从之"，反而自讨苦吃呢？与高尚的人在一起，你也会感染上他的气质，何乐不为呢？

学无止境，学问再大的人也有不懂的东西。孔子还谦虚地说："三人行，必有我师焉。"圣人尚且如此，我们在结交朋友时，也可尽量选择有学识的人，忘年交的存在，原因也许正在于此吧。当然，对朋友也不能求全责备，追求完美。如果人人都要求结交比自己有学问的人，那么到头来只能是谁也没有朋友。正所谓"尺有所长，寸有所短"，朋友相交贵在有所补益，有所予有所取才是"交往"。

古人的交友择友之道，我们可以借鉴，但不能照抄照搬，也不要为其所拘束，应该从个人实际出发，慎重选择，急来的朋友，去得也快，所以朋友可广交，不可滥交。

58. 时髦可追也可不追

时髦可追亦可不追，追的是什么，不追又为什么，此理颇深，需细细道来。慧眼辨清时髦时，再追之也不迟。

什么是时髦？人活着到底该不该追求时髦？一些人认为，时髦如同艳丽的昙花，它新鲜而昂贵，却也浮华多变，甚至是见不得阳光的，所以对时髦应该清醒地审视，而不能盲目地认可和追随。另一些人则认为，时髦是一种求新求变求美的意识，它代表着人们的渴望、思索与追求，是社会进步不可缺的一个因素，所以我们有理由赶时髦。也有的人，从另一个角度看此问题，认为时髦其实是"时髦理论家"们鼓吹出来的，甚至在一种时髦尚未兴起的时候，大量的"时髦理论"就已经登场了。"时髦"，是个令人敏感的词，尤其是在意识形态多元化的时期。"时髦"一词一出现，引来众口话之，听者需有心，头脑保持清醒才能发现其中的真谛。

"时髦"一词，古已有之，古意大概是讲英俊之士在某一时开风气之先，引得众人共鸣，从而纷纷效仿学习，以期达到英俊之士的水平，英俊之士各有专长，所开风气不同，便形成了不同的时髦潮流。今天的时髦也是五花八门，而古今词义的变化颇耐人寻味，从形式上看有相似之处，首先是少数人提倡或实践；其次是在一段时间内为大多数人认同和追求。

时髦是朵易谢的花，大众像顽皮的孩子，刚摘下一朵来，眼睛又瞅向下一个目标了。一首歌，一件衣服，一本书，甚至一句俏皮话都可能在某个季节里走红，时髦的东西新颖而又富于变化，在当今的消费生活中，穿裙子，一会儿短到腿根，一会儿长到脚根；头发呢，这地方兴卷发，那地方兴直发，男人长发飘飘，女人却成了小平头。流行歌曲既昙花一现又落英缤纷，流行服装既灿若朝霞又逝若流星，这一切，追求者心知肚明，但仍然乐此不疲。

追时髦不容易，不仅在五花八门间穿来穿去不容易，追得起追不起还是个经济问题，我上大学时，向往过时髦，可是自知家贫，强压爱美之心，只说是"身为莘莘学子，还没到追求时髦的时候"。偶尔买件衣服，不是"处理品"也是捡便宜的。当时，常用三毛的话为自己开脱："我不跟时装流行，这使我的衣着永远长新。"为人父母者，虽为女儿的节俭高兴，却不免也感心酸汗颜，怨自己无能，不能多赚点钱让女儿时髦一番。我懂父母心，父母知我意，亲情比时髦的衣服更温暖。时髦，在某种意义上，不追也可。

时髦的东西并不一定是最好的，它反映了当时民众的审美心理和某种欲求。一方面它点缀了人们的生活，另一方面它是新事物，发展不完善，存在着一些明显的弊端，只不过人们被当时的热度熏昏了头脑。杨贵妃得宠，唐朝女子都以胖为美；赵飞燕受宠，天下子女多瘦肩。时髦常常像美女，人们狂热地围着她欢呼，此时，头脑冷静的人只是远远的观望，人散后，才上前仔细打量。当时髦华服褪去，素面朝天，没有一丝矫揉造作，所有的贵贱美丑恶一览无余，这时她表现出来的美才是真正的美，持久的美。

对于人类已经创造出来的东西，有些用了一阵子之后就马上丢掉了，而有些则是要长时间保存下来的，还有些是人们永远不能丢掉的。欧洲人设计了无数的时髦时装，但西服没有丢掉，上百年照穿不误；近现代史上出现无数思想家、哲学家，但孔子、亚里士多德、苏格拉底、柏拉图的著作年年再版……还有人类勤劳、节俭、仁爱、追求真理和维护正义的美德，虽然早已不时髦了，但没人敢把它们丢掉。

追求时髦就是加入领先风气之中，有一种身居时代前列、引领时代前进的豪情。如今，由于商家的参与和有意引导，追求时髦更加成为一种消费狂潮的包装，要求人的标准化：享有一样的娱乐，从事一样的工作。时髦从另一种意义上讲，不是在流行中趋向平庸，而是在追求中拒绝"标准化"，在潮流中吸取灵感，振奋斗志，使个性更具鲜明性。

时髦体现了人们的求异和求同思想，时髦的东西多是新事物，因此又易形成潮流。人生在世，处世的孤独感和对死亡的恐惧感挥之不去，与群体融合在一起成为一种内在需要，赶时髦容易入流，于是别人怎么活，自己也跟着学。但时髦的真谛不只这一层，真正的英俊之士致力于创造，重在自我实现。适应常规，但不沉湎于常规；融合于群体，但不落于平庸。准确地握住自己与他人的共性，更敏锐地激发自己与众不同的地方，竭力在百花园中浇灌培植独属于自己的那一朵红花。

如此这般说来，时髦可选择也可放弃，追与不追，全由得你了。

59. 逢人留一手

逢人且说三分话，未可全抛一片心。人心是最复杂的东西，把握不好会吃大亏的。

我们大多数人都喜欢正直而坦率的朋友，他们心里无私，有什么就说什么，从来不加以掩饰，总觉得有一种问心无愧的感觉。的确，坦率是一种很可爱的性格，大家都喜欢对方坦率，但这也是有条件的，这个条件就是大家都处于凡世，而且彼此都能遵守这一游戏规则，任何一方若违背了这一规则，就觉得自己的良心受了极大的谴责，而心理不平衡无法生活。显然，这一条件在目前的社会条件下是无法满足的。当今的社会是一个充满竞争的社会，为了生存，人们可以使用一切手段而丝毫没有良心上的自律，也没有宗教上的羁绊。在这种情况下，可以说人人自危、而居心叵测。坦率，看起来的确显得很幼稚和可笑。

坦率的人开始给人的印象总是比较好的，大家会认为你很老实和忠厚，可是，渐渐地他们会发现原来你头脑简单，思想简单，这样你便被定位为一个弱者，万一他们心怀不轨，那你岂不是自讨苦吃？所以，这种人在没有一种自我保护机制的情况下，是常常会吃亏的。另外，坦率的人还常常伤害别人。这种人想说什么就说什么，毫无掩盖，直来直去而且不分场合，这就犯了一个人性的大忌。人是被包装起来的，谁不希望自己更漂亮、更完美、更出众？谁不愿意别人多选择自己，吹捧自己？而你的坦率却是会在连你自己也不知觉的情况下，就伤害了别人。这样，你在无形之中就有了无数潜在的敌人，这种敌人比你知道的敌人更可怕。

逢人且说三分话，未可全抛一片心，这不失为沟通的一大原则。因为与人沟通只有说人话，而与鬼沟通鬼话才起作用。若一旦人鬼不分，那么反而坏事了，所以无论是人是鬼，说话只抛出三分，而不可将自己的心思全盘抛出，即使是自己的亲朋、妻子，亦如此。你说的太细、太多、不仅对自己不利，反而会让对方认为你好像小看他，这样你势必被误解、被扭曲。那么究竟该说哪三分呢？

首先，场面话必须要说的。比如老朋友相见的相互寒暄，答应别人的客套说"我全力帮忙"，"我会考虑考虑的"等等。这种话在交际中常常有，而且非常好用。因此，场面话只不过是应付当时的尴尬局面而已。这时，你说了也无妨。

其次，双方都关注的话必须要说，谈话的双方必须都要对一个话题发表自己的观点。这时，不妨在适当的情况下，发表你的观点，争取主动权，同时要专听对方观点，并随时提出反驳意见，不让对方占上风。

最后，关于自己切身利益的话要说。个人利益并不是什么令人羞愧的东西，只要合理，就应该争取。

学会选择就是逢人且说三分话，懂得放弃就要对人未可全抛一片心。人性的丛林是复杂的、险恶的，一个人只身闯荡社会，不仅需要大智大勇，而且需要谨慎的个性。处处留心，时时在意，方能站稳一席之地。

60. 善从师，而不强为人师

> 宁拜人为吾师，而不强行为人师。为我师者，敬之；强为人师者则贬之。

孔子曰："三人行，必有我师。"这句话说得非常恰当，毕竟人各有所长，智慧和经验阅历也会不同，人品及道德，社会成就及事业也都有高低之别。因此每个人都应在合适的范围内，寻找能弥补自己弱点及不足的地方的老师，这样对自己的不断成长，对事业的成功都是有很大价值的。当然从广义上说，只要能帮自己的忙，能使自我有进步者都可称为吾师。

但是，在人生之中，强为人师，好为人师却并不是一件好事。在这里，好为人师我们指的是一些人放不下架子，而喜欢当别人的"老师"，喜欢指指点点而无所顾及，喜欢指责别人的过失及错误，不顾实际情况而大谈自己当年的经验，一说起话来就是："想当年，我怎么怎么……"拿自己的经验吓唬人，而真正心服口服他的人却很少，甚至没有。

在日常工作和生活中，也许我们常常是出于友善、出于热心，而特意给别人更多的指点和帮忙，但我们得到的回报却是冷漠甚至讥讽，人们总是认为你的热心，本就是对他的智慧及能力的一种否定，于是他偏偏不会按你的指点去干，甚至他还会认为你是在和他抢功劳。总之，他是不会领你的好意的。

如果你在特定的情况下非好为人师不可，建议你注意以下几个方面：

注意你和你建议对象间的关系。除非是建立在平等基础之上，而且关系颇为密切的知己朋友，其它一般的朋友或同事最好不要直接指责或建议对方。因为只有你俩关系密切，他才不会把你当成外人，才有可能认为你是为他好才这样做的，才有可能听从你的建议，否则，一般关系的人总会建立起他的自我保护机制而与你抗衡，使你的指责和建议白费。

注意你的身份及社会地位。如果你在家中是长辈或享有德高望重的社会地位，那么你的建议或指责便会很有份量，其他的人也会慎重考虑而后行事的。如果你不是某方面的权威也没有崇高的社会地位，这时候就不要发言，万一对方听不进去，还以秽语辱没你的身份，冷嘲热讽你的人格，甚至日后有些小人还会打击报复你等等。所以最好应先衡量自己的身份和社会地位而后开口。例如，在等级森严的公司里，职员最好不要找经理或老板的毛病，要绝对服从上司的计划，否则你的处境将会很危险，万一被印上一个"欺上"的坏印象，将是很难再有所改变的。

注意你的建议内容。其内容可以是工作方面的，也可以是生活方面、处世方面的。但千万不要涉及对方的私生活及隐私方面。因为拥有个人隐私已被看成个人权力的高级形式。近年来，随着个性解放的发展，中国人的隐私观念已深入人心了。他们把隐私看成神圣不可侵犯的至高权力，一旦你触及了对方的隐私，我想肯定要吃官司的，所以最好不要触及对方的私生活及其个人隐私。

注意你的建议和指责的方式及当时的情景因素。你尽量要委婉含蓄，不要直来直去，因为直语更易伤人，用比喻的方法或委婉的规劝则给人以尊敬的感觉，要动之以情晓之以理，而不是出口疯语，生硬直板。注意当时的环境，不要在广庭大众之下提出建议或批评，要选择一个时机，最好是两个人坐下来，私下交流意见，这样会更好。

总而言之，最好去拜人为师，而为人师时切记"人微言轻"，没有一定的身份和地位最好谨慎行之。

61. 聚散都是缘，路要自己走

化缘而来，随缘而去，聚散乃人生常态。有缘成为同路人，到站各自奔东西。

古人送别到十里长亭，到灞陵。如今，突然觉得人生处处布满驿站，一挥手，便成别离。

自小，每年分班或毕业典礼都像大祸临头。不断结交的好友又不断失去。上大学时，老同学写来信，读了深有感慨。他说，回顾同窗三载，前后桌到左右班，再到现在两个学校、两个城市，距离越来越远，而朋友也越来越"老"了，其间的几句玩笑也成了我们仅有的谈笑了。可不是吗？相聚的日子太长，很容易变得平淡，正像那歌中唱的："那时候天总是很蓝，日子总过得太慢，你总说毕业遥遥无期，转眼却各奔东西！"

朋友在分开之后，冷暖自如，久别重逢，却往往不知从何说起，于是只有几句寒暄，加上搜肠刮肚的几个并不可笑的身边奇闻轶事。多年不见的朋友，再见面时，觉得彼此都有一点不同了。有人有了一双悲伤的眼睛，有人有了冷酷的嘴角，有人是一脸的喜悦，有人却一脸风霜，岁月沧桑都隐隐约约地写在每个人的脸上。

人生像划船，一出生，你便上了家庭这条船，父母兄弟由不得你挑选；长大了，学校又是一条船，同学们相助相帮，朝同一目标努力；毕业好似船靠岸，你有你的理想，他有他的打算，我有我的观念，尽管友情难舍仍免不了道声"再见"，以便各自选择喜欢的其它船，就这样一直划下去。

其实，人生的路要每个人自己去走，谁也代替不了谁，正像这"路"字，一半是"足"，意思是要脚踏实地，一半是"各"，代表各人有各人的走向。有所往，有所返，有所聚，有所离，有所予，有所求，全在这"路"上。随着青春的远去，知道长相忆比长相聚更为可贵，这样，作别之时，没必要把气氛装点得很悲伤，阴晴圆缺，前有古人后继来者，何必哀哀戚戚，"儿女共沾巾"？"莫愁前路无知己，天下谁人不识君？"知交零落是人生常态，能够偶尔话起，而心中依然感到温存，就是好朋友，再者"海内存知己，天涯若比邻"，就让我们潇洒的挥别，留取彼此的美丽，放在心里。

人说贾宝玉多情，"多情自古伤别离，所以喜聚不喜散"。林黛玉深情，不喜相聚，她的理由是聚时欢乐，散后尤其冷清，所以，不如不聚。要想不聚，正如人生一世无悲无喜，恐怕不够深刻，何况，谈何容易？

路还是要自己走，聚散且随缘吧！

62. 悲观也是福

乐观的人往往忽视潜在的危机，因得意而忘形；而悲观的人却常常能考虑到事情最坏的结局，因知足而常乐。

"塞翁失马，焉知祸福。"这已经是深为人知的一条道理。古人说："福兮祸所倚，祸兮福所伏。"就是说的这个意思了。

"悲观"对于很多人来说，是一个具有贬义色彩的词，但我，却又偏偏对它情有独钟。我觉得，我现在的快乐的心态无一不是源自我悲观的认识。

记得多年以前，我第一次在公园里看见走江湖的人玩把戏，那个人油嘴滑舌，手脚却十分利索，飞快的把几个胡桃壳搬来搬去，然后问四周的人说："哪一个空壳子下面有一颗豌豆？"当时我对世上的坏事虽毫无所知，但却忽然提高嗓子说："说不定都没有。"

那个人狠狠地瞪了我一眼，然后又把我咒骂了一顿。"各位父老乡亲们，"他说，"这个小鬼啊，你们看着吧，将来一定是个哭丧鬼，悲观主义者。"

那时的我还不知道什么是悲观主义者，后来查字典，才知道那个人讲的一点都不错。字典上对悲观主义者是这样解释的："凡事都往坏处想，总以为结果一定不好的人。"这正是我的写照。如若抛开悲观主义者和乐观主义者在字的褒贬含义上区别的话，我倒觉得，我们这些悲观主义者过的日子，比起那些乐观主义者要"高明"多了。为什么这么说呢?在通常的情况下，喜听好消息，排斥坏消息是所有人共有的心态。可是"天下不如意事，十常居八九"。对于乐观主义者来说，十件事中倒有八九件是事与愿违的。而对于一个悲观者来说十件事中倒有八九件是意料之中的事。从这一点来看，悲观主义者生要比乐观主义者快乐得多。

再比如说，我每次坐飞机，口里就不出声地念念有词，黯然向世界告别，自信这一次一定劫数难逃。每次送朋友上飞机，我也有同样的感觉，总要恋恋不舍多看他们一眼，内心觉得这次不是生离就是死别了。这有什么高明呢?咳，你不知道，他们平安到达目的地之后，我心里有多么高兴!自己下了飞机，是多么的欣喜若狂!

乐观主义者不会想到会灾难临头，而悲观主义者却时时都在想。人无远虑，必有近忧。我住在乡下，离城有几里路，心里觉得早晚家里会失火，烧得精光。我常常揣想火是怎样着起来的：烟囱的火星

第一篇 感悟心灵，感悟生活

可能使屋顶着火，电线可能走火……一旦失火，我怎么办呢？是晕过去，还是拔腿就跑？我知道，失火时一定会张皇失措，丑态百出，即使大难不死，亦无颜再见江东父老。

12月的一个早晨，油桶漏油，房子果然失火了。当时我临危不乱，一举一动皆有条不紊。我打电话通知消防队，把车子开出烟火弥漫的车房，接上花园浇花的水龙头，一边等消防车，一边自己救火。对此，家里的人至今还津津乐道。

事情就是这样，我悲观，所以很多不如意之事也在意料之中，也就不觉得很沮丧；倘若一旦有超乎想象的好事发生，对于乐观主义者来说可能只是很一般的结局，但对我，则是天外飞来的鸿福，心里受用之极。

有人说："悲观主义者心里好过的时候觉得难受，因为害怕期望过高，失望也重。"这话也许不错。不过我觉得，我的悲观主义使我知足常乐。我看见许多人，一心只往好处想，等到时运不济时，就怨天尤人。因此，对于我的悲观主义，我可是"乐观"得很呢。

63. 行事不可纵容

与人相处，有美德固受人夸，但你稍有不慎，不能继续以你的美德给人以好处时，别人就会暗暗怪你。

看过三毛小说的人都会知道，三毛到美国留学，是带着东方女性的美德。为了能早日融入这个集体，三毛每天都早早起床，坚持扫地清理"寝务"。西洋女也真散漫得可以，回到寝室，衣服鞋袜乱扔乱放，每天起床，被子掀在一边，黑的红的在脸上抹了一遍便扬长而去，于是三毛便成了西洋"女佣"，将寝室收拾得井井有条。

可是有一次三毛病了，一身疲惫也懒得整理清扫。一群西洋女轻歌曼舞回来，看着房间杂乱的样子，纷纷指责起三毛来。

"我凭什么要为你们收拾房间！"三毛一下火了，她哭叫着撕扯着东西，乱扔着一些整齐的物件，"我也是来上学的，不是你们的佣人，我为你们付出那么多，就是应该吗?你们为什么不能动手自己整理?"

一群"碧眼高鼻"呆了……

是的，三毛凭什么要为她们收拾房间，三毛带着东方女性的美德，付出了那么多的辛苦汗水，使得她们适应了娇惯，一旦不再为她们收拾，她们就内心不平衡。这帮西洋女真够懒且自私的。

但是从另外的角度看这故事：人，对于别人给予的恩赐和付出一开始会感到不安和感动，但久而久之，习惯成自然，他会莫名其妙地形成潜在依托感，"你能任劳任怨地干着这些琐碎的家务，看来你是应该这么做的，这是你的责任。"人性的行为惯性纵容这些"寄生虫们"心安理得，三毛不明其中道理，当然大为委屈了。

行事不可纵容，"美德"要懂得放弃，是有其深刻的人性哲理的。

溺爱子女，不应对他/她纵容，事事包揽。溺爱中要严加管教，使他/她按着正当的轨道成长发展；溺爱中要教会孩子自己照顾自己，使他能够掌握自立自强的本领。父母爱护子女的"美德"不可盲目坚持，否则只会误了子女，害了自己。于是"孟母三迁"，"岳母刺字"，孺子方始发愤图强，功名遂成。

敬重上司，不是一昧地诺诺附和对处事的盲目奉从，要据理明断。上司不是神，他也有出错的时候，帮助上司纠正错误以明大义也是自己的责任；要思量权衡，多行忠谏为上司分忧，盲目忠诚的"美德"不可坚持，否则就会误了国事，丧失了自己。于是"邹忌鼓琴"，"魏征忠谏"，君王方得从善如流，国家遂兴。

64. 不战而胜，上兵伐谋

不战而屈人之兵，善之善者也。

俗话说"商场如战场"，的确商业场里的竞争可以比得上一场无硝烟的战争，而人生何尝不是如此呢？人与人之间的竞争是现实的，是残酷的。然而，毕竟，每个人的力量是有所差异的。竞争的结果只能是胜者为王，败者则为寇。王者，毕竟是少数，败者则是绝对的多数。实力弱的也许就根本不该与强者去争斗，唯一的好办法是寻找新的出路——不战而胜。

"不战而胜"是一种用兵的战略。站在这个高度来认识战争则可以尽量减少自己在战争中的损失，尽可能较顺利地、较早地实现自己的战略目标。人与人之间的争斗也是如此，首先要靠各自的实力，毕竟实力是基础，但光有实力还是不够的。一个人的实力再强，他也不可能经受得起无数敌人的消耗，这样下去岂不是终有一天会自取灭亡？最好的办法就是避实击虚，能不战就不战，实在要战，请必须先把下面的问题搞清楚：

首先，是敌我双方的实力，究竟是我方占有优越的条件？还是对方较有优势？我方的强处何在，弱点何在？如何保持自己的强处而击败对方的弱点？

其次，战争的各种后果如何？我方的代价有多大？可能的收益又有多大？究竟是否该靠武力来解决？

最后，若不诉诸于武力，而靠和平手段来解决，其成本又是多大，收益又是如何？

　　总之，诉诸一场战争也是万不得已的。一定要谨慎仔细地衡量双方的实力及战争的可能结果，进行仔细的选择、决策。在这里，最高的战略原则仍是不战而胜，以最小的代价取得最大的收益。这时，也许有人提出反驳说："不战怎么能见胜败？"的确，在竞技场上，必须"战"后才可能知道你的成败，而人类社会却和竞技场有所不同。社会上的竞争要复杂得多，它无时无刻不在进行，没有规则，只有结果，没有裁判，只有观众，这更是一场时间之战，耐力之战，也是命运之战，智慧之战，甚至是人性之战。一次的胜利并不能保证永远的胜利，而且表面上的胜利并不能说明什么问题。强者看来可以主宰一切，可是也不必然能打胜仗，而弱者似乎注定被宰割，但在某些状况下也不必然被宰割。人性丛林里就是这样无一定规则，因此，在进行战争前最好是量力而行，力争不战。

　　所谓"不战"，就是尽量避免双方直接交锋。当然，这里不排除使用谋略，谋略是一种智慧，使用得当，会获得很好的结果。"不战"并不意味着消极的逃跑和无原则的主张求和，而是在不诉诸武力的情况下，以自己的切身利益为出发点，力图尽量扩大自己的利益而不是去损害之。这里主要有两个层面的意义，一层是针对强者来说的，另一层是针对弱者来说的。

　　对于强者来说，除非对手是绝对的弱者。智者千虑，必有一失，历史上强者失败的例子不胜枚举，不管是自己的骄傲轻敌，或是第三国的介入，或是一些不可抗力的意外因素所造成。

　　对于弱者来说，其自身有许多问题仍待解决。比如自我完善和发展、生存问题。若自不量力，拿着鸡蛋去碰石头，后果可想而知。保持存在是弱者的当务之急，虽然弱者可以凭借自己的相对优势去取胜于强者，可是弱者必须时刻面临着竞争环境给他的压力和强者对他的压力，这种压力也许使他不敢有一丝的懈怠，更谈不上去莽撞行事。

65. 谁笑到最后，谁笑得最甜

为了最后的胜利，任何屈辱都是可以忍受的。而不能忍一时之屈辱者，往往事业不能进行到底。毕竟谁笑在最后，谁笑得最甜。

人在奋斗的过程中吃尽了苦头，而最后的笑声才是最甜的，最后的成功才是有决定意义的成功，起初的成就和痛苦只不过都是为后来而设的奠基石。

很多比赛往往是先胜而后败，结果落得个一无所有。找出失败的真正原因，以期待下次最后的微笑吧！

人性丛林中的竞争过程很重要，但结果更为重要。结果一无所有，那么你的过程也毫无意义可言；结果是成功的，你的过程才有存在的价值和意义。比如，有人少年得志，在商场上先是如鱼得水而大赚，后来却大赔，最终穷困潦倒而一无所有，那么众人会怎么评价他呢？

因此，争取"做最后的胜利者"才是我们在社会中追求的战略目标。为了达到这个战略目标，以下几点是应该注意的：

首先，不要过于看重某一次胜利。如果能取胜尽量取胜，当然不必要放弃，因为胜利可以增强我们的自信心和提高士气；如果这个胜利的意义不是很大，跟取得"最后的胜利"相冲突或无关系，且又消耗体力、脑力，那么我们完全可以放弃这个胜利。

其次，也不要过于看重某一次失败。一次小小的失败若对"最终的胜利"并没有太重要的影响，那就让它去失败吧。

再次，要站在战略的高度，时刻认识现在是处于什么阶段，该如何去实施战术。要对战局有一个清醒的认识，而不是眉毛和胡子一把抓，稀里糊涂，甚至当"最后的决战"到来时仍不知道，这样势必就会贻误了战机。

最后，要保住每次的作战结果。因为，只有每次一点一滴地积累战果，才能将自己的实力壮大而作最后的决战。人有一个通病就是好战，一旦取得了一次胜利，便试图梅开二度。万一下次失败怎么办呢？所以必须仔细衡量，以保住目前战果为佳。人的一生也是这样，"最后阶段"的胜利也是由人生不同阶段积累而得的，前半生失败，到了老年再去争取胜利，还有力气吗？毕竟，没有战果的战争根本不算胜利。

但愿你为了"最后的胜利"而能忍一时的屈辱，那时你笑在最后，你将笑得最甜！

66. 忘记就是选择放弃

记性不好的人，永远觉得生活清新有趣。

利弊相衡，这个定律在记忆与忘记上，较其它方面更准确、更有益。要是一个人记不起那些曾经幸会者的名字，那么他对讨厌者的名字也同样健忘。如果他记不住人类历史错综复杂的路径，便也不会记清昨日离婚案中令人恶心的情节。他觉得今年更加有趣，因为他对本质上大致一样的去年已经印象模糊。于是一个被称为记性不好的人，永远觉得生活清新有趣。

忘记实在和记忆一样，是心灵的活动。除非我们忘却一大堆，否则不能记忆。说实在话，人们所忘记的都是所记得的。要想起忘记了什么，和要想起记得些什么同样伤脑筋。日常的小事常沉入心底，以"忘记"的形式存在、积淀，偶然像沙粒在蚌壳内形成珍珠，赫然重现，这样，平凡成了新奇，无趣变得有趣，这就是忘却的魅力。

记忆力特强的人，你希望他提出意见，他却引述一段长篇大论，他们总把知识存放在橱窗里，而其他地方却一无所有。而与此相反，健忘的人总是奇峰突出。他不能提出更多陈旧无聊的事实，却可以分析评论提供有见地的意见。在发掘思想的过程中，他们从不向后寻找，而乐于向前开拓。对于一个记得住每件事的人，经过几百年，天堂也会变得索然无味。而对于一个健忘人来说，即使是平凡的生活也永远是块乐土，有机会重新结交旧时相识，重新体验儿时趣事或重温无数旧书，生活该有多么美好。

人人都曾有过被痛苦的回忆所缠绕而不能自拔的经验，何不让我们把这些不美好的回忆摒之千里，代之以自我陶醉的梦想和对新生活的不断体验与历练呢？

请您记住，健忘是使您更加快乐的秘诀，这适用于任何人，何妨一试？

67. 利用你的逆向思维

成功的契机，往往在于思维的悖逆。

北宋政治学家司马光小时候机智过人。有一天他和几位小朋友在花园里玩，一个小朋友不小心掉进了一个大水缸，小朋友们一时便都慌乱了起来，有的大喊："来人啊，救命啊！"有的拼命想把落水的小伙伴拉出来；司马光急中生智，拿起一块石头，将水缸砸破，水流走了，那位小朋友也得救了。

我们不难看出，孩子掉下水缸后，大多数孩子是按常规思维救人的，即使人离开水；而司马光走的是超常思维，使水离开人。

实际上，我们与其说是"超常思维"不如说是"逆向思维"来得到更贴切些。也正是凭着"逆向思维"，司马光才得以化险境为安全，其事迹也成为千古流传的教育精品。

逆向思维明显的特点就是不按常规办事，不循规蹈矩，善于从不同角度去思考问题，思维在一个方向受阻时，马上改换新的方向，借助于他们思维的结果分析统摄，巧妙组合，从而找出新的突破口。而那个"新的方向"往往正是常规思维的"死角"，因为常规思维往往表现出一种定势。墨守成规，按常规办事，往往只有一个思维角度，一个常规方向。

这显然是两种旗帜鲜明的对立，然而，逆向思维往往只有当它被诉诸语言文字时，才会受到人们的关注，而且通常是，离开语言文字回到真实的生活中时，便又很快把它给忘了。现实生活就象一台庞大的消化机器，逆向思维一放进去，就容易被消融得一干二净。对于逆向思维，常规思维似乎有着极强的同化作用。

常规思维有着那么强大的力量，作为一种"定势"、一种"常规"，其本身就证实了它的历史悠久，根深蒂固。它决非只是个体的问题，而往往与整个民族，与整个社会的文化传统息息相关。那些常规定势，往往正是世代传统的沉淀，而这，也正是其具有强大力量的根源，正因为这强大的社会历史后盾，使得它的地位更加牢不可摧。

而当我们仔细探寻那些世代相传的纽带时，便发觉教育是其中最重要的传送工具。所以，我们这些经过教育与社会磨练的大人才会不时惊奇于孩子的睿智，而事实上，又有多少孩子成人后能继续以其神奇的智慧而著称于世呢？

可笑的是，司马光这一被公认为思维奇特的孩子，长大后，却成为历史上有名的保守派，极力反对王安石的变法，其反差之大，着实让人惊奇。而曹操的小儿子曹冲，小时候虽令人称奇的将那头大笨象的体重给称了出来，然而长大后，却也无所传奇作为。

不要为我们的社会辩护，我们并没有谴责什么。作为一个社会，它拥有一系列的秩序规范，而这，便是"常规"的社会基础，是所谓的"框框"。而我们的"逆向思维"就是要在这严密的框框中寻找立足之地。无疑，这是一件难度极大的工作，若不是刻意追求，我们难脱"常规"之手掌心。

所以，具有"逆向思维"的人往往就会在社会中有所成就。但这种人在社会中却又寥寥无几，因而其轶事便易于为人们所传说。

伦琴发现伦琴射线后，收到一封信，写信者说他胸中残留着一颗子弹，须用射线治疗。他要求伦琴寄一些伦琴射线和一份怎样使用伦琴射线的说明书给他。

我们知道，伦琴射线是无法寄的。求寄伦琴射线不仅是无知，而且带戏谑成份，求人帮忙，却不庄重，居然开玩笑。换作常人，实在应该好好教训他一顿，阐述一下原理。但伦琴却回信道："请你把你的胸腔寄来吧。"以谬还谬，显然比怒斥一通效果好得多。他不为不敬重的来信而感情用事，这是一种受辱不惊的超常感情，而正是这种感情，才使他想出了不同一般的应对办法。

一反常规的反击往往让对方感到惊奇而无言以对，再来看一个著名的例子：

苏格兰诗人彭斯，有一次见到一个富翁被一位穷人从水中奋力救起，而那个富翁却连句感谢的话都没有说，留下一枚铜钱后便扬长而去。围观的人都非常气愤，要求将那可恶的富翁重新扔到河里去。而彭斯却上前说："放了他吧，他自己也了解他的生命的价值。"围观的人们听了都为之哄堂大笑。

彭斯不动声色中，极大的讽刺了那位爱财如命的吝啬鬼。尽管这其中似乎有阿Q式的自我胜利法，却仍然无法掩盖住那睿智之光。

有一次，国王问阿凡提："要是你面前一边是金子，一边是正义，你选择哪一样？"阿凡提居然出乎意外地回答："我愿意选择金钱。"国王大为惊奇："金钱有什么用？正义可是不大容易得到的呀！"阿凡提接着说："谁缺什么就想得什么，我缺的是钱，所以我要钱；你缺的是正义，所以你要正义。"

那种出奇不意的思维，让本想愚弄阿凡提的国王一时不知如何应对，其地位已经逐渐地由"主"向"客"靠扰，及至阿凡提故作姿态的作出解释时，我们就不禁"可怜"起那位被反主为客的国王了。

而今，逆向思维早已成为社会各界推崇的对象，尤其是在当今最热门的工商业界，更是倍受关注。经济学家和管理者口中的所谓利润来源、创新，实际上便是对逆向思维的一种诉求。创新要求人们把握住别人所忽略的机会，它不同于发明。通俗一点，它只是对一些现存的东西加以利用，而这些现存东西的价值通常是无法为常规思维所察觉的。

所以，逆向思维无论在日常生活，还是在竞争激烈的工商界，都有着其独特而巨大的价值。启发自己的逆向思维，无疑是一个迈向成功的极好法宝。

68. 细心体验，用心生活

> 珍惜生命的每一刻，把握每一个契机，审慎地判断，用心地体验，生命必得丰收。

中国的藏传佛教有"活佛转世"之说。老喇嘛临终前告诉弟子，来世将投胎为一名他所熟悉的妇女的儿子。一年后，这名妇女临盆生下一个男孩。虽然这位母亲丝毫不知道老喇嘛生前的决定，但是她还是一直非常谨慎的教育男孩。她希望男孩能在良好的环境下成长，早日出人头地，成为一代宗师。到后来，似乎所有的迹象都显示她的新生儿子就是老喇嘛的转世灵童。信教的人们准备了丰盛的供礼，举行盛大的宗教仪式来庆祝。男孩到八岁，才离开家到寺院去修行。冥冥中似乎一切的因缘都成为助力，推动一个人的生活目标。

生活中其实没有太多的意外，因为每一件事的发生都深藏着意义，一草一木都有来头。冥冥之中始终存在着一股神秘而微妙的力量，紧紧环扣住你的现在和未来。这条看似陌生的道路，时时有冲击，不断有挑战，让你成长。扎实生活过每一分钟，是展臂迎接丰富人生的开始。当你细细体验生活时，就能怡然自得，品尝它的酸甜。只要不因渐行渐远而迷失大方向，就坚持着你的信念，继续努力走下去。不论个人的目标是否清晰，都要认真活过每一分、每一秒。

用心生活的前提，是必须时常拥有追求目标的自觉性。细心体味生活，时时检视走过的路，小心掌握各种经验所传达的讯息，聆听冥冥之中的暗语，从小到大，都有人告诉我们要活得好。"好"来自于对自己和别人的一种自信和体贴。生活中的各种经验，不论是自我探索或是与他人交往，都会赋予生命不同的光彩。所以过"好"生活就要时时刻刻全力以赴向大目标冲刺，把它当作生活的最高指令。人说"胸中有了大目标，千斤重担不弯腰。"朝着目标奋斗前进，生活将变得多彩多姿。"大目标"可以是理想、志向的代名词，俗话说："有志者立长志，无志者常立志。"可见，志向应立得远大，这样会使奋斗有余地。在大志向下面还可以细分出若干个目标，像里程碑一样，一个个树立在未来的路上。

在生活中，确切地说，在有目的的生活中，必然也必须时常接触他人，面对自我，我们都不是生活在真空中。在竭尽所能去达成生活目标的同时，还要适时地接受新知识、新观念的洗礼，除旧布新，不断充实和完善自我。过着有目的的生活并不意味着事事顺心，相反，你可能会遇到许多问题。但是每一次的挑战与挫折，都是值得记取的经验教训。如果能以开放的心情接受，会使生活的触角更加延伸，生命的视野因而拓展。

生命应是一气呵成。发现自己已至中途而想抽身，绝对为时已晚，前尘往事都已如覆水难收，我们为何不能开始就放弃呢？

如果你能放弃原地踏步的念头,继续追求,不断成长,用心去走过生活,有一天你会突然发现,原来你已经不知不觉达到了原定的目标,生活的路上多了一个胜利的花环。

69. 包容过去,融通未来

生命并非只有一处灿烂辉煌,包容过去,融通未来,创造人生第二个春天。

认真思考自己该如何生活、如何为人处世,永远不嫌太早或太迟。未雨绸缪不但没有损失,反而使人获益良多。你必须让思想尽情展翅翱翔,飞得越高,望得越远,走出眼前生硬的疆界,突破现有的成见。现在就跨出新生活的第一步,对于自己的过去,大可不必耿耿于怀,是好是坏都已过去,且把它看作一张白纸,你心中就没有了埋怨与不满,生活便一切顺利平稳。

如果你认为人来世上是有所作为的,那就更应该重视自己的存在。每个人的生命都是伟大的、有创造力的,只是我们常忽视这一点。生活中永远不乏体验与成长的机会,即便身处绝境,不正是开新天地的大好时机吗?一味沉浸在过去的回忆里,只是浪费生命。如何生活的决定权在自己,这是别人无法取代的,如果此时此地的生活并不快乐,也不成功,何不勇敢地尝试改变,去另辟蹊径呢?有的人坚持着"矢志不逾"的思想,守着最初的道路不放,如果你坚信是正确的可以去坚持;如果从实际出发认为有偏颇,也可以退回来另走别的路。"撞了南墙要回头。"一件事情未成功,不要因此轻视自己的能力，许多人之所以找不到正确的方向，多半因为小看了自己，其实每个人都有很大的发展领域。固守一处，没有信心，会使你失去发展的机会，失掉可能有的成功。

古人落榜不失志的例子可能会给我们一些有益的启示。

曾巩，北宋江西人，唐宋八大家之一。他和胞弟、表弟共六人，几次在科举考试中都未考中进士，有一年，曾巩与其弟去应试，不料又名落孙山，有人作诗讽刺他们说："三年一度科场开，落杀曾家两秀才。有似檐间双燕子，一双飞去一双来。"

曾巩对此并不介意，也不灰心，一再教育诸弟要经得住失败的考验，在学习上要永不懈怠，刻苦攻读。又到大比之年，曾巩兄弟六人又去赴试，在走之前，曾母感叹地说："你们六人当中，只要有一个金榜题名，我就心满意足了！"考试结果张榜公布，曾巩兄弟六人都中进士，且名次都在前列。可见人应该有信心坚持自己追求的理想和志向。落第不灰心，尤其对莘莘学子们更有借鉴意义。

矢志不渝的追求进取固然可贵，开创生命新天地的精神更值得钦佩。例如，蒲松龄，清初山东人，由于当时科举制度不严谨，科场中贿赂盛行，舞弊成风，他四次考举人都落第了。蒲松龄志存高远，并未因落第而悲观失望，他立志要写一部"孤愤之书"。他在压纸的铜尺上镌刻一副对联，联云：

"有志者，事竟成，破釜沉舟，百二秦关终属楚；

苦心人，天不负，卧薪尝胆，三千越甲可吞吴。"

蒲松龄以此自敬自勉。后来，他终于写成了一部文学巨著——《聊斋志异》，自己也成了万古流芳的文学家。

蒲松龄虽然落第，与仕途无缘，但他找到了成就自己的另一条道路，在这条新开辟的道路上，他取得了成功，也为后人留下了宝贵的精神财富。

由此可见，人生并非只一有处辉煌，辉煌需不懈的努力和创造。站在现在这个时点，审时度势，作出你的选择，找到你的生活目标。若要寻找它，你须从新的角度看待自己，重新找回自信心，你会发现自己有越来越多值得欣赏的地方。唯有充满信心，才能真正认识自己，方能注意到生命中许多微妙的层面，继而走向生命的开阔处。

70. 选择最合适的，那才是最美的

一种活法，只要是最适合自己的，便是最好的，最美的。

谁甘愿度过平庸的一生？谁没有过美好的憧憬？人和植物、动物的区别，重要的一点恰恰在于人会设计自己的愿望，有实现这一愿望的冲动。理想便使人具有不折不挠的精神力量。因而当人实现这一愿望的冲动受挫时，理想就使人痛苦。

理想，说到底，无非是对某一种活法的主观选择。树立理想应该是最合适的，没有现实根基的理想只能是妄想。有理想有追求是一种积极主动的活法，不被某一不切实际的理想或追求所折磨，调整选择的方位，更是积极的主动的活法。

一切生活都是值得好好去过的。须知任何一种生活都是生活，无论主观选择的还是客观安排的。帝王的权威不是农夫所能企盼和拥有的，但农夫却不必担心被杀身篡位。人往高处走，水往低处流——人改变自己命运的想法永远是天经地义、无可指责的。但首先应是从最实际处开始改变。

不论何时开始考虑怎样度过一生都为时不晚。未雨绸缪不但没有损失，反而使人获益很多。每个人来到世上都是有所为的，没有人生来就轻视自己的，如果你缺乏成就感，就该赶紧想办法拓展自己的思考范围，开创全新的人生。

另一方面，自知者不怨人，知命者不怨天。字面上看来有点儿听天由命的样子，其实它强调的是一种乐观的生活态度。没有乐观的生活态度，哪还谈得上什么积极进取呢？这样一来，你自然能了解，你从未失去什么。只要你愿意，切实把握每一分钟，今天便是重生的起跑点，每分每秒都可以不断充实生活。

社会越发展，人的机遇将会越多。人到中年未实现或未达到的，并不意味着你一生不能实现。你的一生也许将几次经历得到、失去、再得、再失，有时你的人生轨迹竟被完全彻底地改变，迫使你一切从头开始。谁准备的越多，应变能力就越强，成就就越多，慢慢地你会发现有很多适合你的方面。

别忘了，选择最适合自己的才是最美的。

71. 天公不作美，人自寻找之

不是缺少美，而是缺少发现。当上天不作美时，人只好去发现、去创造它。

你真正地细心观察过哺育我们的大自然吗？如果走向自然，你将发现，每一片天空都飘着自己的彩云，每一片田野都展现自己的绿色，每一朵小花都吐出自己的芬芳。

我说，美丽就在你的身边，有爱的地方就有美丽的画面。在那里，你会看见孩子们可爱的笑脸、劳动者辛勤工作的汗水、情侣手挽手散步的悠闲，还有节日焰火的灿烂和一家人团团圆圆坐在一起的谈笑风生。

可是你还是高兴不起来，你说，湖光山色很美，自己却是只丑小鸭，白天鹅只是个美丽的梦。也许，你觉得自己长得不漂亮，是女娲娘娘漫不经心用泥甩出来的孩子，于是一直很沮丧地呆在灰暗的角落，怕见阳光；也许你叹息自己没有伶牙俐齿和智慧的双手，无法表达美丽的情感，创造美丽的事物。你觉得自己什么都不如别人，觉得自己一无是处，觉得那美丽已经失落，觉得自己再也没有进取的希望了。

那么，你错了。

"不是缺少美，而是缺少发现。"同样，你并不缺少美丽的一瞬，也不缺少美丽的长久，你所缺少的，只是给自己一个机会，去寻找你的美丽。应当相信，每一个人都有属于自己的一片天空，每一个人都有属于自己的一种色彩、一种美丽。有自信心的样子，就是一道美丽的风景。天公不作美，你要去创造，去发现。

眼睛的悲哀常常是看到别人却看不见自己。你的美丽没有失落，而是没有确切地被发现。不知从何时起，你把自己拘在一个小圈子里，看圈中这个人这点儿比你强，那个人那点儿比你优秀，可殊不知，也许你所羡慕的那个人也正羡慕你有这样的慧眼和洞察一切的心灵呢!也许你只知懊悔自己乌黑的颜色，却不知自己便是宝贵的煤炭；也许你只知抱怨自己是株无名的小草，却没有发现自己正点缀着春日的大地；也许你只看到一条歪歪扭扭的来路，却从未察觉那弯弯曲曲的大道中也有你闪光的足迹!

现在，你该从那小圈子中跳出来，给你周围再添一道美丽的风景。把眼光放高放远一点儿，外面的世界和未来的路更值得你皱着眉头去思考，去琢磨。对吗?没有笑容的你。

你笑了，笑得很美丽!

72. 用你的慧眼去择善

猫头鹰活得很好，因为它常常睁一只眼，闭一只眼，睁一只眼为的洞察周围，闭一只眼是巧妙的省略和包容。

良辰美景尽收眼底，污烟瘴气，不闻也罢。人无完人，世无完世，且睁一眼，闭一眼，择善而从，不善且包容，如此而已。道家讲世间万物由阴阳二极而成，辩证法认为世界是一个矛盾的统一体，既然是矛盾，就有好有坏，有善有恶，有优有劣，有苦有甜，不同的判断体现不同的价值观。矛盾双方又是相互依存、相互制约的。人们向往完美，有完美便有不完美，因为不完美才会向往完美。但是向往追求的事物未必都能实现，或许正因为遥不可及才更有诱惑力。人还是要在现实中生活的，于是只好将眼睛一睁一闭，反而更加心明眼亮。

在此取交朋友为例讲述这用眼之道。

一个人要赢得友谊，就要多看到对方的优点和长处。比如某人事业心强，工作成绩突出，但生活处世能力差，那么就择其长处学习，这样你会和对方和睦相处。相反，你睁开两只眼看对方，要求对方什么都好，什么都顺你的眼，那么最终是你失去友谊，吓跑朋友。

闭一只眼看朋友，还是一种宽容的处世之道。比如你的朋友过去曾失足过，或者至今有某些缺点，你与他相处，不妨回避对方的伤疤，忘记他的过去，尊重他的今天，寄希望于他的明天，那么，你交朋友的视野就更为宽广，你的受益会更加丰富多彩，决不会因斤斤计较着某个朋友的过去而与对方不能相处。又比如说，某人曾经冒犯过你，或做了对不起你的事，如果他已经认识到错了，你不妨闭一只眼，让昨天的误会与冲突随着岁月流逝，这不是无缘无故的宽恕和放纵，而是一种风度。

每个人在生活中，总会遇到挫折，从挫折中经受考验，从幼稚中走向成熟，从认识弱点走向克服弱点，那么，我们完全没有必要把别人的过去洞察得一清二楚，你只要认为对方是一个真诚的人——或对你很真诚的人，即使他有某些与你格格不入的东西，你也不必大加追究。世界上本来就没有完美无缺的人。如果你睁大眼看对方，总可以发现对方有许多弱点或缺点，拿尺子去量人，尺寸总会有差距。

睁一只眼，即是多看对方的长处；闭一只眼，即是少看对方的弱点。我认为，唯有如此，才能永远保持处世的乐趣。

如此这般情形将用眼讲述一番，请用你的慧眼去择善，而后从之，遇不善，"闭"而不见省了麻烦，如果有勇气，见不善则改之，那就更好了。

73. 过而不改，是为过矣

知错就改是一种聪明的做法，强辩和死不认错会把事情弄得更糟。古人云：'过而不改，是为过矣。'正是明智的见解。

当我们是对的时候，我们要温和而巧妙的去得到人们对我们的承认，当我们是错的时候——先别惊慌地掩示它，纸里包不住火的——我们要急速地热心地承认我们有错误。这种方法不只能产生惊人的结果，而且在某种情况下，比为自己辩护更为有意义。

"人非圣贤，孰能无过？"我们从小就被教育："有错就改才是好孩子。"犯错误的原因归纳起来有这么几条：年龄和客观条件所限造成知识的不足，能力的有限，行为有背客观规律；初入社会，见识短浅、经验不足，加上莽撞与冲动，感情用事，错误易出；在经历了大风浪之后，不小心被一时的欲望和邪念牵动，在阴沟里翻船；小错不断，知错不改，终成大错；其它等等。

如果你不是记性太糟糕，犯了错转脸就忘的话，常出错不是缺点。"吃一堑，长一智"，挫折能使意志得到锻炼，使人变聪明。因为错在某件事上而吃了亏，下一次碰到类似的事情，就不会效仿上一次的"笨"法子，即便这一次不是最聪明的办法，却比上一次的要高明，如此这般不断改进就能应付自如，较他人棋高一筹。

在犯了错误的当时（且不问错的原因）人们会采取不同的态度和处理方法。我常常看到，有的人明明是他的错，却紧咬牙关，"我错了"三个字怎么也挤不出牙缝。他也许是出于虚荣心、好面子或其它什么；也有的"口才好"，好强辩，无理也要搅三分。如果拿以上两种办法来对待你的顶头上司的批评，对付警察的盘问，或者对待一个同样死不认错者，情况就不会像你想象的那样——死不认错，蒙混过关，结果往往使自己处于被动的境地。

假如我们知道我们势必要受责备了，就先发制人，自己责备自己，巧妙而委婉地陈述事实，你自我批评的诚恳和急切度将使他的愤怒和争斗性被消灭，也许他还会帮你开脱呢。这种方法的明智还表现在使你处于主动地位，在对方有机会说话以前，将他的批评转成你的自我批评。这时，你是在听自己的批评，不是比忍受别人口中的斥责容易了许多吗？而且人都有自卫的心理，自我批评也是出于自身利益着想，故而言语之中少了诽谤，态度显得诚恳。

"退一步海阔天空，让三分风平浪静。"这不仅仅是被动的退让，从某种意义上说，更是主动的积极的解决问题的办法。用争夺的方法，或许你永远得不到满足，但用让步的方法，你可得到比你期望的更多。这里强调的是一种争取主动的行事原则，打比方，公园的石板路窄，两人相向而行，两人原本有过节，这次冤家路窄，一个人傲慢地说："我从来不给傻子让路！"另一个不慌不忙地说："我向来给傻瓜让路。"于是从容地绕道而行。这个故事与我讲的中心议题似乎不相关，但我们可以依此类推，举一反三，体会其中的方法。

如果你有分析力和判断力，出了错就迅速地主动地承认，死不认错才是错上加错的笨法子，相信你会比我做得更好。

74. 别让猜疑折磨自己

无端猜疑，与事无补；疑心太重，害己殃人。

有这样一则故事："宋有富人，天雨墙坏。其子曰：'不筑，必将有盗。'其邻人之父亦云。暮而果大亡其财，其家甚智其子，而疑邻人之父。"（《韩非子·说难》）这就是众所周知的"智子疑邻"的故事。由此看出，猜疑使友善被曲解为恶意，好心被认为歹心，扭曲了事情的本来面目。

猜疑，就是起疑心，对人对事不放心。有了猜疑之心，对待朋友，看待事物，就不能从客观实际出发，进行合乎逻辑的判断、推理，而是凭借一点表面现象，主观臆断，随意夸大，进而扭曲事物，得出一个不切实际的结论，或者先入为主，先设框框，然后察言观色，甚至无中生有，把幻觉当真，把一些毫无关系的现象也当做事实材料，生拉硬拽来当作证据。猜疑使人际交往中本来小小的疙瘩发展成长期的不和。自古以来不知有多少人因为猜疑疏远了朋友，中断了友谊，甚至断送了江山。猜疑实在是害己又殃人。具体归纳一下猜疑的不良后果如下：

猜疑使人失去公正的态度，正像上面引用的"智子疑邻"的故事，同样是忠诚的劝告，富人对儿子称赞，因为亲近，忠告便显得聪明；对邻人之父猜疑，因为非亲非故。结果"信而被疑，忠而被谤"，显然失去公正的态度。

猜疑危及国家安全。历史告诉我们，君臣相互猜疑则天下就会动乱。因而贤明的君主和精明的大臣，都把猜疑视为相处的一大祸害而加以避免。三国时期的诸葛亮，一向被认为能选贤任能、精明能干，但也有一定偏颇之处，就是过于明察，反生疑人之心，对人不信任，大事小事无不亲自过问，出将入相，茕茕孑立。诸葛亮对受降之将魏延始终用而不信，怀疑他有反叛之心，致使军事上失去"股肱"之助。诸葛亮死之后，又发生魏延的冤案，使蜀汉元气大伤，造成"蜀中无大将，廖化作先锋"的不利局面。

猜疑又是自己折磨自己。"杯弓蛇影"的典故就是很好的例证。弓影投映在盛酒的杯中，好像小蛇在游动，饮者以为真的把"蛇"吞下去了，越想越恶心，结果害得自己重病一场。这才是天下本无事，庸人自疑之，疑心太重，到头来自讨苦吃。

信人者不疑人，疑人者不信人。对别人无端地猜疑，貌似无端，实在有端，猜疑源于偏狭的私心。疑心太重的人，总怕别人争夺自己的所爱、所求、所得，怕别人损害自己的利益，终日疑神疑鬼，顾虑重重，古人曰："善疑人者，人亦疑之；善防人者，人亦防之。"你对别人不放心，别人能对你坚信不疑吗？虽说防人之心不可无，但是时时提防，处处疑心，还会有知心朋友吗？

猜疑之心的形成，是由于不够深入了解和不够信任造成的。信任是人与人之间沟通的桥梁，猜疑是通向友谊和友爱的障碍。要消除猜疑，杜绝疑虑，可以从三方面努力：

(1)排除私心杂念。"私"字作怪，患得患失，怕他人争去权财，势必疑虑重重，难展宏图。

(2)实事求是，弄清事实真相。社会上对人对事褒贬不一，逸言讹语，搅得你真假难辨，好坏不分，我们应该一切从实际出发，不可听风就是雨。

(3)经常沟通，增进了解。俗话说，友谊靠热情来浇灌，感情靠联络来维系。朋友之交，实际上就是思想、感情、信息的交流。朋友之间来往多了、联系强了，相互了解也就加深了，没有言语和行动上的沟通，何以见得志同道合、心心相印？交朋友须交心，交心必须真诚坦白、推心置腹，你对人说三分话，怎能乞求别人能全抛一片心给你。

"疑行无名，疑事无功"，猜疑是一块为人处世的拌脚石，赶快将它踢去！

75. 生得快乐，活得潇洒

> 游戏人间不可取，快乐潇洒是生活应有的原则。潇洒给生活带来快乐，快乐地过生活也是一种潇洒。

人生本是一种快乐。雅人有雅兴，俗人有俗趣，无论在朝为官或在野为民，都自有其乐。锦衣玉食也好，粗茶淡饭也罢，求暖求饱而已，当然也求美。

快乐是一种独到的体验，只要乐趣真实常在，无论雅俗，都会活得有滋有味，也用不了太多的心思，你就会发现活着本来就不错。比如说，你有大本事或小本事，朋友多，路子广，会有种种发迹的机会；你拥有爱情，拥有家庭，拥有多彩的故事，你总有一些盼望，会发现一些趣事，甚至某个消息、某个话题、某种现象都能让你兴奋。这兴奋可能太俗，让人瞧不上眼，或根本就不值。但只要是真实地快乐的体验，也就够了。即使是真正遇上不称心的事，也别抱着死理跟自己过不去，便能从容应付，潇洒地走出困境。即使一时解不开也用不着发烦，日子还长着呢。

活得潇洒才有快乐，潇洒是一种美好的生活态度，但并非人人能做到潇洒自如，有的人过于拘谨不会潇洒，有的人做过了头，不懂潇洒。

拘谨是一种僵化的思维模式带来的生活态度，就是常说的"死心眼"、"一条道儿跑到黑"。古代有个有名的例子，说一对青年男女相约在桥下某柱旁会面，大水到了，为了不失约，男子抱柱而亡。还有一个典型例子是柳宗元《三戒》中所写的永州某人。他生于子年，生肖值鼠，于是畏鼠护鼠，闹到室无完器，柜无完衣的地步。真正潇洒的生活完全不是这样，他们会换一个角度考虑问题，不被现状所拘束，以一种自强不息和勇于创新的精神重新开拓新的生活领域，以一种惊人的潇洒的形象展示在世人面前。

有人把潇洒理解为穿着新潮，谈吐倜傥，举止干练飘逸。我认为，这仅是浅层次的认识。真正的潇洒，应该是指那种不以物喜，不以己悲，顺境不放纵，逆境不颓唐的超然豁达的精神境界。古今名人中，能真洒脱者，大有人在，唐朝诗人刘禹锡，因革新遭贬，他不为压力所阻，仍以顽强的精神与政敌相抗争，写出"玄都观里桃千树，尽是刘郎去后栽"，"种桃道士归何处？前度刘郎今又来"的乐观诗句，他以潇洒的态度，越过"巴山蜀水凄凉地"，坚守"二十三年弃置身"的人格，终于迎来了仕途上新的春天。

有位伟人说过："与天奋斗，其乐无穷；与地奋斗，其乐无穷；与人奋斗，其乐无穷。"伟人的乐乃乐之大家，有如范仲淹所云："先天下之忧而忧，后天下之乐而乐。"对于我辈平常的小人物，面对复杂多变的人生，自然也要有大境界才能包容得下，另外，更需要有平常的心境，快乐才能常驻。

引两句歌词作结尾：

"何不潇洒走一回，真心真意过一生。"

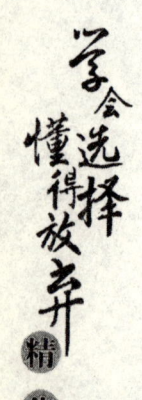

76. 规划你的人生

自己的命运要靠自己开创。对虚伪欺诈，必须绝对加以摒弃。

宇宙无限，生命有限，我们来到这个世界上，生命无论对谁都只有行使一次的权利，没有来生，没有转世，没有轮回，多么弥足珍贵的生命啊！

"子在川上曰：逝者如斯夫，不舍昼夜。"

"对酒当歌，人生几何。"

……

生命的进程原来就是时光流动。

如何用这有限的生命作出更多的事情呢？那就需要我们运筹分秒，只争朝夕地把握时日，对生命进行规划。"聚沙成塔，集腋成裘"，机遇总是垂青对它有准备的人。

《鲁滨逊漂流记》一书之所以三百年来，一直吸引无数读者，原因就在于文中主人公是身处厄境，但他热爱生命，挑战困难，乐观自信，积极进取的精神在激励着人们。"黄河入海尚要九曲"，人生会经受许多痛苦或挫折，然而痛苦挫折本身并不是坏事，百炼成钢，琢玉成器，谁能否认它们对人的磨练呢？

一鸟一天堂，一花一世界，热爱生命吧，只要你规划好生命，你就是自己生命的主宰。

77. 不要把宝石当石子放弃

漫漫人生，我们很多时候往往把宝石当石子一样仍掉。

有这样一个故事：

一天夜里，一位巴格达商人在空旷无人的山路上行走，这时，他听到一个神秘的声音对他说："请你弯下腰来，在路边拣起几个石子，那么明天早晨，你将因此得到欢乐。"商人当然不信石子会给他带来欢乐，但他还是弯下腰去，在路边拣了几个石子，然后装入衣袋，继续赶路。第二天早晨，商人想着衣袋里还有石子，就掏出来看。当他掏出第一粒石子时，商人一下愣了——原来那不是石子，而是宝石！商人又慌着去掏第二颗，第三颗，第四颗……一颗颗，都是红宝石、绿宝石、蓝宝石……

一下得到好几颗宝石，这位商人当然很高兴；同时，他也很后悔——我怎么不多拣几个石子呢？多拣几个石子，不又多得到几颗宝石！

所谓知识，就是我们平常看去不中用的石子；而所谓学习，就是我们去拣起这些石子。我们一旦拣起这些石子，那么这些石子，最终也会变成宝石。时间越长，它越会光芒四射，我们年龄越老，也越会感到它的珍贵。

刚上学时，老师教我们背乘法口诀，让我们从一一得一，背到九九八十一。让我们念啊、背啊、唱啊……那情景，在当时我们幼小的心里，何止是拣石子，实在比拣石子还要乏味！

然而，老师的督促和教诲，使我们最终还是拣起了这粒石子。而正是这粒石子,我们上学时时时会用它,工作中处处会用它,即使将来退了休,恐怕仍会天天用到它——就这么一粒石子,竟使我们终生受益!而能够让我们终生受益的东西,不就是一颗璀璨的宝石?

知识、技能、学问,对我们每个人都是宝石。虽是宝石,我们却在不断地放弃。之所以放弃,就因为起初总将它看成石子——既为石子,何必拣起?殊不知就像那位巴格达商人,放弃了石子,也丢掉了宝石;而当我们回过头意识到这一点时,结果也像那位巴格达商人,剩下的只有后悔。这方面的后悔,我们每个人都不止一两次,问题是,明白这些道理,也因此后悔过多次,可一到学习,仍打点不起精神,一曰没时间,二曰没精力。麻将桌前面通宵达旦,哪里还有时间?酩酊大醉乐此不疲,哪里还有精力?如果说我们现在后悔还能来得及,那么今后后悔,恐怕会悔之晚矣。

78. 在金钱之外

金钱的放弃让你接受教训,心里的放弃让你得到解脱。

一对青年男女双双步入了婚姻的殿堂,甜蜜的爱情高潮过去之后,他们开始面对日益艰难的生计。妻子整天为缺少财富而闷闷不乐,他们需要很多很多的钱,1万,10万,最好有100万。有了钱才能买房子,买家具家电,才能吃好的穿好的……可是他们的钱太少了,少得只够维持最基本的日常开支。

她的丈夫却是个很乐观的人。丈夫不断寻找机会开导妻子。

有一天,他们去医院看望一个朋友。朋友说,他的病是累出来的，常常为了挣钱不吃饭不睡觉。回到家里，丈夫就问妻子："下次如给你钱，但同时让你跟他一样躺在医院里，你要不要？"妻子想了想，说："不要。"

过了几天，他们去郊外散步。他们经过的路边有一幢漂亮的别墅。从别墅里走出来一对白发苍苍的老者。丈夫又问妻子："假如现在就让你住上这样的别墅，同时变得跟他们一样老，你愿意不愿意？"妻子不假思索地回答："我才不愿意呢。"

他们所在的城市破获了一起重大团伙抢劫案，这个团伙的主犯抢劫现钞超过100万，被法院判处死刑。

罪犯押赴刑场的那一天，丈夫对妻子说："假如给你100万，让你马上去死，你干不干？"

妻子生气了："你胡说什么呀？给我一座金山我也不干！"

丈夫笑了："这就对了。你看，我们原来是这么富有：我们拥有生命，拥有青春和健康，这些财富已经超过了100万，我们还有靠劳动创造财富的双手，你还愁什么呢？"妻子把丈夫的话细细地咀嚼品味了一番，也变得快乐起来。

人的财富不仅仅是钱财，它的内涵很丰富。钱财之外还有很多很多钱财更重要的。可惜，世间有很多人看不到这一点，许多烦恼由此而生。他们难与幸福结缘，却常常要和不幸结伴同行。

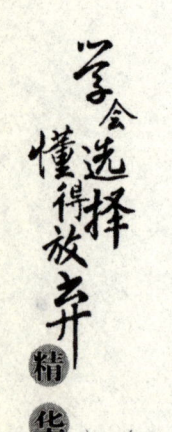

79. 感激对手

没有对手，你的生存也就没有了意义。

1996年世界爱鸟日这一天，芬兰维多利亚国家公园应广大市民的要求，放飞了一只在笼子里关了4年的秃鹰。事过3日，当那些爱鸟者们还在为自己的善举津津乐道时，一位游客在距公园不远处的一片小树林里发现了这只秃鹰的尸体。解剖发现，秃鹰死于饥饿。

秃鹰本来是一种十分凶悍的鸟，甚至可与美洲豹争食。然而它由于在笼子里关得太久，远离天敌，结果失去了生存能力。

无独有偶。一位动物学家在考察生活于非洲奥兰治河两岸的动物时，注意到河东岸和河西岸的羚羊大不一样，前者繁殖能力比后者更强，而且奔跑的速度每分钟要快13米。

他感到十分奇怪，既然环境和食物都相同，何以差别如此之大？为了能解开其中之谜，动物学家和当地动物保护协会进行了一项实验：在两岸分别捉10只羚羊送到对岸生活。结果送到西岸的羚羊发展到14只，而送到东岸的羚羊只剩下了3只，另外7只被狼吃掉了。

谜底终于被揭开，原来东岸的羚羊之所以身体强健，只因为它们附近居住着一个狼群，这使羚羊天天处在一个"竞争氛围"中。为了生存下去，它们变得越来越有"战斗力"。而西岸的羚羊长得弱不禁风，恰恰就是因为缺少天敌，没有生存压力。

上述现象对我们不无启迪，生活中出现一个对手、一些压力或一些磨难，的确并不是坏事。一份研究资料说，一年中不患一次感冒的人，得癌症的概率是经常患感冒者的6倍。至于俗语"蚌病生珠"，则更说明问题。一粒砂子嵌入蚌的体内后，它将分泌出一种物质来疗伤，时间长了，便会逐渐形成一颗晶莹的珍珠。

生活中有各种各样的笼子，不少人的处境和那只笼子里的秃鹰差不了多少。虽然它能让人暂时地乐而忘忧，流连忘返，但笼子毕竟是笼子。可以设想，最后的结局会和那只秃鹰没有什么两样。

80. 钻石就在你的脚下

有些人只知道舍近求远,把眼前的最好的东西放弃,而最终结果是什么也得不到。

印度流传着一位生活殷实的农夫阿利·哈费特的故事。

一天,一位老者拜访阿利·哈费特,他这么说道:"倘若您能得到拇指大的钻石,就能买下附近全部的土地;倘若能得到钻石矿,还能够让自己的儿子坐上王位。"

那天晚上,他彻夜未眠。钻石的价值深深地印在了阿利·哈费特的心里。第二天一早,他便叫起那位老者,请他指教在哪里能够找到钻石。老者想打消他那些念头,但无奈阿利·哈费特听不进去,执迷不悟,仍死皮赖脸地缠他,最后他只好告诉他:"您在很高很高的山里寻找淌着白沙的河。倘若能够找到,白沙里一定埋着钻石。"

于是,阿利·哈费特变卖了自己所有的地产,让家人寄缩在街坊家里,自己出去寻找钻石。但他走啊走,始终没有找到要找的宝藏。他终于失望,在西班牙尽头的大海边投海死了。

可是,这故事并没有结束。

一天,买了阿利·哈费特的房子的人,把骆驼牵进后院,想让骆驼喝水。后院里有条小河。骆驼把鼻子凑到河里时,新房主发现沙中有块发着奇光的东西。他立即挖出这块闪闪发光的石头,带回家,放在炉架上。

过了些时候,那位老者又来拜访这家人,进门就发现炉架上那块闪着光的石头，不由得奔跑上前。

"这是钻石！"他惊奇地嚷道，"阿利·哈费特回来了！"

"不！阿利·哈费特还没有回来。这块石头是在后院小河里发现的。"新房主答道。

"不！您在骗我。"老者不相信，"我走进这房间，就知道这是钻石啊。别看我有些唠唠叨叨，但我还是认得出这是块真正的钻石！"

于是，两人跑出房间，到那条小河边挖掘起来，接着便找到了比第一块更是光泽的石头，而且以后又从这块土地上挖掘出了许多钻石。献给维多利亚女王的那块有名的钻石也是出自那里，净重达100克拉。

事实不正是如此吗？在生活中我们常常会舍近求远，到别处去寻找自己身边有的东西。而往往机遇就在您的脚边，在您的心里。

81. 书生圆梦

自己的梦在自己的心里，只要懂得选择，你的梦就会实现。

有一次听收音机，节目主持人讲起一个圆梦的故事来。

古时候有一个书生要赴京赶考，临行前夜，做了三个梦，他不知道这三个梦吉凶如何，于是去向一位圆梦大师请教。

书生匆匆地来到这位圆梦大师家中，大师正好出门未归，只有他的小女儿在家。听说书生是来圆梦的，她就自告奋勇，要书生把梦中所见讲给她听。

于是书生告诉她第一个梦：梦见墙上有一棵草。她不假思索地说："你这人是墙头草，根底浅。"书生心中不悦，但还是讲了第二个梦：梦见自己戴着竹笠又撑着一把伞。那姑娘哈哈大笑，说："这不是多此一举吗？"书生一听，垂头丧气，觉得此次赶考没有必要了，但书生还是说了第三个梦：梦见自己与中意的姑娘背对背睡在一张床上。那姑娘一听，瞪了他一眼，没好气地说："这不是背运吗？你不要痴心妄想了！"

书生灰溜溜地走回家去，刚走到半路，遇上了圆梦大师。大师拦住书生，说："你把三个梦告诉我，我给你圆一圆。"书生说："小姐圆过了，还有何说？"大师笑笑："圆梦没有固定的说法，各人有各人的解法。"

书生只能又把三个梦告知大师。大师一听，惊喜地大叫："大吉大利，大吉大利呀！"书生惊疑地问："怎么解？"大师说："墙头草高高在上，意为高人一筹，出人头地；戴竹笠又撑伞，意谓冠(官)上加冠(官)；与意中女子背向卧，意谓终有翻身之时。此次赴京赶考，必中！必中！"

书生大喜过望，连谢大师。但转而大感不解："小姐那么说，大师这么说，叫我究竟信谁？"大师莫测高深地向他笑笑："到底信谁？问得好！你这三个梦，如果问更多人，还会有更多的解法，你到底信谁？此乃天机，不可泄露。"

书生究竟想出个道理没有，我不知道。但我却想告诉他一个答案："要相信自己！"相信自己什么呢？相信自己的人生体验和对人生的理解。

82. 另类成本

生命的成本，知识起着关键作用。选择无知，有时会使我们花去更大的生命成本，而有知则会给我们带来丰富的人生。

我刚开始学习成本会计的时候，老师曾出过一道小题目：

某人廉价购进一批质地优良的汗衫，去阿拉伯沙漠地区出售。问："这趟买卖大约包含哪几项成本？"同学们随口应答："本金、运费、房屋租赁费、食宿费等。"

老师微笑着，似乎还在期待着什么。同学们窃窃私语，互相商讨着，又勉强列出几种"成本"：税金、意外损耗，等等。

老师说话了："诸位谁见过阿拉伯人穿着汗衫到处跑的？那儿的太阳很毒，外面的人们基本上是一袭长袍，头上还扎着布。别以为热的地方，人们就一定得穿汗衫。"

同学们恍然大悟："那就滞销啦，卖不掉！"

老师："所以，最大的成本你们没有说，那就是无知。"

这使我想起一则小故事：美国某企业一台重要机器出了故障，遍查不着真正原因。最后，请来某著名工程师解难。一小时后，他在电机的铜线圈上画了道线，说："除去一圈铜线就行了。"试后果然奏效！业主问工程师需要多少酬金。他说："10000美元。"业主吃惊："画道线就值10000美元么？"他笑道："不。画道线只值1美元，而知道在何处画，值9999美元。"从成本会计的角度看，工程师最后一句话似乎可以修改为：画一道线的成本是1美元；知道在何处画线的成本是9999美元。

83. 人生的加法与减法

> 人生即哲学，该放就放。

有时，人生需要加法，追求名利、追求知识、追求成功、追求富贵，这都没有错。

但有时也需要用减法，远离名利、看淡成败、安于平凡。宋代林逋在《省心录》中说："饱肥甘、衣轻暖，不知节者损福；广积聚、骄富贵，不知止者杀身。"

在我看来，林逋劝导人们要知足、节制、知止，其实质上就是说人生需要减法，要学会选择，要懂得去放弃。

减法人生使人更能清醒科学地悟透人生的内涵，合理安排人生的进退取舍，有所为，有所不为，使人生不至于走向极端，从而使人生更充满活力，更健康，更有利于社会，进而使人生更有意义。

我的一位熟人在一家事业单位工作，他知识渊博，工作很出色，曾被领导派出去深造。他的奋斗目标是当单位的一把手，他在各个方面都做着积极努力，似乎势在必得。可他没有如愿，巨大的精神压力使他变成了精神分裂症患者，常常莫名其妙地哭哭笑笑，有时唱歌不止。一个优秀的人才就这样变成了废人。

实践人生减法可使人生免灾，这样的例子实在不少。

范蠡、文种帮越王勾践复国雪耻灭了吴国，范蠡功成身退，做买卖去了。他曾劝文种离开，可文种还是迷恋于功名，不听范蠡之言，不懂得放弃，最后被勾践所杀。古代官场黑暗，人人自危，功成身退，只是寻求自保而已，不足为训。但"不贪为宝"这话却是至理名言。不贪包括不贪权、不贪财、不贪色等。纵观当今一些步入人生险滩的贪官们，大多贪权、贪财、贪色，机关算尽太聪明，反误了卿卿性命。

人生即哲学，可许多人无法悟透其中的道理。凡事都有一个度和量，过分追求本不该属于自己的东西，往往会适得其反，失去自己原本拥有的东西。该得则得，该放就放，一张一弛乃人生一大智慧。

84. 信用是最宝贵的财富

不要因为目光注视着天上星光，而看不见在你周围的美景，践踏了在你脚下的玫瑰花束！

我的第一份工作是在一家小餐馆当侍者。这个工作虽然很平凡，可是我却从中明白了很多道理。最让我难忘的是一位名叫弗雷德·汉斯布鲁克的老顾客。他是一个电器销售员，经常到餐馆来点一份火腿、蒙得利干酪加煎蛋卷作晚餐。每一次，我一看见他向餐馆走来，就早早收拾好他常坐的桌子，为他送上他一成不变的晚餐。当然，还不忘给他送上一个灿烂的微笑，这可是做侍者起码的要求。

那时，我最大的梦想就是拥有一家自己的小餐馆。有一天，我向父母说了自己的想法，并希望他们能资助我，可是他们对我说："我们没有足够的钱帮助你。"第二天，我带着失望的心情上班。弗雷德一见我就问:"怎么了,'阳光'?你今天一丝笑容都没有。"我向他和盘托出了自己的梦想和苦恼。他当时一言不发。第三天,弗雷德居然交给我一张5万美元的支票!并给我写了一张便笺:"这笔贷款惟一的抵押是你作为一个人的诚实。好人的梦想应该得到实现。"

后来,虽然我的小餐馆并没有开成,但是,我始终没有忘记弗雷德对我的信任。在攒到足够的资金后,我将5万美元再加上每年14%的利息,归还给了弗雷德。他给我回了一张感谢的条子:"这笔贷款是我一生中最成功的一次投资。它帮助一个无助的小女孩,成长为一名成功的职业女性。有多少投资会带来如此大的收益?"

对我而言,这笔贷款使我明白信用是最宝贵的财富。

人生的经历中,需要社会上很多人的帮助和支持,而彼此的帮助都建立在诚实信用的基础上的,拥有信用的人,相当于拥有一笔无形的财富,而不讲信用的人,也终将被人抛弃,变得一无所有。

85. 狼比狗聪明的原因

要想活得好,你就要选择主动出去。

一只狼要带好几只小狼过河,以我们粗浅的经验,一定以为它会一只一只地叼过去。但事实并非如此。老狼为了怕子女受伤害,它会咬死一只动物,把动物的胃吹足气,然后再用牙咬住蒂处,做成一只鼓鼓囊囊的皮筏,最后借着这皮筏带全家渡河。

在动物界,狼是一种非常聪明的动物,如果让单个狗与单个狼搏斗,败北的肯定是狗。虽然狗与狼是近亲,它们的体型也难分伯仲,

但为什么败北的总是狗呢?有人曾就这个问题仔细地对狗与狼进行过研究。结果发现,经人类长期豢养的狗,因为不需面临生存的危机,狗的脑容量大大小于狼,而生长在野外的狼,为了生存,它们的大脑被很好地开发,不但非常有创造性,而且有着异乎寻常的生存智慧。

事物的法则,永远是用进废退。这是颠扑不破的真理。动物如此,人类又何尝不是如此。一个人,要想在异常激烈的社会竞争中不被淘汰,还是有一点生存危机的好,这样,我们就可以未雨绸缪,主动出击,多一点生存的技能与智慧。

86. 等待

有时等待是一种生命的过程,是一种必经的考验,一味地急于求成,往往只会事与愿违。

从前有个年轻的农夫,他要与情人约会。小伙子性急,来得太早,急躁不安。他无心欣赏那明媚的阳光、迷人的春色和娇艳的花姿,一头倒在大树下长吁短叹。

忽然他面前出现了一个侏儒。

"我知道你为什么闷闷不乐,"侏儒说,"拿着这纽扣,把它缝在衣服上。你要遇着不得不等待的时候,只需将这纽扣向右一转,你就能跳过时间,要多远有多远。"

这倒合小伙子胃口。他握着纽扣,试着一转:啊,情人已出现在眼前,还朝着他笑送秋波呢!真棒嗳,他心里想,要是现在就举行婚礼,那就更棒了。他又转了一下:隆重的婚礼,丰盛的酒席,他和情人并肩而坐,周围管乐齐鸣,悠扬醉人。他抬起头,盯着妻子,又想,现在要是只有我俩该多好!他悄悄转了一下纽扣:立时夜阑人静……他心中的愿望层出不穷:我要幢房子。他转动着纽扣:房子一下子飞到他眼前,宽敞明亮;我们还缺几个孩子,他又迫不及待,使劲转一下纽扣:日月如梭,顿时已儿女成群。

至此,他再没有要为之而转动纽扣的事了。回首往日,他不胜追悔自己的性急失算:我不愿等待,一味追求满足,眼下,生命已风烛残年,他才醒悟:即使等待,在生活中亦有其意义,惟有其他愿望的满足才更令人高兴。

他多么想将时间往回转一点啊!

他从梦中醒来,睁开眼,自己还在那生机勃勃的树下等着可爱的情人,然而现在他已学会了等待。一切急躁不安已烟消云散。

87. 我很重要

任何时候都不要看轻了自己。在关键时刻,你敢说"我很重要"吗?试着说出来,你的人生也许会由此揭开新的一页。

二战后受经济危机的影响,日本失业人数陡增,工厂效益也很不景气。一家濒临倒闭的食品公司为了起死回生,决定裁员三分之一。有三种人名列其中:一种是清洁工;一种是司机;一种是无任何技术的仓管人员。这三种人加起来有30多名。经理找他们谈话,说明了裁员意图。清洁工说:"我们很重要,如果没有我们打扫卫生,没有清洁优美、健康有序的工作环境,你们怎么能全身心投入工作?"司机说:"我们很重要,这么多产品没有司机怎么能迅速销往市场?"仓管人员说:"我们很重要,战争刚刚过去,许多人挣扎在饥饿线上,如果没有我们,这些食品岂不要被流浪街头的乞丐偷光!"经理觉得他们说的话都很有道理,权衡再三决定不裁员,重新制定了管理策略。最后经理在厂门口悬挂了一块大匾,上面写着:"我很重要。"

从此,每天当职工们来上班,第一眼看到的便是"我很重要"这4个字,这句话调动了全体职工的积极性。因此工作都很卖命,几年后公司迅速崛起,成为日本有名的公司之一。

88. 捞鱼

如果想一手抓两条鱼,也许你一条鱼也抓不住。

几天前,有位老友打电话给我,说他的工作似乎要保不住了,言语中充满了抱怨与哀伤。因为年岁渐增,而且工作不稳定,因此使得他也不敢交女朋友,常有换工作的念头,但是怀疑报上所登工作非自己才能所能及,于是常止于浏览,裹足不前。

这让我想到我刚退伍时,在家待了近三个月才找到工作,那段时间,只要看到报上稍与自己所学有关的工作,均放手一寄,例如我是学化学的,但是有些化学公司是征总经理特别助理,虽然我无此经验,但我相信以自己的化学背景,倘有幸获用,将抱着学习的心态全力以赴,因此曾在一星期内寄了二十多封履历表,也因此获得了较多面试及选择的机会。

小时候常与哥哥到河边捞鱼，那时我专门找较大的鱼去捞，但往往功亏一篑。而哥哥却是在鱼群中猛捞，结果半天下来，我一条鱼也没捞着，哥哥却满载而归。

机会来自四面八方，但需要自己去创造，它不会凭空而降，试着让自己去拓展更宽广的领域。反之若仍旧坚持着自我，往往会失去许多机会，让自己逐渐进入困顿之中，这就好像放弃成群的鱼儿，只把某一条大鱼当成惟一的目标一样。

89. 上帝不会给得太多

现实生活中的一些机遇，是要用心去发现的。如果忽视了它，这种机遇可能就毫无意义。

一个孤独的年轻画家，除了理想，他一无所有。他贫穷，无钱租房，借用一家废弃的车库作为画室，夜里常听到老鼠吱吱的叫声。一天，疲倦的他抬起头，看见在昏暗的灯光下有一双亮晶晶的小眼睛。他没有想方设法去捕杀这只小精灵，磨难已使他具有悲天悯物的情怀。他与小老鼠互相信任，甚至建立了友谊。不久画家离开堪萨斯城，被介绍到好莱坞去制作一部卡通片。然而他再次失败，穷得身无分文。多少个不眠之夜他在黑暗中苦苦思索，怀疑自己的天赋。突然，他想起了那双亮晶晶的小眼睛，灵感就在黑暗里闪现了：全世界儿童所喜爱的卡通形象——米老鼠就这样诞生了。这位画家就是美国最负盛名的人物之一——沃尔特·迪斯尼。

上帝给他的并不多，只给他一只老鼠，然而他"抓"住了。

90. 山羊的优势

> 如果放弃了自己的优势，人生就没有选择。

早晨，一只山羊在栅栏外徘徊，想吃栅栏里面的白菜，可是它进不去。

这时，太阳东升斜照大地，在不经意中，山羊看见了自己的影子，拖得很长很长。"我如此高大，定会吃到树上的果子，吃不吃这白菜又有什么关系呢？"它对自己说。

远处，有一大片果园。园子里的树上结满了五颜六色的果子。于是，它朝着那片园子奔去。

到达果园，已是正午，太阳当顶。这时，山羊的影子变成了很小的一团。"唉，原来我是这么矮小，是吃不到树上的果子的，还是回去吃白菜的好！"于是，它快然不悦地折身往回跑。跑到栅栏外时，太阳已经偏西，它的影子又变得很长很长。

"我干吗非要回来呢？"山羊很懊恼，"凭我这么大的个子，吃树上的果子是一点也没有问题的！"

许多时候，人们对自己的优势视而不见。殊不知，在轻易丢弃自己明显的优势，追寻另外优势的同时，却发现这一优势并不完全适合自己。怕只怕，到头来，连自己的优势也消失了。

91. 没什么？有什么

不要把你的生命浪费在和别人对比上，应该跟自己的心灵去赛跑。

他是一位咖啡爱好者，立志将来要开一家咖啡馆。闲暇时间，他到处喝咖啡。除了品尝不同的咖啡之外，也看看咖啡馆的装潢。

有一次，他约我喝咖啡。带着朝圣的心情，我跟他去了一趟咖啡馆。很不巧地，他对那家咖啡馆似乎没有什么好感。

我问他："怎么样，这家店的咖啡口味还不错吧？"他淡淡地说："没什么！"

我继续问："店面的装潢呢？"他还是回答："没什么！"

以后的日子里，我陆陆续续跟他到过不同的咖啡馆，品尝不同口味的咖啡，他的评价都是"没什么！"而且带着有点不屑的语气。我心想：大概是他的品味太高了，这些咖啡馆提供饮料及气氛，果真都不如他的心意。

这个经验让我想起另外一位对西点蛋糕有兴趣的女性朋友。从前，她也常说："没什么！"

她不但爱吃西点蛋糕，还利用空闲时间拜师学艺，到专业的老师那儿上课，学做西点蛋糕。

刚开始学习的那段日子，她还是不改本性，不论到哪里，吃到什么西点蛋糕，都会给对方"五星级"的评价："没什么！"标准之严苛，让我这个平民百姓觉得她挑剔得过火。

过了半年,当她从"西点蛋糕初学班"结业之后,态度有了180度大转变,无论在哪里,品尝过谁做的西点蛋糕,她都很认真地研究里面的配方,用什么材料、多少比例、烘焙的步骤,如果做西点蛋糕的师傅在场,她还会很好奇地向对方讨教,研究成功的关键技巧。

我笑着对她说:"你变了。从前是说:'没什么!'现在是问:'有什么?'"

"没错,没错,其实每一件事情一定都'有什么!',差别只在于你有没有观察到它'有什么'而已。"

关于很多专业的技能,的确是"外行人凑热闹,内行人看门道"。

当我们自身专业素养还不够的时候,缺乏足够的判断力及鉴赏力,很容易错过其中精华的部分,甚至因此而误以为它没什么学问,不屑一顾。反观那些已经具备专业知识的人,才看得懂其中的所以然,态度反而谦卑许多。

西谚说:"无知,令人骄傲;学习,才懂谦卑。"道理就是如此吧。

虽然,有一句话说:"文人相轻,自古皆然。"但是,从我认识的文人朋友中发现:愈是尊重别人"有什么"的人,作品的生命力与持续力愈显丰富。他们在创作方面的成就十分杰出,同时也拥有圆融的人际关系。反观,经常批评别人"没什么"的人,却常碰到肠枯思竭的瓶颈,人缘也比较差。

有一位写小说的朋友,在我的书架上看到本我典藏的诗集,顺手翻阅之后,大叹:"时不我与!"

他继续大发牢骚说:"你看,这样随便短短地写几句话、几行字,就可以出诗集,还被你供在书架上典藏。我们这种小说,写了几万字,还没人爱看。真是不公平。"

"你可以换个角度来想嘛,写诗也很不容易啊,人家是把几万字要表达的感情,精雕细琢地浓缩成几句话、几行字。而且,他们一定也有成功的地方,譬如:用字遣词、音律铺比、意境营造……应该都有可以参考之处吧。"

当场,他没有再说话,悻悻然离去。过了几个月,我看到他的小说作品中,也通过小说中人物的安排,让新诗出现在其中。我想,他应该已经开始尝试用另外一种角度想事情了。

尽管，我们都懂得"和自己赛跑，不要和别人比较"的生活态度是比较健康的，但是，如果我们愿意放下身价，观摩别人表现杰出的地方，从对方的表现看出成功的端倪，收获最多的，其实还是自己。

92. 选择好自己的生活方式

你所选择的生活方式，决定着你的成功与否。

那晚，随手打开电视，却被一段真实的采访吸引住了。被采访者是一贫困山区的小羊倌。

"你放羊干什么?"

"攒钱。"

"攒钱干什么。"

"娶媳妇。"

"娶媳妇干什么?"

"生娃。"

"生娃干什么。"

"放羊。"

看着羊倌一脸茫然的表情，我的心一下子悲哀起来。羊倌的可悲不在于他的穷困，不在于他从事的职业，更不在于他攒钱的方式，而在他正陷入一种麻木的生存状况之中而不觉。

说来可笑，或许是羊倌的形象在脑海中难以抹去，想着想着，突然觉得，我们也是"羊倌"，是都市滚滚红尘中的"羊倌"。

一次去繁华的长江路上买西装，在一家皮尔·卡丹专卖店里，我认识了店里的老板———一位三十出头的女子。这女子来自贫穷的山区，大学毕业后放弃了回家乡工作的机会，毅然留在省城，当过记者，摆过地摊，开过服装店。一次偶然的机会，认识了一位皮尔·卡丹代理商，信心百倍的她东挪西借地筹款，在省城闹市区租了个门面撑起了一个专卖店。创业之初，她吃住在店里，为了付那里昂贵的租金，她有时一顿饭用一块大馍充饥。热情周到的服务终于让专卖店里有了络绎不绝的顾客，生意红火了。但她没下过饭店，未买过时尚衣服，仍过着节俭的生活。渐渐地，她口袋里的钱像滚雪球一样一天天多起来。一年前，她竟把左右邻店兼并过来，同时还招聘了6名员工。已成款姐的她不无真诚地说："都市里到处都能掘到黄金，关键是你要选择好自己的生活方式，而生长在城里的人在下岗的风雨袭来时却感到手足无措，整日哀叹命运不济。"

　　其实，只要细心地观察一下四周，你就会发现，在都市的角角落落，确实生活着生命力很旺盛的乡下人，在高高的脚手架下、在酒店、在商场、在快餐店、在书摊……他们从事着或复杂或简单的工作，以乡下人的勤劳与质朴，以乡下人顽强的生存能力，挤进了钢筋水泥混凝土构筑的城堡，开拓一块哪怕是极小的天地，并且有滋有味的活着；而那些一生下来就有了城市户口的城里人，在失去了铁饭碗之时，却连一条求生存的路也找不到，比起进军都市的乡下人，一些城里人已经输了，并且输得很惨。

　　即使我们拥有骄人的文凭，拥有城里的户口、住房，面对下岗或分流，我们惟有不断拓展生存空间，谋求适合自己的发展方式，不断地刷新自己，创新未来，才有可能处变不惊，才可以在繁华褪尽后重新镀亮人生。

93. 选择自己的幸福

幸福往往就在你的一念之间。

当你听到这一说法时，你也许觉得很奇怪，人怎能选择自己的幸福?事实确实如此，亚伯拉罕·林肯曾经说过："我一直认为：如果一个人决心想获得某种幸福，那么他就能得到这种幸福。"

有一对年轻夫妇，他们住在美国南部的一个小城市里，其邻居是一对年老的夫妇，妻子几乎瞎了，并且瘫痪在轮椅中，丈夫本人身体也不是很好，整天待在屋子里照料自己的妻子。

一年一度的圣诞节快要到了，这对年轻夫妇决定装饰一棵圣诞树送给这两位老人。他们买了一棵小树，将它装饰好，带上一些小礼物，在圣诞前夜把它送过去了。老妇人感激地注视着圣诞树上闪烁的小灯，哭了。她的丈夫也一再说："我们已经有许多年没有欣赏圣诞树了。"在以后的日子里，只要他们拜访这两位老人时，老人们都要提起那棵圣诞树。

对于这对年轻夫妇来讲，也许他们只是做了一件很小的事情，但他们把最大的幸福送给了他人，因而自己也从中获得了巨大的幸福。这种幸福是一种十分深厚的感情，而且也一直留在他们的记忆中。

对于我们每个人来讲，你可能是幸福的、满足的，也可能是不幸福的、不满足的。因为你有权选择其中的任何一种。决定你选择的因素只有一点——你是接受积极的还是消极的心态的影响。

94. 盯住一只羊不放

> 既然选择了一个目标，就不要让这个目标轻易的失去。

对于那些浅尝辄止，见异思迁的朋友，非洲猎豹的做法不失为一个榜样。

这里是非洲的马拉河，河谷两岸青草嫩肥，草丛中一群羚羊在那儿美美地觅食。一只非洲豹隐藏在远远的草丛中，竖起耳朵四面旋转。它觉察到了羚羊群的存在，然后悄悄地、慢慢地接近羊群。越来越近了，突然羚羊有所察觉，开始四散逃跑。非洲豹像百米运动员那样，瞬时爆发，像箭一般地冲向羚羊群。它的眼睛盯着一只未成年的羚羊，一直向它追去。在追与逃的过程中，非洲豹超过了一头又一头站在旁边观望的羚羊，但它没有掉头改追这些更近的猎物。一个劲地直朝着那头未成年的羚羊疯狂地追。那只羚羊跑累了，非洲豹也累了，终于，非洲豹的前爪搭上了羚羊的屁股，羚羊绊倒了，豹牙直朝羚羊的脖颈咬了下去，然后，一动也不动喘着粗气。

在追击过程中，非洲豹为什么不改追其它显得更近的羊呢？因为它已很累了，而别的羊还不累呢。其它羊一旦起跑，也有百米冲刺的爆发力，一瞬间就会把已经跑了百米的豹子甩在后边，拉开距离。如果丢下那只跑累了的羊，改追一头不累的羊，最后一定是一只也追不着。

动物世界的这种普遍现象，也许是一种代代相传的本能。但它启发人类，在一切追逐目标的过程中，都要借鉴这种智慧。

95. 放下人情包袱

让朋友欠个人情并不是件太难的事，同样，你也可能欠下朋友的人情。

人情是必须回报的，但是，如何回报，何时回报，回报的代价是多大？却从来没有什么定规。如果你欠了小情，却还了大的，岂不吃亏？如果你欠久了，难以还，成了负担，岂不糟糕？所以，你既要学会"做人情"，又要努力使自己避免欠下朋友的人情。

朋友之间来来往往，送点礼物，都挺正常。带有明显功利目的的朋友，是可以看得出来的。假如一个并不经常见面的朋友，却在一天忽然登门，你可千万别奇怪。或者常见面的好友，带的礼物超乎平时的贵重时，你也要心里有数。

朋友请你办事的第二种手段，就是请你吃饭。东西送到门，你不能不给面子，吃饭却得预约，这就让你有许多理由去推脱掉，但脑袋要转得快些，推词讲得委婉些。

脑袋转得快些，知道对方是谁，要弄清关系网，搞清朋友圈，然后，再想想该接受还是推掉。

96. 及时拿好主意

> 决断敏捷的人，即使错了，也不要紧。

你一定听说过那匹可怜的毛驴的故事：一匹毛驴幸运地得到了两堆草料，犹豫着不知先吃哪一堆才好，在两堆草之间徘徊。就这样，守着近在嘴边的食物，这匹毛驴却活活饿死了。因为它没有学会选择，同时它也不懂先放弃一堆而去吃另一堆。

有些人简直是无可救药的寡断。他们不敢决定各种事件，因为他们不知道决定的结果究竟是好是坏，是吉是凶。有些人本领不差，人格也好，但因为寡断，他们的一生就给糟蹋了。

决断敏捷的人，即使错了，也不要紧。因为他对事业的推动作用，总比那些胆小不敢冒险的人大得多。站在河边，呆立不动的人，永远不会渡过河去。

在你决定某一件事情以前，你应该对各方面情况有所了解，你应该运用全部的常识与理智，郑重考虑，一经决定以后，就不要轻易反悔。

练习敏捷、坚毅的决断，并使之成为一种习惯，你会受益无穷。那时，你不但对自己有自信，而且也更能得到他人的信任。

97. 打破超凡脱俗的英雄主义

要实现理想，没有选择就不会有结果；要实现理想，没有放弃就不会有过程。

理想是生命的动力，但一旦人们过分执着它就会变成一种生命的桎梏，最后在不断失望的重负中萎靡不振。切记："平凡的即是伟大的"这样一句格言。一切伟大的事物都是在"平凡"的积累过程中诞生的。

有一天，一个国王独自到花园里散步，使他诧异的是，花园里几乎所有的花草树木都枯萎了，只有顶细小的心安草在茂盛地生长。后来国王了解到，橡树由于没有松树那么高大挺拔，因此轻生厌世死了；松树又因自己不能像葡萄那样结出许多果实，也嫉妒而死；葡萄呢?则哀叹自己终日匍匐在架子上，不能直立，不能像桃树那样开出美丽可爱的花朵，于是也死了；牵牛花也病倒了，因为它叹息自己没有紫丁香那样的芬芳；其余的花草树木等植物也都是因为自己的平凡而垂头丧气，没精打采。

国王看了看这根渺小得几乎不能再渺小，平凡得几乎不能再平凡的心安草，问道："小小的心安草啊，别的植物全都枯萎了，为什么你这小草却这么勇敢乐观，毫不沮丧呢?"

小草回答说："国王啊，我一点也不灰心失望，因为我知道，如果国王您想要一株橡树，或者一株松柏、一些葡萄、一颗桃树、一株牵牛花、一棵紫丁香，您就会叫园丁把它们种上，而我知道你希望于我的是要我做小小的安心草。"

也许你会认为，甘心做一棵"无人知道的小草"的想法过于消极。有些聪明能干、有远大抱负的年轻人总是瞧不起那些平凡过日子的人。他们认为这些人"没出息""微不足道""活得没意思"，而当他们发现自己奋斗失败，无所作为，面对和常人一样平淡无奇的生活时，他们就会觉得生活无聊透了。

其实平凡中有时候也含有一些伟大的道理。荀子的思想中，有这么一句话，大意是：没有大烦恼与灾祸的日子，就是天大的幸福。而古希腊的大哲人伊壁鸠鲁说得更经典："幸福，就是身体的无痛苦和灵魂的无纷扰。"

98. 世上只有不肯快乐的心

快乐是自己的事情，只要愿意，你可以随时调换手中的遥控器，将心灵的视窗调整到快乐频道。

从前，在威尼斯的一座高山顶上，住着一位年老的智者。至于他有多么的老，为什么会有那么多的智慧，没有一个人知道，人们只是盛传他能回答任何人的任何问题。

有两个调皮捣蛋的小男孩并不以此为然，于是就抓来了一只小鸟去找他。一个男孩把小鸟抓在手心一脸诡笑地问老人："都说你能回答任何人提出的任何问题，那么请您告诉我，这只鸟是活的还是死的?"老人想了想，他完全明白这个孩子的意图，便毫不迟疑地说："孩子啊，如果我说这鸟是活的，你就会马上捏死它；如果我说它是死的呢，你就会放手让它飞走。你看，孩子，你的手掌握着生杀大权啊！"

同样地，我们每个人都应该牢牢地记住这句话，每个人的手里都握着关系成败与哀乐的大权。

一位朋友讲过他的一次经历：

"一天下班后我乘中巴回家。车上的人很多，过道上站满了人。站在我面前的是两位姑娘，她们亲热地相挽着，其中一个背对着我，女孩的背影看上去很标致，活力四射，她穿着一条今夏最流行的吊带裙，是一个典型的都市女孩，她们靠得很近，低声絮语着什么，这位高个子女孩不时发出欢快的笑声。笑声不加节制，好像是在向车上的人挑衅：你看，我比你们快乐得多！笑声引得许多人把目光投向她们，大家的目光里似乎有艳羡，不，我发觉到他们的眼神里还有一种惊讶，难道女孩美得让人吃惊？我也有一种冲动，我想看看女孩的脸，看看那张倾城的脸上洋溢着的幸福会是一种什么样子。但女孩没回头。

"后来，她们聊到了电影《泰坦尼克号》，这时那女孩便轻轻地哼起了那首主题歌，女孩的嗓音很美，把那首缠绵悱恻的歌处理得很到位，虽然只是随便哼哼，却有一番特别动人的力量。我想，只有足够幸福和自信的人，才会在人群里肆无忌惮地欢歌。

"很巧，我和那两位姑娘在同一站下了车，这让我有机会看看女孩的脸，我有些紧张。可就在我大步流星地赶上她们并回头看时，我惊呆了，那是一张被烧坏了的脸，我也理解了片刻之前车上的人那种惊诧的眼神。

朋友讲完故事后，深深地叹了口气感慨道："上帝真是够公平的，他不但把霉运给了那个女孩，也把好心情给了她！"

其实，朋友的感慨未免有些偏颇。掌控你心灵的，不是上帝，而是你自己。世上没有绝对幸福的人，只有不肯快乐的心。你必须掌握好自己的心舵，下达命令，来支配自己的命运。

有一个人夜里做了一个梦，在梦中他看到一位头戴白帽，脚穿白鞋，腰佩黑剑的壮士向他大声叱责，并向他的脸上吐口水……。他于是从梦中惊醒过来。

次日，他闷闷不乐地对他的朋友说："我自小到大从未受过别人的侮辱。但昨夜梦里却被人骂并吐了口水，我心有不甘，一定要找出这个人来，否则我将一死了之。"

于是，他每天一起来便站在人潮往来熙攘的十字路口寻找这梦中的敌人。几星期过去了，他仍然找不到这个人。

你是不是心中也还怀着一股怒气呢？要知道这样受伤害最大的是你自己，何不看开点，放自己一马呢？别忘了，莎士比亚曾告诫我们："使心地清净，是青年人最大的诫命。"

99. 吃亏即占便宜

没想到那最吃亏的竟成佛，而处处不吃亏的众生，反而一直当众生！

鲁迅笔下的阿Q自诞生那天起一直是被人们鄙视和诋毁的对象，但是他的那套生存哲学却挺值得现代人学习。他始终能把悲哀的情绪划解开，使之变成快乐的理由；把失败的过程反过来，看作是成功的结果，进而获得胜利的喜悦。这样的人生能不快乐吗？

一个犹太人走进纽约的一家银行，来到贷款部，大模大样地坐了下来。

"请问先生，我可以为你做点什么？"贷款部经理一边问，一边打量着这个西装革履满身名牌的来者。

"我想借些钱。"

"好啊，你要借多少？"

"1美元。"

"只需要1美元?"

"不错,只借1美元,不可以吗?!"

"噢,当然,不过只要你有足够的保险,再多点也无妨。"经理耸了耸肩,漫不经心地说。

"好吧,这些做担保可以吗?"

犹太人接着从豪华的皮包里取出一堆股票、国债等等,放在经理的写字台上。

"总共50万美元,够了吧?"

"当然,当然!不过,你真的只要借1美元吗?"经理疑惑地看着眼前的怪人。

"是的。"说着,犹太人接过了1美元。

"年息为6%,只要您付出6%的利息,1年后归还,我们就可以把这些股票退还给您。"

"谢谢!"

犹太人说完准备离开银行。

一直站在旁边冷眼观看的分行长,怎么也弄不明白,拥有50万美元的人,怎么会来银行借1美元,于是他慌慌张张地追上前去,对犹太人说:

"啊,这位先生……"

"有什么事吗?"

"我实在弄不清楚,你拥有50万美元,为什么只借1美元呢?你不以为这样做你很吃亏吗?要是你想借30、40万元的话,我们也会很乐意……"

"请不必为我操心。在我来贵行之前,问过了几家金库,他们保险箱的租金都很昂贵。所以嘛,我就准备在贵行寄存这些东西,1年只需要花6美分,租金简直是太便宜了。"

在我们许多人的眼睛里,把"吃亏"看作是蠢人的行为,其实很多时候,我们的判断都是错误的,一些"亏"只不过是事情的表象而已。

日本有一家奇士达公司,其经营理念是:"吃亏就是占便宜,所以情愿选择吃亏一途。"对于以利益为目标的企业来说，这种经营理念，实在是令人难以置信。

竞争对企业来说，是绝对目标，可是这家公司，却像是出来行善般地经营，不免令人怀疑：公司开得下去吗?会有利润吗?

实际上，奇士达公司却快速地成长，成为年营业额2000亿日元的绩优公司。那些好听的经营理念，成了公司的发展商机。

企业最怕赔钱，吃亏的生意是不做的，而奇士达公司将这些没人愿意做的生意承接下来，反而没了竞争对手，生意自然大好。社长铃木清一先生的良心经营，为社会提供了物品，也为自己带来了财富。

创造财富在很多人的观念里，都是要够狠、够坏，才能在竞争者之中脱颖而出，继而出人头地。其实不然，能够成功靠的往往是正面的思想，也就是正面的道德观。

举一个例子来说，同样去买东西，两家商品都一样，一家的老板善良而温文；另一家老板冷漠而固执。请问：你选择去那一家买?

用劣质的商品来赚取暴利，就算短期内能生存，如若一旦被人们发现了，它还能生存下去吗?企业的存在要想长久，那么，在刚一开始就以优良产品来取得消费者的信赖，不是可以赚更多钱吗?

人也是如此，我们不是只活一天而已，明天我们仍得做人，而明天会遇到什么事，又有谁知道?如果用轻视、劣质的态度做人，能做得长久吗?不如好好待人，亲切、温和地与人相处来得长久。

打个比方说吧，最吃亏的人，便是菩萨了!菩萨处处不与人计较，什么屈辱的、低下的、卑贱的、不入流的事都做，只要有益众生、有利众生的事，他都一一捡起来做，只盼众生明理，只望众生成佛，结果，谁成佛了?他自己成佛了!

第二篇

凡人的世界

1. 别让雨下进灵魂里

懂得放弃是告诉人们不要轻易地放弃，而是要有选择地放弃。

星期三下午上班的时候，一位气质极好，一看就属白领阶层的青年女子来找我的一位同事。正巧我的同事不在，她留下了姓名。等我的同事回来，我把情况作了通报，还意犹未尽地说了一通"不去当演员，可惜了"之类的惋惜话。同事笑道："你怎么知道她没有去当演员？事实上她不仅做过演员，而且还曾与一个非常重要的角色失之交臂呢。"说着他报出了那个角色。我的心里猛然一震：那可是个令一名当年原本无名的女演员一夜之间红得发紫的角色啊！

而她是怎样错过的呢？

当时，导演挑女主角，挑来挑去，最后只剩下两位候选人：她与日后走红的那位。论外形和气质，非她莫属。然而她脸上几颗青春痘造成了导演的犹豫。导演虽然有些犹豫，但还是偏向于她的，不巧这时外界又传出了她与导演有染的流言。一贯无瑕的她一赌气，退出竞争。旋即又辞职，匆匆地打道回府了。

10年来，她远离机会频频、可以尽展才华的演艺界，成了一名普通的白领。偏离了自己真正的轨道，从事着自己并不真心喜欢的职业，其中郁积的遗憾和委屈又岂是一口气能赌掉的？况且，她的婚姻也因之而并不幸福。

小时候，我听过一个故事，说的是从前有一个人提着网去打鱼，不巧这时下起了大雨，他一赌气将网撕破了。网撕破了还不够，又因气恼一头栽进了池塘，再也没有爬上来。

不要让一场雨下进灵魂里，不要让一口气久久不蒸发，从而输掉青春、爱情、可能的辉煌和一伸手就能摘到的幸福。

放弃是要你有选择的放弃。

2. 拥有一项关键的能力

选择你的特长，就要懂得放弃你的一些爱好。

在家乡印刷厂，我在辅机上已做了近5年，技术一流，辅机上其他人员无一能比。但厂里老师傅大有人在，升上主机的可能性一则极小，二则就是有，辅机上另外年龄和工龄都长过我的人肯定排在我的前面。听不止一个去过深圳的人说，深圳是个年轻的城市，在那里人才真的可以不拘一格。

于是我雄心勃勃地打起了行囊，去了深圳。

深圳的印刷在全国都有名，不仅先进，而且听说以前甚至流行过一句顺口溜叫"要想发，搞印刷"。我很快就应聘成功，为了给随后的尽快提升打基础，我仍从辅机干起，并很快成为骨干，厂里的许多重要活似乎只有安排我做老板才会放心。

这样坚持了11个月，临近1年时，趁公司制定次年的工作计划之机，我去找到老板，向他表达了我想上主机学习的愿望。他问为什么，我说我在辅机上再干下去已没有什么前途，并且也不可能几年如一日地一直干辅机不思进取呀，另外，我盼望公司能给我进取的机

会，否则还不是和在内地一样，我不是白来深圳了吗？

老板是位60岁的坏脾气、黑脸膛的老头，那天他出乎意料地很有耐心地听完我的话，他说他做老板11年了，这11年来，公司招收新职员时，他们关心的问题大多是薪资、福利，只有少数人问过公司会怎样培养他们成为一个能长足进步的技术人员。他说在这少数人中，我属特别的一个。他说你能有上进心固然应该，但为什么不能换个思路来考虑这个问题呢？比如潜心做好现在的工作，拥有一项关键能力，成为这个方面不可多得且不可或缺的人物。他说公司随后还要扩大生产，添加辅机，如果我能真正成为这方面的权威，不仅在这个公司，就是将来出去在这个行业也将是独领风骚的，也会得到相应的地位与报酬。他说在当今的社会，年轻人所缺乏的不是广泛的经历，而是真正的技术。

我到深圳本是为了离开辅机，结果却是决定了在辅机上做下去。写信将此事告诉了父母，母亲说那不是和在内地没别区嘛，我说有，这区别就是深圳有人会有力度地告诉你你为什么应该还在辅机上干。

迄今为止我都视这位老板为我的恩师，尽管他没有教过我哪怕一个螺丝的位置，但仅凭"拥有一项关键能力，成为这个方面不可多得且不可或缺的人物"一句话，他就会恩泽我一生，因为它带给我的是一种不会过时的思维方式和认真投入的行事态度。

拥有一项关键能力，成为某个方面不可多得且不可或缺的人物非常重要，更为重要的是拥有一种不会过时的思维方式和认真投入的行事态度，那将成为我们每个人一生的财富。

3. 擦净心灵

人生在世需要不断地为心灵除尘，自省、自责、自悟、自重……擦净心灵，既是一种自我重塑，也是一种品德纯化；既是对从前的一种跨越，也是不可缺少的一种追求。

伯父病危，回光返照时，让儿子拿来一个旧皮箱，从皮箱里拿出一件黄色的旧呢大衣，撕开衣角的线道，取出一块银元。

60年前，伯父在沈阳城里开书店。一个年轻人来买书，因为柜台上只剩下一本，所以伯父便向买书人多要了一块银元。从此，这块银元常被伯父托在手上，沉重得如同托着一座大山。开了5年多书店，伯父只做了这么一件亏心事，而且只是一块银元。尽管如此，仍让他日夜不安，他决心退回这块银元。然而，60年过去了，他却无缘了却这桩心愿。

生命终结之际，伯父给儿女留下的遗嘱是：一定要找到那个买书人，买书人不在了，找到他的后人也行，务必把这块银元退回去，他才能安睡在九泉之下。

3个儿女料理完老人的后事，坐下来研究怎样实现老人的遗愿。他们惊讶地发现，这竟是一块无法退回去的银元，因为父亲没有留下那个买书人的姓名。深陷悲痛中的3个儿女此时才深刻地悟出老人留下的又一个遗愿——让儿女在世上干干净净地做人。

· 150 ·

9. 生命在于永不放弃

第二篇 凡人的世界

希望和意念是生命不竭的原因所在。记住无论在什么境况中，我们都必须有继续向前行的信心和勇气，生命的生动在于我们永远不要放弃。

有一个老人，今年刚好100岁了，不仅功成名就，子孙满堂，而且身体硬朗，耳聪目明。在他百岁生日的这一天，他的子孙济济一堂，热热闹闹地为他祝寿。

在祝寿进行中，他的一个孙子问："爷爷，您这一辈子中，在那么多领域做出了那么多的成绩，您最得意的是哪一件呢？"

老人想了想说："是我要做的下一件事情。"

另一个孙子问："那么，您最高兴的一天是哪一天呢？"

老人回答："是明天，明天我就要着手新的工作，这对于我来说是最高兴的事。"

这时，老人的一个重孙子，虽然还三十岁不到，但已是名闻天下的大作家了，站起来问："那么，老爷爷，最令你感到骄傲的子孙是哪一个呢？"说完，他就支起耳朵，等着老人宣布自己的名字。

没想到老人竟说："我对你们每个人都是满意的，但要说最满意的人，现在还没有。"

这个重孙子的脸陡地红了，心有不甘地问："您这一辈子，没有做成一件感到最得意的事情，没有过一天最高兴的日子，也没有一个令您最满意的子孙,您这100年不是白活了吗?"

此言一出,立即遭到了几个叔叔的斥责。老人却不以为忤,反而哈哈大笑起来:"我的孩子,我来给你说一个故事:一个在沙漠里迷路的人,就剩下半瓶水,整整5天,他一直没舍得喝一口,后来,他终于走出了大沙漠。现在,我来问你们,如果他当天喝完那瓶水的话,他还能走出大沙漠吗?"

老人的子孙们异口同声地回答:"不能!"

老人问:"为什么呢?"

他的重孙子作家说:"因为他会丧失希望和意念,他的生命很快就会枯竭。"

老人问:"你既然明白这个道理,为什么不能明白我刚才的回答呢?希望和意念,也正是我生命不竭的原因所在呀!"

5. 我在你身边

很多时候,我们所需要的仅是一两句话,不过那话里有一颗真爱的心。

有一个叫德诺的少年,10岁那年,他因输血不幸染上了艾滋病,伙伴们都躲着他,只有大他4岁的爱笛依旧像从前一样跟他玩耍。

一个偶然的机会,爱笛在杂志上看见一则消息,说新奥尔良的费医生找到了能治疗艾滋病的植物,这让他兴奋不已。于是,他带着德诺,悄悄地踏上了去新奥尔良的路。

为了省钱,他们晚上就睡在帐篷里,德诺的咳嗽多起来,从家里带来的药也快吃完了。这天夜里，德诺冷得直发抖，他用微弱的声音告诉爱笛，他梦见200亿年前的宇宙了，星星的光是那么暗，他一个人呆在那里，找不到回来的路。爱笛把自己的鞋塞到德诺的手上："以后睡觉，就抱着我的鞋，想想爱笛的臭鞋还在你手上，爱笛肯定就在附近。"

他们身上的钱差不多用完了，可离新奥尔良的路还很远。德诺的身体越来越弱，爱笛不得不放弃了计划，带着德诺又回到了家乡。爱笛依旧常常去病房看德诺，他们有时还会玩装死游戏吓医院的护士。

秋天的一个下午，阳光照着德诺瘦弱苍白的脸，爱笛问他想不想再玩装死的游戏，德诺点点头，然而这回，德诺却没有在医生为他摸脉时忽然睁开眼笑起来。他真的死了！

那天，爱笛陪着德诺的妈妈回家。两人一路无语，直到分手的时候，爱笛才抽泣着说："我很难过，没能为德诺找到治病的药。"

德诺的妈妈泪如泉涌："不，爱笛，你找到了。"她紧紧搂着爱笛，"你给了他快乐，给了他友情，给了他一只鞋，他一直为有你这个朋友而满足。"

生活中，我们需要的往往不是别的，只是一只鞋；需要我们给予别人的，也往往不是别的，也许只是一只鞋。

第二篇 凡人的世界

6. 学会忍耐

如果我们能够去体验生命中的每一个处境，真正的选择就是忍耐。

一个人慢悠悠地走在马路上，任凭身后的汽车喇叭叫个不停，他却仍然不慌不忙，一副很不情愿让路的样子，嘴里还嘟嘟囔囔："你着急，谁不着急?有种就开上来吧!"

后来，这个人坐到了汽车上，又非常愤恨那些不及时让路的步行者和骑车人，甚至动不动就出口不逊："怎么?找死啊!"

在站牌下等车的时候，他又恨不得让每一辆过来的公交车都在此立即停下。

后来，这个人终于挤到了车上，但他立即就喝令关上车门，并怒目而视那些仍然往上挤的人。

同是一个人，在车下是一种态度，在车上又是一种态度。在车下的时候，看着车上的人有毛病；等到自己上了车，又反过来看着车下的人有毛病。

在我们的生活中，总是"车下的"人多，"车上的"人少。所以，当"车下的"挡路、挤车或者出怨气、发牢骚的时候，"车上的"一定要忍耐一些，宽宏一些。

7. 寻找幸福

幸福就是选择好自己的心态，放弃自己的眼泪。

一位少妇，回家与母亲倾诉，说婚姻很是糟糕，丈夫既没有很多的钱，也没有好的职业，生活总是周而复始，单调无味。母亲笑着问："你们在一起的时间多吗？"女儿说："太多了。"母亲说："当年，你父亲上战场，我每日期盼的，是他能早日从战场上凯旋，与他整日厮守，可惜他在一次战斗中牺牲了，再也没有能够回来，我真羡慕你们能够朝夕相处。"说着母亲沧桑的老泪一滴滴掉下来，渐渐地，女儿仿佛明白了什么。

一群男青年，在餐桌上谈起自己的老婆，说自己总是被管束得太严，几乎失去了自由，扬言回家要和老婆怎么怎么斗争。邻桌的一位老叟默默地听了，起身向他们敬酒，问，你们的夫人都是本份人吗？男青年们点头。老叟叹了一口气，说："我爱人当年对我也是管得太死，我愤然离婚，以至于她后来抑郁而终，如果有机会，我希望能当面向她道一次歉，请求她时时刻刻地看管着我，小伙子，好好珍惜缘份呀！"男青年们望着神色黯然的老叟，沉默不语，若有所悟。

一位干部，因为人员分流，从领导岗位上退了下来，一时间萎靡不振，与从前判若两人。妻子劝慰他："仕途难道是人生的最大追求吗？你至少还有学历还有专业技术呀，你还可以重新开始你新的事业呀，你一直是个善待生活的人，我们并不会因为你不做领导而对你另眼相待，在我的眼里，你还是我的丈夫，还是孩子的父亲，亲爱的，我现在甚至比以前更加爱你。"丈夫望着妻子，久久不语。

一位盲人，在剧院欣赏一场音乐会，交响乐时而凝重低缓，时而明快热烈，时而浓云蔽日，时而云开雾散，盲人惊喜地拉着身边的人说，他看见了，看见了山川，看见了花草，看见了光明的世界和七彩的人生……

一个听力失聪的孩子，在画展上看到一幅幅作品，他目不转睛地看着，忽然转身，微笑着大声地对旁边的父母说，他听到了，听到了小鸟的歌唱，听到了瀑布的轰鸣，还有风儿呼啸的声音……

幸福在哪里？我们努力寻找答案。其实，幸福是一个多元化的命题，我们在追求着幸福，幸福也时刻伴随着我们。只不过，很多时候，我们身处幸福的山中，但看到的总是别人的幸福风景，往往没有悉心感受自己所拥有的幸福天地。

8. 不苛求朋友的回报

你可以给朋友很多，但你不要苛求朋友给你回报。

我爷爷跟我讲过一个这样的故事：

从前有一个仗义的人，广交天下豪杰。临终前对他儿子讲："别看我自小在江湖闯荡，结交的人如过江之鲫，其实我这一生就交了一个半朋友。"

儿子纳闷不已。他的父亲就贴在他的耳朵边交代一番，然后对他说："你按我说的去见见我的这一个半朋友，朋友的要义你自然就会懂得。"

儿子先去了他父亲认定的"一个朋友"那里，对他说："我是某某的儿子，现在正被朝廷追杀，情急之下投身你处，希望予以搭救！"这人一听，容不得思索，赶快叫来自己的儿子，喝令儿子速速将衣服换下，穿在了眼前这个并不相识的"朝廷要犯"身上，而自己儿子却穿上了"朝廷要犯"的衣服。

儿子明白了：在你生死攸关时刻，那个能为你肝胆相照，甚至不惜割舍自己亲生骨肉搭救你的人，可以称作你的一个朋友。这就是"一个朋友"的选择。

儿子又去了他父亲说的"半个朋友"那里，把同样的话又叙说了一遍。这"半个朋友"听了，对眼前这个求救的"朝廷要犯"说："孩子，这等大事我可救不了你，我这里给你足够的盘缠，你远走高飞快快逃命，我保证不会向钦官告发……"

儿子明白：在你患难时刻，那个能够明哲保身，不落井下石加害你的人，也可称作你的半个朋友。这也是"半个朋友"的选择。

你可以广结朋友，也不妨对朋友用心善待，但绝不可以苛求朋友给你同样回报。善待朋友是一件纯粹的快乐的事，其意义也常在于此。如果苛求回报，快乐就大打折扣，而且失望也同时隐伏。毕竟，你待他人好与他人待你好是两码事，就像给予与被给予是两码事一样。

9. 等人不超过45分钟

你可以选择等待，但有个时限，如果时限一过，你要懂得去放弃。

有位朋友，香港人，为人明快，写文章做学问也都干净利落，令人羡慕。

有一次我经过香港，他请我吃饭，电话里他形容出地铁后的相见地点，讲得清楚明白，有如军事地图：

"只约在地铁是不行的，还得要说明出口。不然地铁那么大的范围，一定跑错，说明出口还不够，每个大出口还分几个小出口。"

我听他认真陈述，对自己平日的粗心大意不胜惭愧。

他不单把空间形容得一清二楚，接着他又开始讲时间：

"我们约六点半见面，但世界上的事很难讲，有时地铁停电的事也不是不会发生。总之，你先到你等一下，我先到我等一下。但如果等了45分钟还没有出现，那就是发生不可抗拒的事情了。那时候，我们就各自想办法自己去吃晚饭，谁也别等谁了。总之，在这个世界上无论为了什么理由，都不能等人等到超过45分钟以上。"

事后我想起有位朋友时我讲了个故事：一对年轻的男孩和女孩，相约在图书馆见面，不料空等了许久，彼此竟没见到。年轻气盛，两人也没解释什么便轻易分手了。20年后偶遇，早已是男婚女嫁。基于好奇，他们质问对方当年为何不赴约。答案很悲伤，原来他们一个人在图书馆里面等，一个人在图书馆外面等。

另外一个约会失误的故事也相仿。按照美国人的习惯。如果写11/12，就是指11月12日，而在英国的解读法，指的是12月11日，一对异国恋人便因此而相失相误了。

庄子的书中有位尾生，尾生与女子相约于桥下。女人不来，尾生大概是遵循那种"不见不散"原则的人，便继续等下去。不幸当日溪水暴涨，尾生抱着桥柱，活活淹死了。

这种事，碰到我那位香港朋友，也可逃过一劫。管你是天皇老子，45分钟一过，他绝对走开，去找食物喂饱自己。这也好，减少我不少心理负担，万一我因事不能到(例如临时昏倒住院)，对方却没日没夜一直苦等下去，那真是可怕的梦魇。

不知道香港人中像我那位朋友那么精确的人多不多？我自己的观察是港人比较具有"忧患意识"，懂得保护自己少吃亏。港人很早就进入商业社会，办起事来历历分明。而且，似乎从英国人那里学会了管理观念，所以凡事井井有条。

世上的人，似乎无论是谁，都不必在约会中等他到45分钟以上。就算是情人，如无特殊理由也可以就此休矣。这位朋友用这么简单的数字就把一件麻烦的事了断得如此清明，我不胜佩服。

10. 真诚的力量

人是很容易被感动的，而感动一个人靠的未必都是慷慨的施舍、巨大的投入。往往一句热情的问候，一个温馨微笑，就足以唤醒一颗冷漠的心。

20世纪30年代，在德国的一个小镇，有一个犹太传教士，每天早晨总是按时到一条幽静的小路上散步。不论见到谁，他总会热情地打一声招呼："早安！"

小镇上一个叫米勒的年轻人，对传教士每天早晨的问候，反应很冷淡，甚至连头都不点一下。然而，面对米勒的冷漠，传教士未曾改变他的热情，每天早晨依然给这个年轻人道早安。几年以后，德国的纳粹党上台执政，传教士和镇上的犹太人，都被纳粹党集中起来，送往集中营。下了火车，列队前行的时候，有一个手拿指挥棒的军官，在队列前挥舞着指挥棒，叫道："左、右。"指向左边的将被处死，指向右边的则有生还的希望。轮到点传教士的名字了，当他无望地抬起头来，眼睛一下子与军官的眼睛相遇了。传教士不由自主地脱口而出："早安，米勒先生。"

米勒虽然板着一副冷酷的面孔，但仍禁不住说了一声："早安。"声音低得只有他们两人才能听到。然后，米勒果断地将指挥棒往右边一指。

传教士获得了生的希望……

11. 选择不到幸福

有时我们可以选择生命，但我们难以去选择幸福，因为我们不懂得去放弃。

有一个名叫韦格的奥地利女孩，天生丽质，聪慧可人。她在一所大学专修油画，她的男友为她筹备个人画展。当出现经济危机时，男友鼓励她参加世界小姐选美，因为初赛的奖金高达5000美元。她去了，而且一路选到了拉斯维加斯，最后她成了1987年度的世界小姐，一下子站在了荣耀和财富的顶端。

可当她的事业如日中天之时，她患上了一种名叫"克里曼特"的综合症。这种病症的最大危机在于，双眼会逐渐衰竭，直到失明。韦格绝望地陷入黑暗之中了。消息传出，一位名叫帕迪的南非小男孩给她寄来了一包土，说他们那里的人用此治病。韦格虽不相信那包土，但还是怀着姑且一试的想法用了。奇迹却发生了，她康复了。

韦格后来嫁给一个美国富翁。

她先后嫁了六次，可是没有一个男人令她倾心。她自杀了。

关于这个故事，一百个人能会有一百种说法，可我要告诉你的是：你可以用自己不喜欢的方式赚到财富，也可以用自己不相信的药治好病，但你无法从自己不爱的人身上获得幸福。

12. 希望的种子

> 向往光明的希望之种，往往在最黑暗的日子里悄悄播入人们的心田。

1942年寒冬，纳粹集中营内，一个孤独的男孩正从铁栏杆向外张望。恰好此时，一个女孩从集中营前经过。看得出，那女孩同样也被男孩的出现所吸引。为了表达她内心的情感，她将一个红苹果扔进铁栏。一只象征生命、希望和爱情的红苹果。

男孩弯腰拾起那个红苹果，一束光明照进了他那尘封已久的心田。第二天，男孩又到铁栏边，尽管为自己的做法感到可笑和不可思议，但他还是倚栏而望，企盼她的到来。终于，她来了，手里拿着红苹果。

这动人的情景又持续了好几天。铁栏内外两颗年轻的心天天渴望重逢：即使只是一小会儿，即使只有几句话。

这一天，男孩眉头紧锁对心爱的姑娘说："明天你就不用再来了。他们将把我转到另一个集中营去。"说完，他便转身而去，连回头再看一眼的勇气都没有。

从此以后，每当痛苦来临，女孩那恬静的身影便会出现在他的脑海中。她的明眸，她的关怀，她的红苹果，所有这些都在漫漫长夜给他送去慰藉，带来温暖。战争中，他的家人惨遭杀害，他所认识的亲人都不复存在。惟有这女孩的音容笑貌留存心底，给予他生的希望。

1957年的一天，美国两位成年移民无意中坐到一起。"大战时您在何处?"女士问道。"那时我被关在德国的一座集中营里。"男士答道。

"哦!我曾向一位被关在德国集中营里的男孩递过苹果。"女士回忆道。

男士猛吃一惊,他问道:"那男孩是不是有一天曾对你说,明天你就不用再来了,他将被移到另一个集中营去?"

"啊!是的。可您是怎么知道的?"

男士盯着她的眼:"那就是我。"

好一阵沉默。

"从那时起,"男士说道,"我就再也不想失去你了。愿意嫁给我吗?"

"愿意。"她说。

他们紧紧地拥抱。

1996年情人节。在温弗利主持的一个向全美播出的节目中,故事的男主人公在现场向人们表达了他对妻子40年忠贞不渝的爱。

"在纳粹集中营",他说,"你的爱温暖了我。这些年来,是你的爱,使我获得滋养。可我现在仍如饥似渴,企盼你的爱能伴我到永远。"

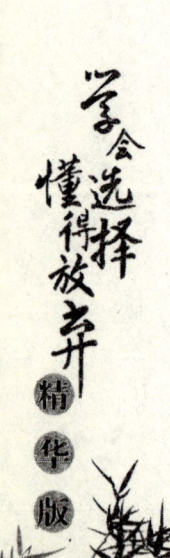

13. 幸福钥匙

时常,在心灵与心灵产生隔阂的时候,我们总是抱怨别人的不理解和冷漠,却总是忘记我们的那把钥匙,那把通往别人心灵的钥匙,能打开自己,也能打开别人。

162

沙莲娜是美国加州大学最年轻的讲师，比尔是加州一位年轻有为的律师，新婚还不到一年，他们已经开始感受到了爱情被婚姻包围住后的枯燥和无奈，但他们都还记得他们浪漫的新婚之夜：

他们是第一批报名参加在加州大酒店举行新创意集体婚礼的。在集体婚礼的舞会上，比尔和沙莲娜的舞蹈得到了很多赞美和祝福。那天晚上，当他们要求回他们的新婚房间时，主持婚礼的司仪给了他们每人一把钥匙，这让他们莫名其妙。晚上当他们一起赶到属于他们的新房时，发现那个用两颗心叠在一起的锁好别致呀，比尔掏出自己的钥匙插在左面的锁孔里，门锁不动，插到右面也不行。沙莲娜说两个一起来，于是比尔把自己的钥匙又插了进去，他们同时转动钥匙，门开了。在房间里等待着他们的有蜡烛、浪漫的音乐，还有几个时尚杂志的记者，他们把陶醉在爱情中的比尔和沙莲娜拍摄成了明星一样的人物，还上了杂志封面。

婚后的日子一直被这种快乐的浪漫包围着，他们都认真地经营着自己的感情，培养着爱情的土壤和花。然而时间把一切有香味的东西都逐渐淡忘，渐渐地他们有了争吵。比尔开始嫌弃沙莲娜不懂得爱情的细节，不懂得在他的咖啡里多加些方糖，而沙莲娜也发现比尔一直不注意她新更换了一套裙子，还发现比尔开始有说话不自然的电话，甚至有时候借口工作加班不回家吃晚饭。最后比尔提出了分居。

沙莲娜实在受不了这种有隔阂的生活，同意了比尔的要求，在收拾她自己的东西的时候，她发现她的钥匙，不是钥匙，是一个像钥匙一样的纪念品。原来是他们新婚之夜酒店奉送给他们的用玉石打制的两把钥匙的纪念品，酒店给它的名字叫"幸福钥匙"，可以凭这一对钥匙免费消费一个晚上。两个人同时打开一个门，幸福的钥匙打开幸福的门。沙莲娜忽然想到了这样的主意：去加州大酒店再住一晚。

比尔也不知道沙莲娜为什么心血来潮非要去加州大酒店里住一个晚上然后才同意分居。可当比尔把钥匙插进锁孔，看了一眼沙莲娜的时候，他一下子好像回到了一年前，那一双柔柔的眼睛里不是满是关心吗？一二三，门开了。令比尔意外的是和他们新婚时一样的设计，蜡烛和音乐。那一瞬间，一切琐碎的细节都显得好笑，而真正的爱情并没有远离他们。第二天，比尔郑重地向沙莲娜请求重新开始，婚后的恋爱又开始了。

14. 自欺欺人的"夫人"

自欺并不是什么坏事，关键你不要欺心。

王青一直认为自己很幸运，找了一个帅哥，一个被众姐妹羡慕的白马王子。但那是个白天的戏，夜晚来临，她就得扮演披头散发的女奴。

丈夫比自己小3岁，家庭背景体面，又在外资企业里做主管，风度翩翩。但实际上，这个男主角外壳坚硬，而内心却很自卑。

可是，这个在外被大家"宠"坏的长不大的孩子，占有欲又极强。于是，便借一次又一次对妻子的征服、欺凌、虐待，来确定自己的权威与魄力。

而更可悲的是，女主角王青居然忍了近10年，她说，他还小，耍小孩子脾气，忍一些时日，他会浪子回头的。

每次丈夫动粗时，王青只苦苦哀求，别打她的脸就好，因为那会被别人看到，那很丢人！总以为哀兵政策会软化他冷酷的心，总以为他会长大，不再分裂成白天与夜晚截然不同的两种角色。但，这是痴心妄想！

或许，爱神真的是个瞎子。他只负责给你冲动、感动、激动，他只诱发你幻想、变傻、变痴，然后只见树木、不见森林……他让当局者迷失方向，情不自禁，却又不自知、不觉醒，赔了青春之后，才发现一切已晚了，只好忍着，以为太阳下山了，还有星星会缀补那颗受伤的心……

忠贞，但不要愚忠；放弃，但不要失去自我。幸福如同穿鞋是否舒服，只有自己知道。有些幸福，对自己而言，是如此真实，但在外界看来，却不精彩；有些"体面"与"光荣"，人们是如此看好，但身陷其中的你，才真正体会到"败絮"的无奈。这时，你要清醒，要学会保护自己，学会一点点自私，毕竟，爱神是不管"幸福"一事的，只有你才可以创造幸福。

15. 父亲俱废的手

真正的爱是在选择与放弃之间产生的。

很久很久以前，中原一户农家有个顽劣的子弟，读书不成，反把老师的胡子一根根都拔下来；种田也不成，一时兴起，又把家里的麦田都砍得七零八落。每天只跟着狐朋狗友打架惹事，偷鸡摸狗。

他的父亲，一位忠厚的庄稼人，忍不住呵斥了他几句。儿子不服，反而破口大骂。父亲不得已，操起菜刀吓唬他。没想到儿子冲过来抢过刀子，一刀挥去。

老人捧着受伤的右手倒在地上，鲜血淋漓，痛苦地呻吟着。而酿成大祸的儿子，竟连看都不看一眼，扬长而去，从此生死不知。

儿子再回来的时候，已是将军了。起豪宅，娶美妾，多少算有身份的人，要讲点面子，遂也把父亲安置在后院，却一直冷漠，开口闭口"老狗奴"，自己夜夜笙歌，父亲连想要一口水喝，也得自己用残缺的手拎着水桶去井边提。

邻人都道:"这种逆子,雷怎么不劈了他?"

也许是真有天道报应吧。一夜,将军的仇家寻仇而来,直杀入内室。大宅里,那么多的幕僚、护卫都逃得光光的,眼看将军就要死在刀下。突然,老人从后院冲了进来,用左手死死地握住了刀刃。他不顾命的悍猛连刺客都惊了一下,他便趁这一刻的间隙大喊:"儿啊,快跑!快跑!"

自此,老人双手俱废。

三天后,逃亡的儿子回来了。他径直走到三天不眠不休、翘首期盼的父亲面前,深深地叩下头,含泪叫了一声:"爹——"

不知道痴痴地、眼睁睁地盼回儿子后,他要说什么,但我们知道不会变的必是无法按捺的宽厚深情。其实,人间有多少这样守护不变的真情啊,相信你也体会得到。

16. 生死相依

凡是相濡以沫的夫妻,都会以生命去做自己的选择。

一对老夫妻回青岛老家探亲,途中遭遇了轮船底舱起火即将爆炸沉船的险情。面对船长毅然下达的穿上救生衣、跳至橡皮筏上逃生的命令,体弱多病的老头对老伴儿说:"我有病在身跳不了船,你就不要管我了,赶快逃生吧。"老伴儿说:"我一个人逃就是活下来又有什么意思?我绝不能把你扔在船上,我就守着你,咱们要死就死在一起。"老头说:"这怎么行?一辈子你跟着我没享多少福,到了这生死攸关的时候我不能拖累了你。"老伴儿说:"没有你了我活着还有什么意思?跟着你无论是死是活那都是福。"

于是，这艘轮船上120多名乘客中惟一一对没有跳船的老夫妻，手拉着手紧紧依偎着平静沉稳地迎接即将到来的不幸。也许是被他们忠贞不渝的感情感动了，一副软梯为他们搭就了一条通向生还的路，他们相扶着用相互给予的爱支撑着彼此，奇迹般地迈过了这道生死的门槛儿。事后，老头感激地说："如果没有老伴儿陪着我，我是无论如何都活不下来的，是老伴帮我捡回了这条老命。"老伴儿淡淡地说："这有什么!两口子就应该同甘共苦相依为命啊。"

平平淡淡的生活中，生死相依的爱情似乎离我们很远，但轮船上这对老夫妻的故事，向人们演绎了爱情的真谛。

17. 老观念，新观念

敢于摆脱新老观念的束缚，自始至终地爱一个人需要勇气，特别是当对方移情别恋时。这种选择，充满了温暖和力量，亘古不变。

一个男人非常爱他的老婆。但这个男人有些粗心，当察觉老婆移情别恋时，老婆已决心要嫁给别人，只等与他摊牌离婚了。

他有点儿措手不及，想听听旁人的意见。

一起长大的那帮小兄弟得知此事全都愤愤不平。少年时代，这个男人是小兄弟中威信最高的一个。他们看着他恋爱、结婚，当初他们还嫌那黄毛小丫头配不上他呢，没料她现在倒反过来要蹬了他，这口气哪能咽得下。"离婚?有那么方便吗?这不便宜了她?""这样的女人，要好好教训她!""她竟敢背叛你,凭你的条件,也找个女人气气她。"

比起来,大学同学和现在的同事要知书达理些。他们公认他的老婆是个聪慧的丽人。"你要是真爱她,不妨成全她,她一定会在心里感激你,珍藏你们曾有的感情,说不定还会后悔与你分手。""天涯何处无芳草,凭你的条件,好女孩召之即来。"……

他是个明白人。他知道前者是千年流传的老观念,由着性子他真想这样做,做它个扬眉吐气;但他知道后者是时下流行的新观念,以自己一贯的处事方式应该这样做,潇洒道一声再见,重新展开生活。那么他最后究竟是怎么做的呢?他没有教训她,他不忍;他也没有让她走,他不舍。

小兄弟们骂他缺少气概,他说是的是的;同学同事说他缺少气度,他说是的是的。他觉得她在自己的心里面,没有东西可以替代,无论发生什么变故,也是如此。他将这番意思告诉她,她立刻决定留下来。留下来是因为她忽然懂得,这样的男人的爱也是无可替代的。

后来他想,自己这回没按老观念也没按新观念行事,实在是因为真爱她。爱的观念,无新老之说,亘古不变。

18. 爱的盼望

有时,对于远方爱你的人来说,爱的盼望并非一定是贵重的物品或金银,也许就是报文上开篇的三个字和你那宽厚的肩膀。

有这样一则故事:

有一个英国人到瑞士出差，办完事后，打算尽快起程回家，可他到邮局给妻子发电报时，身上的钱已花得差不多了。于是他把拟好的电报交给营业员小姐，请她为他算算价，小姐算算字数并报了价，他发现身上的钱不够了，就说："请把电文中'亲爱的'三个字去掉，钱就够了。"不料，小姐笑起来："不，这三个字无论如何不能去掉，妻子最盼望的就是这三个字，请不必为难，这钱我代您出。"

故事不长，却很感人。这不由使我想起去年春节探家前的一段经历。

我独闯报海近一年，也不曾回家探望妻儿。好不容易熬到春节，老总慈悲大发，放了我们几个异地工仔一周大假。我们兴奋异常，忙抽空办置佳节物品。

此时，我觉得应给妻子买件贵重的礼品，也算对操劳持家的妻子的一点补偿吧。于是，临走的前一天，我给妻子挂了个电话。

"亲爱的，现在你盼望得到的东西是什么，我一定满足。"

妻子在电话那头慢慢地说："我最需要的是你的肩膀。"

此时，我读懂了妻子的心，随即改买了一张当晚的车票。

19. 母亲的"谎言"

选择善意的欺骗可以拯救一颗心灵。

有一个小男孩在大街上玩耍时，被迎面而来的汽车撞倒，由于抢救不及时，他的双手和胳膊都被截掉了。后来到了读书的年龄，他却不能像其他孩子那样用手灵活地翻书写字，也由此而被拒于校门之外。

每天早晨，男孩看着伙伴们兴高采烈地去学校，便十分伤心地问妈妈："我没有手，怎么办呀？"妈妈怜爱地抚摸着孩子的头说："孩子，不要紧的，只要你坚持锻炼，你的手还会再长出来的。"

小男孩露出灿烂的笑靥，于是在妈妈的帮助和指导下，他天天刻苦锻炼，学着用脚洗脸、吃饭、写字，并争取力所能及的事情不让妈妈帮忙。男孩满怀憧憬，他坚信只要努力练习手还会再长出来，他一直牢记妈妈的话。

好几年过去了，练了这么久，小男孩发现手还是没有长出来。他有些不甘心地问妈妈："我的手怎么还没有长出来呢？是不是我练得不够刻苦？"

这一次，妈妈很认真地看着孩子的眼睛说："傻孩子，现在你看看别人用手做的事情，你什么不会做呀！""是的，我的脚都会做，比伙伴们的手做得还要好呢！"小男孩自豪而得意地说。

"那你说你的手长出来没有？记着，孩子，每个人都有一双强有力的手。而这双手就在你的心里，只要你愿意，它就能帮助你战胜一切困难和不幸。"

男孩终于明白了，妈妈的确没有骗他，经过千锤百炼的手是永远也不会断的，它永远长在心里。

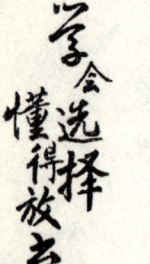

20. 用毒药害婆婆

世上没有用毒药能根除掉的怨恨，只有用爱来彼此相待，才能冲洗去心中难平的气，才能换回彼此的和睦相处。

很久以前，有一个名叫莉莉的女孩出嫁了，出嫁之后，莉莉跟丈夫和婆婆住在一起。婚后不久莉莉就发现她根本无法与婆婆相处。她们的性格有天壤之别，莉莉经常被婆婆的一些习惯搞得很生气。不仅如此，婆婆还不断地苛责莉莉。

日子一天一天地过去，莉莉和她的婆婆没有一天能停止吵闹和争斗，家中所有的愤怒和不快也越积越多，莉莉可怜的丈夫夹在当中，也痛苦不堪。

最终，莉莉再也受不了婆婆的坏脾气和颐指气使，她决定不能再这样忍气吞声下去了，她必须救自己。

于是莉莉去找她父亲的一位朋友——卖中药的黄先生。她将自己的处境告诉了他，并问他是否可以给她一些毒药，这样她就能一了百了，把所有的问题都解决掉。黄先生想了一会儿，最后说："我可以帮你解决问题，但你必须听我的话，按照我讲的去做。"莉莉说："是的，黄先生，我会遵照你说的每一个字去做。"黄先生进了里屋，几分钟过后他从里面出来，拿着一包草药。他告诉莉莉："你不能用见效快的毒药除掉你婆婆，因为那样会让人怀疑到你。因此，我给你的几种中药是慢性的，毒性将会在你婆婆体内慢慢培植。你最好天天都要给她做些鸡鱼肉类，再放少量的毒药在她的菜里面。还有，为了让别人在她死的时候不至于怀疑你，你必须对她恭恭敬敬。不要同她争吵，对她言听计从，对待她像对待一个王后。"莉莉高兴地答应下来。她谢过黄先生，急急赶回家，开始实施她谋杀婆婆的计划。

几个星期过去了，几个月也过去了，每一天，莉莉都精心烹制有毒药的饭菜伺候婆婆。她记得黄先生说过的话"要避免引起怀疑"，因此她控制自己的脾气，服从她的婆婆，对待她像对待自己的亲生母亲一样。就这样半年过去了，整个家都变了样。莉莉将自己的情绪控制得很好，她甚至发现自己几乎不会动怒，更不会像以前那样被婆婆的言行气得发疯。半年里她没有跟婆婆发生过一次争执，婆婆在她的眼中，也比以前和善得多，容易相处得多了。

婆婆对莉莉的态度也改变了，她开始像爱自己的女儿一样爱莉莉。婆婆不住地向邻里街坊和亲戚朋友夸莉莉，说她是天底下能找得着的最好的儿媳妇。莉莉和她的婆婆现在真的像亲母女一样和睦相处了，看到这一切，莉莉的丈夫由衷地高兴。

一天，莉莉又去见黄先生，再次寻求他的帮助。她说："亲爱的黄先生，请帮我制止那些毒药的毒性，别让它们杀死我的婆婆！她已经变成一个好女人了，我爱她像爱自己的母亲一样。我不想她因为我下的毒药而死。"

黄先生颔首微笑："莉莉，尽管放心好了，我从来没给你什么毒药，我给你的药只不过是些滋补身体的草药，那只会增进她的健康。其实，惟一的毒药在你的心里，在你对待她的态度里，但值得庆幸的是，那已经被你给她的爱冲洗得无影无踪了。"

21. 父亲五元钱的故事

五元钱尽管不多，但有时它可以救活一个人，有时它又可以扼杀一个人。

五元钱能够干什么？那一天我突然问自己，我4岁的女儿听见了，大声地说可以买两支冰淇淋。我什么也说不出来，我想起了父亲和5元钱的故事。

那一年父亲上完小学，并以优秀的成绩考取了县一中，正当他满怀希望地迎接新学年到来的时候，我爷爷对他说，别上了，在家里割草吧。父亲的梦一下子被打碎了，他整日地哭泣，并拒绝干任何事情。爷爷没有办法，最后说，你自己挣够学费，你就上。

学费是5元，对今天的孩子来说只是两支冰淇淋的价格，但对30年前的父亲来说是一笔不小的数目。爷爷说这句话，其实压根儿就没想让父亲去上学。

父亲沉默了好多天，最后他拿起镰刀，第一次向命运挑战，他冒着盛夏的酷热，钻进田间地头给生产队割青草，有时一天割的青草捆起来比他人还高，足有100多斤。100斤青草生产队给算5个工分，那一年一个工分大约合5分钱，这样父亲最多的一天能挣到0.25元了，20多天就能挣够5元钱。他一遍又一遍地计算着，仿佛一个登山者不断地抬头看着距离山顶的路。最后，父亲离自己的目标只有一步之遥了，再割100斤青草，就凑够5元钱了。

那一天早上父亲起得特别早，他激动地走在田间小道上，仿佛看到了自己已身处课堂的情景。那一天特别炎热，但父亲已顾不得了，拼命地割着草。汗水湿透了他的衣服，最后他感到头晕脑胀，迷迷糊糊地举起镰刀一下子割在了自己腿上，血从他的腿上流出，他倒在了地上。等他从病床上爬起来的时候，县一中已开学半个多月了。而爷爷也说，为了给他治腿伤，花了十几块钱，学上不成了。

在我的记忆中，每当我跟父亲要钱的时候，他从来没有说过不给。甚至在外求学时，我想喂一喂肚子里的馋虫却说谎要订复习资料的时候，父亲也从未问过什么，即使东借西凑他也把钱如数寄来。直到有一天，父亲给我讲了5元钱的故事，我后悔地跑到校外树林里，把头撞到一棵小树上，让疼痛减轻我内心的愧疚。从那时起，在校期间我便再也没有吃过食堂以外的任何食品了。

我感谢父亲给我讲的故事，让我再告诉我的女儿吧，也许长大了她会说5元钱能做很多事情，甚至能改变一个人的一生。

5元钱改变了一生，这是祖辈留给我们的遗憾往事，同样留给我们的是，好好把握今天、把握人生、珍惜我们今天的一切的至深领悟。

22. 擦亮自己做人的牌子

选择了欺骗顾客，顾客就懂得放弃店主。

有一对夫妻，下岗后开了家烧酒店，自己烧酒卖，也算有条活路。

丈夫是个老实人，为人真诚、热情，烧制的酒也好，人称"小茅台"，有道是"酒香不怕巷子深"，一传十，十传百，酒店生意兴隆，常常是供不应求。

看到生意如此之好，夫妻俩便决定把挣来的钱投进去，再添置一台烧酒设备，扩大生产规模，增加酒的产量。这样，一可满足顾客需求，二可增加收入，早日致富。

这天，丈夫外出购买设备，临行之前，把酒店的事都交给了妻子，叮嘱妻子一定要善待每一位顾客，诚实经营，不要与顾客发生争吵……

一个月后，丈夫外出归来。妻子一见丈夫，便按捺不住内心的激动，神秘兮兮地说："这几天，我可知道了做生意的秘诀，像你那样永远发不了财。"丈夫一脸愕然，不解地说："做生意靠的是信誉，咱家烧的酒好，卖的量足，价钱合理，所以大伙才愿意买咱家的酒，除此还能有什么秘诀？"

妻子听后，用手指着丈夫的头，自作聪明地说："你这榆木脑袋，现在谁还像你这样做生意，你知道吗？这几天我赚的钱比过去一个月挣的还多。秘诀就是，我给酒里兑了水。"

· 174 ·

丈夫一听，肺都要气炸了，他没想到，妻子竟然会往酒里兑水，他冲着妻子就是重重的一记耳光。他知道妻子这种坑害顾客的行为，将他们苦心经营的酒店的牌子砸了，他知道这将意味着什么。

从那以后，尽管丈夫想了许多办法，竭力挽回妻子给酒店信誉所带来的损害，可"酒里兑水"这件事还是被顾客发现了，酒店的生意日渐冷清，后来就不得不关门停业了。

其实，做生意也是经营人生。给酒兑水，表现上看是坏了产品，影响的是生意，但折射出的实质是低劣的人品——弄虚作假、不诚实。失去了人们的信任，失去了酒店的信誉，欺骗别人一次，影响自己一生。

23. 征服

有时罪恶会被一个幼小的生命征服，不是因为他强大和伟大，而是仅仅在于他是一个需要生存权利的生命而已。生命的征服就是如此简单。

有一劫犯在抢劫银行时被警察包围，无路可退。情急之下，劫犯顺手从人群中拉过一人当人质。他用枪顶着人质的头部，威胁警察不要走近，并且喝令人质要听从他的命令。警察四散包围，劫犯挟持人质向外突围。突然，人质大声呻吟起来。劫犯忙喝令人质住口，但人质的呻吟声越来越大，最后竟然成了痛苦的呐喊。

劫犯慌乱之中才注意到人质原来是一个孕妇，她痛苦的声音和表情证明她在极度惊吓之下马上要生产了。鲜血已经染红了孕妇的衣服，情况十分危急。

一边是漫长无期的牢狱之灾，一边是一个即将出生的生命，劫犯犹豫了。选择一个便意味放弃另一个，而每一个选择都是无比艰难的。四周的人群，包括警察在内都注视着劫犯的一举一动，因为劫犯目前的选择是一场良心、道德与金钱、罪恶的较量。

终于，他将枪扔在了地上，随即举起了双手，警察一拥而上，围观者中竟然响起了掌声。

孕妇不能自持，众人要送她去医院。已戴上手铐的劫犯忽然说："请等一等好吗？我是医生！"警察迟疑了一下，劫犯继续说"孕妇已无法坚持到医院，随时会有生命危险，请相信我！"警察终于打开了劫犯的手铐。

一声洪亮的啼哭声惊动了所有的人，人们高呼万岁，相互拥抱。劫犯双手沾满鲜血——是一个崭新生命的鲜血，而不是罪恶的鲜血。他的脸上挂着职业的满足和微笑。人们向他致意，竟忘了他是一个劫犯。

警察将手铐戴在他手上，他说："谢谢你们让我尽了一个医生的职责。这个小生命是我从医以来第一个从我枪口下出生的婴儿，他的勇敢征服了我。我现在希望自己不是劫犯，而是一名救死扶伤的医生。"

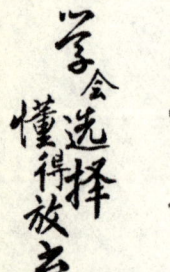

24. 选择比什么都重要

当我们慢慢长大，成熟，我们会逐渐明白很多我们不曾发现的真情与关爱，当然这需要我们从选择中去发现，去体会，因为选择比什么都重要。

在乔治的记忆中，父亲一直就是瘸着一条腿走路的，他的一切都平淡无奇。所以，他总是想，母亲怎么会和这样的一个人结婚呢？

一次，市里举行中学生篮球赛，他是队里的主力。他找到母亲，希望母亲能陪他同往。母亲笑了，说："那当然。你就是不说，我和你父亲也会去的。"他听罢摇了摇头，说："我不是说父亲，我只希望你去。"母亲很是惊奇，问："这是为什么？"他勉强地笑了笑，说："我总认为，一个残疾人站在场边，会使得整个气氛变味儿。"母亲叹了一口气，说："你是嫌弃你的父亲了？"父亲这时正好走过来，说："这些天我得出差，有什么事，你们商量着去做就行了。"

比赛很快就结束了，乔治所在的队得了冠军。在回家的路上，母亲很高兴，说："要是你父亲知道了这个消息，他一定会放声高歌的。"乔治沉下了脸，说："妈妈，我们现在不提他好不好？"母亲接受不了他的口气，尖叫起来，说："你必须要告诉我这是为什么。"乔治满不在乎地笑了笑，说："不为什么，就是不想在这时提到他。"母亲的脸色凝重起来，说："孩子，这话我本来不想说，可是，我再隐瞒下去，很可能就会伤害到你的父亲。你知道你父亲的腿是怎么瘸的吗？"乔治摇了摇头，说："我不知道。"母亲说："那一年你才两岁。你父亲带你去花园里玩，在回家的路上，你左奔右跑。忽然，一辆汽车急驰而来，你父亲为了救你，左腿被碾在了车轮下。"乔治顿时呆住了，说："这怎么可能呢？"母亲说："这怎么不可能？不过这些年你父亲不让我告诉你罢了。"

母亲继续说："有件事可能你还不知道，你父亲就是布莱特，你最喜欢的作家。"乔治惊讶地蹦了起来，说："你说什么？我不信！"母亲说："这其实你父亲也不让我告诉你。你不信可以去问你的老师。"乔治急急地向学校跑去。老师面对他的疑问，笑了笑，说："这都是真的。你父亲不让我们透露这些，是怕影响你的成长。但现在你既然知道了，那我就不妨告诉你，你父亲是一个伟大的人。"

两天以后，父亲回来，乔治问父亲："你就是大名鼎鼎的布莱特吗？"父亲愣了一下，然后就笑了，说："我就是写小说的布莱特。"乔治拿出一本书来，说："那你先给我签个名吧！"父亲看了他片刻，然后拿起笔来，在扉页上写道："赠乔治，选择其实比什么都重要。布莱特。"

多年以后，乔治成为一名出色的记者。这时，有人让他介绍自己的成功之路，他就会重复父亲的那句话："选择其实比什么都重要。"

25. 给生命选择希望

既然选择了希望之路，就一定要把失望打得粉碎。

在我老家的隔壁，住着一位孤苦伶仃的老奶奶，在她26岁的时候，丈夫外出做生意，却一去不返。是死在了乱枪之下，还是病死在外，还是像有人传说的被人在外面招了养老女婿，都不得而知。当时，她惟一的儿子只有五岁。

几年以后，村里人都劝她改嫁。她说，丈夫生死不明，也许在很远的地方做了大生意，没准哪一天发了大财就回来了。她被这个念头支撑着，带着儿子顽强地生活着。

在她的儿子17岁的那一年，一支部队从村里经过，她的儿子跟部队走了。儿子说，他要到外面去寻找父亲。

不料儿子走后又是音信全无。有人告诉她说她儿子在一次战役中战死了，她不信，一个大活人怎么能说死就死呢？她甚至想，儿子不仅没有死，而是做了军官了，等打完仗，天下太平了，就会衣锦还乡。她还想，也许儿子已经娶了媳妇，给她生了孙子，回来的时候是一家子人了。

这个想象给了她无穷的希望。她是一个小脚女人，不能下田种

178

地，她就做绣花线的小生意，奔走四乡，积累钱财。她告诉人们，她要挣些钱把房子翻新了，等丈夫和儿子回来的时候住。

有一年她得了大病，医生已经判了她死刑，但她最后竟奇迹般地活了过来，她说，她不能死，她死了，儿子回来到哪里找家呢？

这位老人一直在我们村里健康地生活着，今年已经满百岁了。直到现在，她还是做着她的绣花线生意，她天天算着，她的儿子生了孙子，她的孙子也该生孩子了。这样想着的时候，她那布满皱褶的沧桑的脸上，即刻会变成像绣花线一样绚烂多彩的花朵。

每一次见到这位老人，我都会有无限的感慨。一个希望，一个在世人看来十分可笑的希望，一直滋养着她的人生，支持着这样一个脆弱的生命在苍茫的人世间走了几十个春秋。

没有什么比希望更能改变我们的处境。当我们处于厄运的时候，当我们败下阵来的时候，当我们面临一场巨大灾难的时候，我们都应该将人生寄托于希望。它会使我们忘记眼下的失败和痛苦，给自己的人生重新插上飞翔的翅膀。

26. 擦背

在父爱里，我们永远都是孩子。

父亲最近萎靡不振，一上床就鼾声如雷，白天、晚上都如此，很影响我睡眠。我提议带父亲去医院看看，他这个年龄嗜睡，没准是老年痴呆症的前兆。父亲不肯，说他没病。

父亲在农村穷了一辈子，我把他接到城里和我一起生活，没让他为柴米油盐操一点心。为买房子，我欠了一屁股债，这都靠我拼死拼活挣稿费慢慢要还的。我还不到30岁，头发就开始掉了，这都是用脑过度、睡眠不足造成的。

父亲每天给我做饭，吃完后让我好好睡，自己就出去了。有天，我随口问父亲，最近干啥？父亲一愣，支吾说，没干啥。我突然发现父亲皮肤比原先白了，人却瘦了，我夹些肉放进父亲碗里，让他加强营养。父亲说，他是"贴骨膘"，身体棒着呢。

转眼到年底，我应邀为朋友厂里做专访。朋友请我吃晚饭，饭毕，随他们到街上浴室洗澡。雾气缭绕的浴室边，一个擦背工正在一位肥硕的躯体上刚柔并济的运作。就在他结束程序，转身去更衣室取报酬时，我们的目光相遇了。"啊！爸爸！"我失声叫了出来，惊得所有浴客都把目光投向我们父子，包括我的朋友。

朋友惊讶地问："真是你父亲吗？"

我说："是。"我回答得很响亮，因为我没有一刻比现在更理解父亲了，我明白父亲为何在白天睡觉，他与我一样昼伏夜出啊！可我深夜沉迷于写作，竟未留意父亲房间没有鼾声！

我随父亲到更衣室。父亲从那浴客手里接过三块钱，喜滋滋告诉我，这里是闹市区，浴室整夜开放，生意很好，他已积攒了一千多块，想帮我早点把债还上。一旁递毛巾的老大爷对我说："你就是小尤吗？你爸为了让你写好文章睡好觉，白天就在这些客座上躺一躺，唉，都是为儿为女哟……"

我心情沉重地回到浴池。父亲撇下老李，不放心地追进来，问："孩子，想啥呢？"我说："我想，为您擦一次背……"

"好吧，咱爷俩互相擦擦，你小时常帮我擦背呢！"

父亲高兴地躺下。我双手朝圣般拂过父亲条条隆起的胸骨，犹如走过一道道爱的山岗。

有一种爱如大山般坚强伟岸但却沉默，这就是——父爱。当我们长大也成为孩子的父母，我们是否还记得那曾经抚擦我们的背牵着我们成长的父亲的手，就是那双手一直在为我们捧满着关爱。

27. 父母的碗里是否有菜

其实，不是要每天给父母送肉，送钱，就是孝顺，多抽点时间给他们打个电话或常回家看看，才是真孝顺。金钱永远替代不了情感上的关怀。

很长一段时间漂泊在外面，对故乡和亲人的思念在岁月的流逝中似乎渐渐淡了，每天总有那么多人要去面对，总有那么多事要勤恳地去做，除去一天三餐和那些永远忙不完的工作，剩下的时间总是那么有限，全部用来睡眠都不够，哪里还有时间去牵挂故乡和父母？

为了能心安理得，曾给自己找了个淡忘的理由：什么故乡，所有的故乡原本不都是异乡吗？所谓故乡只不过是父辈漂泊的最后一站。父母？不也是好好地活着吗？在外面少让他们操心，每月寄点钱回去，让他们自己去多买点菜改善一下生活，这似乎就是许多漂泊者对故乡和亲人的全部付出，从不涉及一点情感的因素。

上个月我寄回家1000块钱，是想让生病在床的母亲每天买点肉熬汤补补身体。前两天晚上房东喊我接电话，拿起话筒一听竟是母亲慈爱的声音，她慢慢地对我说，那1000块钱他们没有舍得吃肉，本打算存起来，后来村里装电话，就装了一部，只是为了能经常听到我的声音，她说，想我得很。

挂上电话很久，泪水还涩涩地留在嘴边，母亲关切的话语仿佛一直在耳边温温地萦绕。电话可以传递我的声音，却永远传递不了我的感情；而我听到母亲的声音，全身被家的暖流包围。她不知道我会哭，我真的很惭愧，以为每月尽量多寄点钱就可以使父母幸福地度过每一天，我时常还自诩能每月寄点钱回家，不像身边的许多朋友伸手向家里要钱。其实，我欠父母的太多太多……

那天，我请朋友写了一张条幅挂在房中，上面写着："你的碗里有肉，父母的碗里是否有菜？"

28. 失去的总是珍贵的

人往往是在失去以后才知道珍贵，愿你我好好把握，珍惜眼前的一切，不仅是在爱情方面，亲情或友情亦是如此。

曾经有个男孩种了一株玫瑰，放在向阳的窗台上，那是他和一个女孩一起去买的种子和花盆，男孩总是对女孩说："你在我的心中永远是最美好的，我要种出最美的玫瑰花送给你。"

女孩总是微笑地看着他，看他用专注的神情替玫瑰浇水施肥，看他用期待的眼神注视着眼前的盆栽，每当此时女孩总会想起，当她与他第一次相见时，男孩正是用这样的神情注视着她。

日子一天天过去，在男孩用心的灌溉培育之下，玫瑰也长出了芽，生出了枝叶……

可男孩却迷上了药、上网与BBS，常和一群朋友玩在一块，几天不找女孩是常有的事。女孩越来越难找到他，她很担心。

一天，男孩惊喜地看到玫瑰长出了第一个花苞，他高兴地打电话给女孩。等了很久电话的女孩，开心地听他用兴奋的语气说着："很快我就可以送你一束我亲手种的玫瑰了!"

男孩依然成日成夜地玩,在家的时间越来越少。一天,当他回到家,低垂的玫瑰知道主人回来了,微微地抬起头,可是男孩太累了,倒在床上就进入了梦乡,第二天又匆忙地出门了。

许久未见到男孩的女孩,终于来到男孩的家,她看到干枯的玫瑰仍残留着一片花瓣,似乎不放弃地在等着她,也许玫瑰也知道它的主人曾经那样用爱去灌溉它,就是为了让女孩能看到美丽的玫瑰绽放。

女孩看到地上有一张相片,是另一个女孩,灿烂地笑着,是自己也曾有过的笑容。女孩看着奄奄一息的玫瑰再看看镜中憔悴的自己,不禁流下了眼泪,而残存的最后一片花瓣也在此时落下。

回到家的男孩着急地奔向窗台,却看到原本放置玫瑰的地方放着一盆仙人掌,还有一张字条。上面是女孩秀丽的笔迹:"我走了!送你一株仙人掌,它不用时时地浇水与照顾,但是不管多耐旱的植物,也会有枯死的一天。"

男孩终于醒悟,他一直把女孩温柔的等待视为理所当然,却忘了她毕竟不是一株仙人掌。

29. 不再自卑

爱情是伟大的,她不仅给你力量,给你自信,而且有时在不自觉中她会改变你的一生。

有个大学三年级的女生,长相平平。见同班的女同学都有了男朋友,只有自己形影相吊,便很自卑,还常常悄悄地掉泪。

教心理学的老师觉察到了这件事，就假冒一个男生的名义，给她写了封匿名的求爱信。

尊敬的××：

冒昧地给您写信，您不会红颜大怒吧！

很久很久了，我一直在默默地观察着您！您是个极有特色的好女孩儿——当您的女同胞接二连三地有了男友，您却一如既往地保持着女性的庄重，且比她们更有内涵，更具古典色彩，也更有分量！因此，在我的心目中，您格外神圣、圣洁！自然，也正是因为这样，我才不敢放肆失礼——请恕我暂时不公开我的姓名，但我肯定会天天关注着您，在得到您的认可之前，就让我从一个遥远的地方，小心翼翼地、满怀希冀地看着您吧！

没有您，我将失望之极！

我坚信，在未来的期末考试中，您将凯歌高奏！

那时，请准许我真诚地为您高兴。您那灿烂的天使般的笑，将使我变得格外欢欣鼓舞！

一个盼望着得到您的青睐的极善良的男同胞

×月×日

果然，就这么一封信，改变了一个人。

看看那原本自卑的女孩子吧！自打收到了这封信，就恢复了勇气和信心，她奋发图强，她的拼搏使人感动。到了年终，她果然以全优的成绩得到了全班同学的一致赞美！

30. 情人与妻子的待遇

> 在情人与妻子之间，那种选择与放弃已经不言而喻了。

一个男人病危，他让医院通知两个女人。一个是他的情人，一个是他的妻子。两个女人一前一后进了屋。

见到情人，男人的眼睛为之一亮。他慢慢地从贴身的衣兜里，掏出一个电话本，然后从里面摸出一片树叶标本。他说："你还记得吗？我们相识在一棵丁香树下，这片丁香叶正好落在你的秀发上，我一直珍藏着……我一辈子也忘不了你。"

说完，他看到了紧跟在情人的后面而来的妻子。看上去，妻子焦急又憔悴。他以为妻子是不会来的，便一惊，然后眼里涌出几滴泪水。几分钟后，他缓缓地从枕头底下，拿出一个钱包，对妻子说："让你受苦了，这是我积攒的全部积蓄38万元，还有股权证、房产证，留给你和儿子的，好好生活，我要走了……"

站在一边的情人闻听，气得扔下那片丁香标本，而妻子却紧紧地握住他的手，让他在温暖的怀抱中，慢慢地合上了双眼。

其实，在一些男人的心目中，情人只是一朵丁香花，谈情说爱时满眼芬芳，一旦到了生离死别的时候，情人就是那枯萎的丁香，苦味只能留给自己品尝。而妻子却是一个口袋，扔了时是一块破布，捡起来是盛钱的口袋，他会把名分财产与最后的爱都留给妻子。

31. 爱与不爱如何去选择

什么是爱？什么是不爱？爱与不爱，真的只差一字而已，却需要我们费尽心力去选择。

晴是我的一个朋友。每次坐在一起聊天，她就会向我抱怨自己的男友是一个不懂一点浪漫的木头。后来她遇见了一位把口哨吹得很响亮，情话说得很动听的男孩。他们在一次周末舞会上相识，没有男伴的晴一个人坐在角落里，神情有些尴尬。

这时，他出现了，伸出手邀请她跳第一支舞曲。他的热情和风度容不得她有半点的抗拒。

"你知道吗？他当时的样子真是潇洒极了，他是我梦中白马王子的形象。"

"他会在春天的夜晚，爬过几米高的围墙为我偷来隔壁花园里的玫瑰花；周末时，请我出去吃大餐；跑了几条街，买回那件被我相中的棉布长裙……"

"那你的现任男朋友怎么办？"我忙不迭地用话打断她。

那次谈话，我们不欢而散。我见过她的男友，是一个非常憨厚诚恳的男人。凭一个女孩敏锐的直觉，我觉得这样的男子是值得托付终身幸福的。

再见她，已是一年之后的春天，阳光很明媚。她是来给我送喜帖的。

最后告别之前，我还是忍不住问了她："他怎么办？"

"木头？"女友笑了笑，仿佛是早已猜到我会这么问似的。

"嗯。"我窃窃地应答。

"他就是我明天要嫁的那个人。"

"什么？"我的声音提得很高。

"那是去年冬天的事儿了。"

她开始给我讲他们的故事：

"那段时间我一直在考虑怎么和他提出分手。好几次，话到嘴边又咽了回去，一看到他眼中真诚关切的目光我就不忍心打击他。

"因为每天和当时的那个他出去约会，都会玩得很晚。在到达我的住所前一定会经过"木头"的屋子。有一天我回去时，已经很晚了，天正在下雪。

"我裹紧大衣，走过他屋前时，发现门是虚掩着的。平日里匆忙来去都没有注意，只是那天真的已经很晚了，别人的房间门都是紧闭着，漆黑一片的。只有他的房间，透过虚掩的门缝还投射出些许温暖的灯光，照亮了我脚下的路。一段本来漆黑孤独的路，因为有了一丝微弱灯光的照耀而变得格外温馨。

"而且我可以猜到的是，每次他都是这么等我回来的，而且直到看着我平安回来，他才肯放心熄灯睡下。

"第二天我做的第一件事就是和那个男孩提出分手。他难以置信地看着我，不发一言。

"但我很坚定，告诉他，我已经找到一辈子要爱的那个人。"

温暖的阳光穿过茂密的绿叶，照进来。晴的眼角闪动着幸福的泪花。

32. 没有人在原处等你

因为没有人在原处等你，所以绝不要轻率地放弃。

很久以前，在一次舞会上，邀我共舞的是一个不相识的男生，当时可能正巧站在他旁边，当舞曲响起的时候，他就顺便把我拥进了舞池。

我们跳得十分和谐，仿佛有一种与生俱来的默契。他舞艺很高，动作娴熟且有灵感，对舞曲有细致入微的体验。我紧跟着他的感觉，顺从他的指挥，共同用心和身体，把乐曲每一个停顿转折都表达得淋漓尽致。

一曲下来，我们点头致意，表示对对方的感谢。接下来的时间，我都被熟识的男生请走了，跳来跳去，慢慢地就全无了兴致，因为我再也找不到与他共舞时那种细腻的感觉了。于是开始用眼睛满场地找他。

我不再接受别人的邀请，只站在一旁，眼睛不再离开他。他与每个人都跳得那么专心，把每个音符都处理得恰到好处，即使是站在远处的我，也再一次感到了一种心的默契，舞的默契。我默默地希望他再来邀请我，但直至终场，他都再未走到我面前。

又过了好些年，我爱上了一个男人。那时自己是个傻里傻气的女人，不知道爱情是一种心的默契，只是愚蠢地相信了书本里的"胡言乱语"，说爱情是这样，爱情是那样。于是，为了能够遭遇书中所描述的轰轰烈烈、惊天动地的激情，我咬着牙、忍着泪和男友分了手。

折腾了一大圈，遇到了形形色色的男人，书中的爱情故事始终也没有在我身上发生。年复一年，我变得漠然、烦躁、悲观，不再是同他在一起时那个快快乐乐的我。痛定思痛，当我决定再去找他的时候，他的妻子已经为他生了一个天仙般的女儿。

其实爱情就是两人默默相守的快乐，而当你明白的时候，你却可能已经失去了。生活就是这样，没有人在原处等你，如果已经离开，就不必回头。

33. 搁置的玉米会失去原有的美味

有些东西，如这爱情，如这玉米，是根本不能被忽视、不能被搁置的。否则，将会失去它原有的美味。

他从乡间给她带来一袋玉米，她煮了一个来吃，饱满糯甜。他看到她那副沉醉的样子，笑了。

她对他最初的感动，是缘于他等待的耐心。因为晚自习，夜黑，她和他约好了在一个路灯口下见，然后一起走。

于是，很多个晚上，当她匆匆地赶在路上时，隔不远便可看见一个清瘦的男孩子静静地立在灯下——差不多每次都是他等她。

有一个晚上，不知为什么，她迟到了将近两个小时，最后急急地赶到那里时，满以为他走了，不料，他仍如往日一样在那里静静张望。

这一段，便成为她日后柔情涌动的回忆。

他一直很宠她。他的至诚让她相信：他们的爱是可以恒久的。

这一阵子，学区要举行教学比武大赛，她作为学校的代表之一，开始忙碌起来。于是和他的见面少了，电话也少了。他心疼她，不希望她太累。她心里甜蜜，却又急急地要结束对话，要做事去了。

等忙完之后，再去找他，却渐渐地发现了他的冷淡。

她开始不安，并且一天天地扩大，直到那天，他平静地说，分手吧。她拽住他的衣角，追问自己做错了什么，她可以改……他说没有谁错，然后轻轻挣脱。

她不明白曾经是那样一份令她放心的爱情，怎会说走就走呢。

一天半夜经过厨房时，她蓦地想起冰箱里的玉米，他给她带来的。她煮了一个来吃，玉米已是干瘪无味，全无先前的饱满糯甜，像是在无声地遣责她的遗忘。

她忽然潸然泪下。她所忽视的恰是她珍爱的，她的爱情不正如这玉米一样被她搁置得太久了吗？

34. 爱是一盏灯

爱是一盏灯，你要好好地去选择。

他和她结婚时家徒四壁，除了有一处栖身之所。然而她却倾尽所有买了一盏漂亮的灯挂在屋子正中。他问她为什么要花这么多钱去买一盏灯，她笑笑说："明亮的灯可以照出明亮的前程。"他不以为然，笑她轻信一些无稽之谈。

渐渐地，日子好过了。两人搬到了新居，她却不舍得扔掉那一盏灯，小心地用纸包好，收藏起来。

不久，他辞职下海，在商场中搏杀一番后赢得千万财富。像所

有有钱的男人一样，他先是招聘了个漂亮的女秘书，很快女秘书就成了他的情人。他开始以各种借口外出，后来干脆就夜不归宿了。她劝他，以各种方式挽留他，均无济于事。

这一天是他的生日，妻子告诉他无论如何也要回家过生日。他答应着，却想起漂亮情人的要求，犹豫之后他决定去情人处过生日后再回家过一次。

情人的生日礼物是一条精致的领带。他随手放到一边。半夜时分他才想起妻子的叮嘱，急匆匆赶回家。

推开门，她坐在丰盛的餐桌旁，泪流满面，没有丝毫倦意。见他归来，只说："菜凉了，我去再热一下。"

当一切准备就绪之后，她拿出一个纸盒，是生日礼物。他打开，是一盏精致的灯。她流着泪说："那时候家里穷，我买一盏好灯是为了照亮你回家的路。现在我送你一盏灯是想告诉你，我希望你仍然是我心目中的明灯，可以一直明亮到我生命的结束。"

他终于动容，一个女人选择送一盏灯给自己的男人，应该包含着多少寄托与企盼啊！而他，愧对这一盏灯的亮度。

他最终回到了她的身边，选择了妻子，放弃了情人。因为他已明白爱是一盏灯，不管它是否能照亮他的前程，但它一定能照亮一个男人回家的路。因为这灯光是一个女人从心底深处用一生的爱点燃的。

35. 夫妻难得是糊涂

为人处事少不了"难得糊涂"，夫妻间居家过日子糊涂更难得。这种充满无穷爱意的"糊涂"，需要用真诚去灌溉，用理解去培育，用谦让去营造，用大度去奠基，以小家的长治久安为目的。

郑板桥先生有句千古流传的名言——"难得糊涂"。本意是说，人到世上走一遭，在一些小是小非、鸡毛蒜皮的事面前，睁一只眼、闭一只眼糊涂点，才不会因小失大。正是由于有些人做不到这一点，所以糊涂才显得难能可贵。

其实，在夫妻相处中，只要不是方向问题、原则问题、或其它的本质问题，糊涂地面对相互间的小矛盾与小磨擦不仅难能可贵，而且还是不可或缺的一门婚姻艺术，对提升婚姻质量、打造家庭和谐尤为重要。

同在一个屋檐下，朝相见、晚相伴、长年在一起，再和睦、再恩爱的夫妻，也难免有磨擦、有矛盾，在这种"家常便饭"面前，太认真了，非得咄咄逼人地辩出个你对我错，争出个你高我低来，只能使"战事"升级，小事变大。久而久之，稳固的婚姻会发生裂痕，使无间的情感产生空洞。

学会把"难得糊涂"这门婚姻艺术得心应手地运用到婚姻生活中，是一种机敏、一种理智、一种选择。妻子发火了，丈夫选择嘻皮笑脸地装回"糊涂虫"，绝不与她争辩，妻子则会很快地冷静下来，甚或理智地反思自己；丈夫做错了一件小事，妻子懂得胸怀大度地装糊涂根本没有当回事，更没有河东狮吼兴师问罪，丈夫则会很感动，感动之余反倒会检点自己……这种糊涂，是对夫妻情感的一种真心呵护，是对提升婚姻质量的一种保证，也是心与心的一种互动与靠拢。

我的一位女同事，是掌握这门婚姻艺术的专家。她的丈夫是一位麻坛高手，乐道于下班后邀朋聚友布方城。每每夜半方归，妻子自然不满意。但她并没有正面出击，而是采取了以退为进的糊涂战略。第一次，丈夫玩牌晚归说："单位开会了！"第二次，他又说："陪客人吃饭了！"第三次，他又说："厂里加班了！"心如明镜似的妻子每次都装糊涂，任由他把这个美丽的谎言编撰下去。这种糊涂反倒使丈夫深感理亏,心虚了，撒谎到第九次，他竟红着面孔坦白，他对不起如此胸怀大度的爱妻。从此"金盆洗手"再也不干了。在牌与妻子之间，他选择了妻子。

36. 做好自己的梦

我们会成为什么样的人，会有什么样的成就，就在于选择做什么样的梦。

有这样一则令人难忘的真实的故事，主人公是一个生长于旧金山贫民区的小男孩，从小因为营养不良而患有软骨症，在六岁时双腿变成"弓"字型，而小腿更是严重的萎缩。然而在他幼小的心灵中一直藏着一个除了他自己，没人相信会实现的梦——有一天他要成为美式橄榄球的全能球员。

他是传奇人物吉姆·布朗的球迷，每当吉姆所在的克里夫兰布朗斯队和旧金山四九人队在旧金山比赛时，这个男孩不顾双腿的不便，一跛一跛地到球场去为心中的偶像加油。由于他穷得买不起票，所以只有等到全场比赛快结束时，从工作人员打开的大门溜进去，欣赏最后剩下的几分钟。

13岁时，有一次他在布朗斯队和四九人队比赛之后，在一家冰激凌店里见到心中的偶像，那是他多年来所期望的一刻。他大大方方地走到这位大明星的跟前，朗声说道："布朗先生，我是你最忠实的球迷！"

吉姆·布朗和气地向他说了声谢谢。这个小男孩接着又说道："布朗先生，你晓得一件事吗？"

吉姆转过头来问道："小朋友，请问是什么事呢？"

男孩一副自若的神态说道:"我记得你所创下的每一项纪录,每一次的布阵。"

吉姆·布朗十分开心地笑了,然后说道:"真不简单!"

这时小男孩挺了挺胸膛,眼睛闪烁着光芒,充满自信地说:"布朗先生,有一天我要打破你所创下的每一项纪录!"

听完小男孩的话,这位美式橄榄球明星微笑地对他说道:"好大的口气。孩子,你叫什么名字?"

小男孩得意地笑了,说:"奥伦索先生,我的名字叫奥伦索·辛浦森,大家都管我叫O.J.。"

奥伦索·辛浦森日后的确如他少年时所说,在美式橄榄球场上打破了吉姆·布朗所写下的所有纪录,同时更创下一些新的纪录。

37. 积极地迈出第一步

如果你有了强烈的愿望,就要积极地迈出第一步,千万不要等待或拖延,也不必具备所有的条件。记住:你可以创造一些条件!

杰米是个普通的年轻人,二十几岁,有太太和小孩,收入并不多。他们全家住在一间小公寓,夫妇两人都渴望有一套自己的新房子。他们希望有较大的活动空间、比较干净的环境、小孩有地方玩,同时也增添一份产业。

买房子的确很难,必须有钱支付分期付款的头款才行。有一天,当他签发下个月的房租支票时,突然很不耐烦,因为房租跟新房子每月的分期付款差不多。

杰米跟太太说:"下个礼拜我们就去买一套新房子,你看怎样?"

"你怎么突然想到这个?"她问,"开玩笑!我们哪有能力!可能连头款都付不起!"

但是他已经下定决心:"跟我们一样想买一套新房子的夫妇大约有几十万,其中只有一半能如愿以偿,一定是有什么事情才使他们打消这个念头。我们一定要想办法买一套房子。虽然我现在远不知道怎么凑钱,可是一定要想办法。"

第二个礼拜他们真的找到了一套两人都喜欢的房子,朴素大方又实用,头款是1200美元。现在最大的问题是如何凑够1200美元。

可是皇天不负有心人,他突然有了一个灵感,为什么不直接找承包商谈谈,向他私人贷款呢?他真的这么做了。承包商起先很冷淡,但由于杰米的一再坚持,终于同意了。他同意杰米把1200美元的借款按月交还,每月还100美元,利息另外计算。

现在他要做的是,每个月凑出这100美元。夫妇两个想尽办法,一个月可以省下25美元,还有75美元要另外设法筹措。这时杰米又想到另一个点子。第二天早上他直接跟老板解释这件事,他的老板也很高兴他要买房子了。

杰米说:"T先生(就是老板),你看,为了买房子,我每个月要多赚75元才行。我知道,当你认为我值得加薪时一定会加,可是我现在很想多赚一点钱。公司的某些事情可能在周末做更好,你能不能答应我在周末加班呢?有没有这个可能呢?"

老板对于他的诚恳非常感动,真的找出许多事情让他在周末工作10小时。他们因此欢欢喜喜地搬进了新房子。

选择需要你积极的勇气,要敢于去跨越那道坎。

38. 做自己的救世主

当你处于困境之中时，只有你能够使自己摆脱困境，只有你能够救自己，你是你自己的救世主。

当一个人身处困境时，自然希望能有一个救世主来解救自己，这自然可以理解，而且，的确有在你最困难的时候将你从困境中解救出来的贵人，但是，这建立在你必须有信心且努力获救的基础上。否则，即使万能的上帝，面对一个已彻底放弃、对自己毫无信心的人，也只能徒呼奈何。

这种情况也可以套用一句老话，即：外因是变化的条件，内因是变化的基础。没有内因做基础，再怎么强的外力也无济于事。鸡蛋所以能孵出小鸡，就因为它是鸡蛋，有能孵出小鸡的基础；而一块石头，再伟大的母鸡也孵不出小鸡来。

有一个人，把自己多年的积蓄，以及全部财产都投资到一种小型制造业上。由于对变化无常的市场把握不当，再加上前几年原料价格不断上涨等原因，他的企业垮了。而妻子又从原来的单位下岗，他处于绝境之中，他对自己的失败、对自己那些损失无法忘怀，毕竟那是他半辈子的心血和汗水。好几次，他都想跳楼自杀，一死了之。

一个偶然的机会，他在一个书摊上看到了一本名为《怎样走出失败》的旧书。这本书给他带来了希望和重新振作的勇气，他决定找到这本书的作者，希望作者能够帮助他重新站起来。

当他找到那本书的作者，讲完了他自己的遭遇，那位作者却对他说："听完了你的故事，我很同情你的遭遇，但事实上，我无能为力，一点忙也帮不上。"

他的脸立刻变得苍白，低下了头，嘴里喃喃自语："这下子彻底完蛋了，一点指望都没有了。"

那本书的作者听了片刻，说："虽然我无能为力，但我可以让你见一个人，他能够让你东山再起。"

他立刻跳起来，抓住作者的手，说："看在老天爷的份上，请你立刻带我去见他。"

作者站起身，把他领到镜子前，用手指着镜子说："这个人就是我要介绍给你的人。在这个世界上，只有这个人能够使你东山再起。除非你坐下来，彻底认识这个人，否则你只有跳楼了。因为在你对这个人没有充分认识以前，对于你自己或这个世界来说，你都将是没有任何价值的废物。"

他站在镜子面前，看着镜子里的那个满脸胡须的面孔，认真地看着。看着看着他哭了起来。

几个月之后，作者在大街上碰见了这个人，几乎认不出来了：他的脸不再是几十天没刮胡子的样子，脚步也异常轻快，衣着也焕然一新，完全是一个成功者的姿态。他对作者说："那一天我离开你家时，只是一个刚刚破产的失败者，我对着镜子找到了自信。现在我又找到一份收入很不错的工作，妻子也重新上岗，薪水也很可观。我想用不了几年，我就会东山再起。"

世界上从来就没有什么救世主，只有靠你自己，靠你的信心，靠你的努力。

你就是你自己的救世主！

39. 放弃就是最大的跨越

能够放弃是一种跨越,当你能够放弃一切做到简单从容地活着的时候,你生命的低谷就过去了。

生命和死亡一直是一个很沉重的话题,下面是一个人讲述的发生在他身上的故事:

第一次面对死亡是在14岁,爷爷过世,第一次感到在生死之间我们真的是无能为力的,生命在那时告诉我的就是人类的渺小和卑微,没有我们能够留住的东西,几十年的生命都留不住,更不要说稍纵即逝的一种感觉。

20岁那年,无休止地生病,家人慢慢把我跟外面隔离。那是一个冬天的夜晚,我打翻了药瓶,一千多粒的白色药片(维C)洒满了房间,我跪在冰凉的水泥地上,边捡边哭,那时,我对生命厌倦了,于是,我吃下了几个月才吃得下的药片后还割了手腕,这是我第二次自杀。

在昏迷了两天之后我被救了过来,醒来的时候,我看见的是一个洁白的世界和那么多带着泪水的笑脸,很多亲人同学都在我的身边,那是我第一次看见我刚毅的父亲抱着我痛哭,父亲的憔悴,母亲的悲痛欲绝,奶奶的病倒,我在那一刹那明白了生命其实不是我一个人的。

活着,是一种责任,对每一个爱我的人来说,活着就是对他们最根本最完整的报答,生命不是我们自己的,我们没有权利选择生也没有权利选择死,那不仅仅是因为道德良知,最重要的就是要有爱,爱自己,爱别人,这才是生命的意义。

同时我也知道生命是顽强的,在我一次一次摧残它的时候,它一如既往宽容地接纳了我。对生命,我有了一种感激。

真正让我感到生命的脆弱是在去年。那时我惟一的侄儿在出世时注射的预防天花的疫苗没有起效,在几十万分之一的几率里被感染了,那时,他才一周岁多一点,很小很小的一个孩子,医生说:"主要的还是要靠他自己的免疫能力,他浑身上下一直到嘴唇和舌头里都长满了水泡,不能吃饭,不能说话,还不能哭,泪水会软化面部的水疱,如水疱破了,感染到细菌了,就容易感染白血病;还不能发烧,如果烧到40度就伤到脑神经了。"

我们耐心地跟他说这些道理,出世才几百个日子的他竟然能够懂,他不哭,他的泪水满了眼眶就自己用手帕拭去,他还要忍着痛吃饭,以增强体质。整整3个月,我们就每时每刻守着他。那时,白血病像一个魔鬼似的缠绕在我们的心头,令我们恐惧,对生命,我们充满了悲愤,上苍竟然将如此巨痛降临在一个婴儿身上,这真是不公平,而我们竟然无能为力。

那些日子,全家所有的人都近乎崩溃,我们都哭,可他连哭的权利都没有,他就那么用他小小柔弱的身体承受着,终于走了过来。

就是这个孩子,他让我为自己曾经的做法而羞愧,我也是从他的身上感受到了当年在病榻前我亲人的心情,那一种痛是钻心的。从他的身上我懂得了要爱惜生命,因为我看到了他的坚强,他让我在一年之后写下这件事的时候,仍是泪流满面,因为生命的来之不易。

前些日子,半夜接到一个朋友的电话,说:"累了,真的不想活了,或许死是一种解脱。"是的,死对去了的人来说是一种解脱,而对留下的人呢?你的解脱所带给他们的痛苦远远大于你生存的痛苦。死是一种极其不负责任的行为,属于你的苦你就要承受,无论是生是死,你都不能把它们加到那些爱你关心你的人身上,因为爱毕竟没有错。活着,在你最不堪的时候,你只要做到仅仅是活着就够了。死亡只是一种诱惑,它不是牵引,你什么都可以放弃,惟有生命不能。

生命是那么的脆弱,战争,疾病,车祸,事故,伤害,每天都有那么多向往阳光和空气的人在无辜地接受死亡,那是一种不得以,而我们能够平安的生活在自己的家园里，享受着家人带来的温暖，我们还有什么理由放弃生命呢？

再去看看那些贫困的地方，那些难民，以及很多山区里连温饱都解决不了的人们，他们不屈不挠地和死亡斗争着。还有我们身边很多人，那些在烈日下出卖廉价劳动力的车夫们。生命都是一样的，没有贵贱之分，他们不是苟且偷生，他们是认真地对待生命，相比之下，我们却是那么的懦弱和贪婪，我们漠视生命的尊严。

生命原本是简单的，很多东西我们要学会放弃，包括死亡。

能够放弃就是一种跨越，当你能够放弃一切做到简单从容地活着的时候，你生命里的低谷就过去了。

40. 让你和你的员工忙碌起来

繁忙的工作常常会使人感到更快乐一些。给别人更多的工作，让他们有机会发挥才能，还能治疗种种烦恼、沮丧，以及不满。

人可能天生就需要忙碌一些。当你一天到晚忙于工作，甚至忙得不可开交，辛苦自然是辛苦一些，但等到你忙完了你手头的所有工作，你会发现，其实是工作给你带来了更多的喜悦和快乐，是工作使你变得更充实，使你觉得人生更有意义。

人都需要找事情做，不管他是忙于工作，还是忙于其他的事情，他总要有事情做。所以，才有了"人闲生是非"这样的俗语。因为他有精力，这些精力他总得找个途径将其发泄出去，如果他没有正事要做，他就会走东家、串西家，说些东家长、西家短的是是非非。因此，你可以看看你周围的人和单位，那家单位越是闲，这家单位的矛盾是非肯定就越多；个人也是如此，你要是看谁要是无聊，他就会不停地到各处去拉扯是非，搅得大家都不安宁。

有一家公司让老板很头疼，员工们往往只呆上几天就不想再呆下去。令人奇怪的是，这家公司的老板是个很民主、很开明的人，待员工们的态度很好，薪水待遇方面甚至比其他同类型的公司还要高一些，节假日老板从来没有不让员工们休假的事情。老板没辙了，只好求助于一家咨询公司，将上面的情况给专家谈了。最后，他说："我就是不明白，我这么好的老板，可是员工们为什么还要把时间都用在勾心斗角、争执和抱怨上，用在一些没有一点意义的事情上呢？"

咨询专家的结果是：老板没有使员工们忙碌起来，这才导致他们心情沮丧，心绪不宁，工作效率低下。

咨询专家同时给他开出了解决问题的方法：要么裁减员工人数，要么有更多的工作让他们去做。专家同时申明，只增加员工的工作强度，不增加薪水。

这位老板选择了后一种方案，他回去之后每个星期都要三番五次地开研讨会，要求员工每天都要完成预定的进度。由于工作量很大，员工们只好加班加点，拼命工作。可奇怪的是，工作比原来多了许多，薪水没有增加，员工们却没有丝毫怨言，而是以一种积极的态度跟老板一起讨论工作，制订新的计划。

之所以会出现这样的结果，原因很简单：员工们忙得再也没有时间发牢骚，也没有时间到处去拨弄是非。

用这种使自己和员工们忙碌起来的方法去治疗"闲得无聊"的毛病，在许多情况下都可以使用。

作风大胆，敢为下属设定快速步调的销售主管，都要比那些"让推销员自己规定销售目标，却不怎样催他们"的主管，更快乐、更具生产效益。

在部队中，那些想要使自己的部队具有严格纪律的军官们，都会尽量使他的部下"保持一种忙碌状态"，让他们忙碌得没有时间想其他事情，以消除士兵们的思乡情绪。

　　繁忙的工作常常会使人感到更快乐一些。给别人更多的工作，让他们有机会发挥才能，也能治疗种种烦恼、沮丧，以及不满。

　　所以，当你发现自己变得几乎绝望，而且神经紧张的时候，你也可以使自己尽快忙碌起来。

　　工作是医治"闲得无聊"的最好良方。

41. 选择现在

　　能够不计过去的得失，才能珍惜和拥有现在的美满，也才能收获明天的希望。

　　一天，9岁的外甥和他妈妈在闹着玩。

　　小男孩翻着爸爸的相册，赫然发现一个面容娇好、充满青春活力的妙龄少女。

　　"妈妈，这个大姑娘是爸爸以前的女朋友，"外甥歪着头逗他妈妈，"这是爸爸说的。妈妈，你气不气？"

　　"有什么气的？都是过去的事了，只要你爸现在是你爸，小孩子别瞎说。"姐夫确实对她很不错，又有本事，又老实，在单位人缘、名声极佳，大姐真够幸福！

　　小李研究生毕业，几经周折分到一个工作稳定、效益和福利又很不错的单位——石化公司。

　　在单位一年多，小李一直处于公司的最低层，做一些基础工作，这也是深入社会、了解工作情况的起点，但他总是不满意。他又经几番周折，调到了另外一个看似灵活而实则亏损的单位，他想快速发展。然而到了新的单位，他仍然要从基础做起，他又一次不满足，又转到了另一个单位……他终于不再转了，也终没有发展起来。

是的，大凡开始一项工作都须首先从头做起。就如台湾十大首富教育和培养儿子，把他放在基层，从推销员做起一样，这是一个培养才能，取得成功的起点，这也是每个取得成功的人都要经历的过程。然而小李没有明白，因为他太不知足，一次一次的转换单位，他也只会一次一次地不满意新的工作，他又如何能够取得成功呢？

俗话说得好："知足者常乐。"那些想入非非，异想天开的事情偶尔想一次无妨，但把这些幻想甚至妄想做为生命的日程，并要付诸于行动，只会使你浪费时光，快乐又从何而来。

"一旦拥有，别无所求"，拥有美好的事物时，我们说应该居安思危，就是说要好好地珍惜它，使它永远成为自己的一份实在，一份瑰丽。

42. 时机需要选择

愚蠢的人等待时机，聪明的人创造时机！

有个懒人靠在一块大石头上，懒洋洋地晒着太阳。

这时，从远处走来一个奇怪的东西，它周身发着五颜六色的光，七八条腿一齐运动，行走十分快捷。

"喂！你在做什么？"那怪物问。

"我在这儿等待时机。"懒人回答。

"等待时机?哈哈!时机什么样,你知道吗?"怪物问。

"不知道。不过,听说时机是个很神奇的东西,它只要来到你身边,那么,你就会走运,或者当上了官,或者发了财,或者娶个漂亮老婆,或者……反正,美极了。"

"嗨!你连时机什么样都不知道,还等什么时机?还是跟着我走吧,让我带着你去做几件于你有益的事吧!"那怪物说着就要来拉他。

"去去去!少来添乱!我才不跟你走呢!"懒人不耐烦地撵那怪物。

那怪物叹息着离去。

这时,一位长髯老人来到懒汉面前问道:"你抓住它了吗?"

"抓住它?它是什么东西?"懒人问。

"它就是时机呀!""天哪!我把它放走了。不,是我把它撵走了!"懒人后悔不迭,急忙站起身呼喊"时机",希望它能返回来。

"别喊了,"长髯老人说,"你刚才已经把它放弃了,让我告诉你关于时机的秘密吧,它是一个不可捉摸的家伙。你专心等它时,它可能迟迟不来,你不留心时,它可能就来到你面前;见不着它时,你时时想它,见着了它时,你又认不出它;如果当它从你面前走过时你抓不住它,那么它将永不回头,使你永远错过了它!"

"天哪!那可咋办呀,我这一辈子不就失去时机了吗?"懒人哭着说。

"那也未必,"长髯老人说,"让我再告诉你另一个关于时机的秘密吧,其实,属于你的时机不止一个。"

"不止一个?"懒人惊奇地问。

"对。这一个失去了,下一个还可以出现。不过,这些时机,很多不是自然走来的,而是人创造的。"

"什么?时机可以创造?"

"对。刚才的一个时机,就是我为你创造的一个,可惜你把它放跑了。"

"太好了,那么,请您再为我创造一些时机吧!"懒人说。

"不。以后的时机,只有靠你自己创造了。"

"可是,我不会创造时机呀。"懒人为难地说。

"那么,现在,我教你。首先,站起来,永远不要等!然后,放开

· 204 ·

大步朝前走，见到你能够做的有益的事，就去做。那时，你就学会了创造时机。"

43. 你有权选择自己对逆境的态度

在艰难和逆境面前，你有权选择自己对逆境的态度，你可以选择放弃，也可以选择把自己变得更坚强——甚至，选择改变环境！

一个女孩对父亲抱怨她的生活，抱怨事事都那么艰难，她不知该如何应付生活。她已厌倦抗争和奋斗，好像一个问题刚解决，新的问题就又出现了。

女孩的父亲是位厨师，他把她带进厨房。他先往三只锅里倒入一些水，然后把它们放在旺火上烧。不久锅里的水烧开了，他往第一只锅里放些胡萝卜，第二只锅里放入鸡蛋，最后一只锅里放入碾成粉状的咖啡豆。

女孩咂咂嘴，不耐烦地等待着，纳闷父亲在做什么。大约20分钟后，父亲把火关了，把胡萝卜捞出来放入一个碗内，把鸡蛋捞出来放入另一个碗内，然后又把咖啡舀到一个杯子里。做完这些后，他才转过身问女儿："亲爱的，你看见什么了？"

"胡萝卜、鸡蛋、咖啡，"她回答。

他让她靠近些，并让她用手摸摸胡萝卜。她摸了摸，注意到它们变软了。

父亲又让女儿拿一只鸡蛋并打破它。将壳剥掉后，她看到了是只煮熟的鸡蛋。

最后，父亲让她啜饮咖啡。品尝到香浓的咖啡，女儿笑了。她怯声问道："父亲，这意味着什么？"

父亲解释说，这三样东西面临同样的逆境——煮沸的开水，但其反应各不相同。

胡萝卜入锅之前是强壮的，结实的，毫不软弱。但进入开水后，它变软了，变弱了。

鸡蛋原来是易碎的，它薄薄的外壳保护着它呈液体的内脏。但是经开水一煮，它的内脏变硬了。

而粉状咖啡豆则很独特，进入沸水后，它们倒改变了水。

44. 放弃负面心态，选择快乐人生

手指扎了一根刺，乐观的人会高兴喊一声："幸亏不是扎在眼睛里！"

有一天，汤姆到酒吧喝闷酒，服务生见他一副眉头深锁的样子，便问他："先生，您到底为了什么事烦心呢？"

汤姆答道："上个月，我叔父去世，因为他没有后代，所以，在遗嘱中，将他仅有的5000支股票，全部留给了我！"

服务生听后安慰汤姆道："你的叔父去世固然让人觉得遗憾，但是人死不能复生，而且，你能继承你叔父的股票，应该也算是一件好事啊！"

汤姆答道："一开始，我也认为是件好事。但问题是，这5000支股票，全部是面临融资催缴、准备断头的股票啊!"

如果你能选择正面的心态来面对问题，就算你真的面临像故事中的汤姆那样股票即将断头的危机，只要你能妥善应对，终究会有"解套"的一天。

坎伯曾经写道："我们无法矫治这个苦难的世界，但我们能选择快乐地活着。"天底下没有绝对的好事和绝对的坏事，有的只是你如何选择面对事情的态度。如果你凡事皆抱着负面的心态来看待，那么就算让你中了1000万的彩金，也是坏事一桩。因为你害怕中了彩金之后，有人会觊觎你的钱财，进而对你采取不利的行动。

中岛熏曾说："认为自己'做不到'，只是一种错觉，我们开始做某件事情前，往往先考虑做不做得到，接着就开始怀疑自己做得到。"

因此，如果你在做任何事情之前，就一味地采取消极的态度，告诉自己绝对做不到，恐怕，你只有一辈子住在自己一手打造的心灵"套房"里。

45. 能力估计错误，你将会失败

错误地判断自己的能力，低估了自己的价值，这是大部分人失败的通病。

心理学家在一所著名的大学中选了一些运动员做实验。他们要这群运动员做一些别人无法做到的运动，还告诉他们，由于他们是国内最好的运动员，因此他们会做到的。

这群运动员分两组，第一组到了体育馆后，虽然尽力去做，但还是做不到。

第二组到体育馆后，研究人员告诉他们第一组失败了。

"但你们这一组不同。"研究人员说："把这个药丸吃下去，这是一种新药，会使你们达到超人的水准。"

结果第二组运动员很容易地完成了那些困难的练习。

"那是什么药丸?"参加者问道。

"不过是普通的粉末而已。"

第二组之所以完成不可能的运动是因为他们相信自己能完成。如果你相信你能，也就能完成一切你要做的事。

一个担心被拒绝的推销商，可能就不会有勇气给新客户打电话；一个害怕失败的运动员，可能会没有胆量上双杠。但是，一个真正的高手总是能够放下这些思想包袱的。

耐迪·考麦奈西是第一个在奥林匹克体操比赛中获得满分的运动员，他说："我常常低估自己的水平，因为我常说：'我能做得更好一些'，要想当奥林匹克冠军，你就得有不同凡响的地方，而且你还得比别人更吃得起苦。我不欣赏普普通通、平平庸庸的生活。我给自己确立的生活准则是：不要企盼简单容易的生活，而要力求做一个坚强有力的人。"

真正的冠军都深深懂得，任何失败，不论它有多么充分的借口，都比不上成功。"就在一个人觉得不满意，不舒服和不方便的时候，他才会得到最好的磨练"另一位金牌获得者彼特·维德玛这样说："每一天，我都将自己要在体育馆里加以完成的项目列出清单来。如果我的训练能持续三个小时，那真是好极了!如果我的训练能持续六个小时，那就要感谢上帝了!如果不把这些项目完成，我决不会离开。我每天的生活目标就是这样：在每天离开体育馆的时候，我都可以说，我已经尽力而为了。"

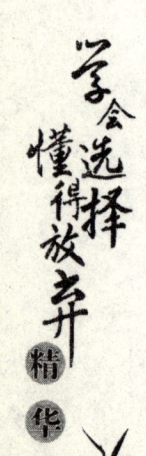

46. 调整好心态你就是个幸福的人

> 不幸已经发生了，再怎么悲伤也无济于事，而如果你选择积极的态度去面对不幸，那你将是最幸福的人。

米契尔曾经是一个不幸的人。

一次意外事故，把他身上65%以上的皮肤都烧坏了，为此他动了16次手术。手术后，他无法拿起叉子，无法拨电话，也无法一个人上厕所，但以前曾是海军陆战队员的米契尔从不认为他被打败了，他说："我完全可以掌握我自己的人生之船，我可以选择把目前的状况看成倒退或是一个起点。"6个月之后，他又能开飞机了！

米契尔为自己在科罗拉多州买了一幢维多利亚式的房子，另外也买了房地产，一架飞机及一家酒吧，后来他和两个朋友合资开了一家公司，专门生产以木材为燃料的炉子，这家公司后来变成佛蒙特州第二大私人公司。

在米契尔开办公司后的第4年，他开的飞机在起飞时又摔回跑道，把他胸部的十二条脊椎骨全压得粉碎，腰部以下永远瘫痪！"我不解的是为何这些事老是发生在我身上，我到底是造了什么孽？要遭到这样的报应？"

但米契尔仍选择不屈不挠，还日夜努力使自己能达到最高限度的独立自主，他被选为科罗拉多州孤峰顶镇的镇长。后来也竞选国会议员，他用一句"不只是另一张小白脸"的口号，将自己难看的脸转化成一项有利的资产。

尽管面貌骇人、行动不便，米契尔却坠入爱河，且完成终身大事，也拿到了公共行政硕士的学位，并持续他的飞行活动、环保运动及公共演说。

米契尔说："我瘫痪之前可以做1万件事，现在我只能做9000件，我可以把注意力放在我无法再做的1000件事上，或是把目光放在我还能做的9000件事上，告诉大家说我的人生曾遭受过两次重大的挫折，如果我能选择不把挫折拿来当成放弃努力的借口，那么，或许你们也可以用一个新的角度，来看待一些一直让你们裹足不前的经历。你可以退一步，想开一点，然后你就有机会说：'或许那也没什么大不了的！'"

47. 最后的选择

当我们无力改变一个结局的时候，我们就放弃它，换一个角度去选择。这个时候我们会发现，那个结局的意义已经全然不同了。

蓝老师是初中三年级的语文教师，他同时还担任着初三(一)班的班主任。他对这一级的学生寄予厚望，尤其是他担任班主任的这个班，这是他最后一次带毕业班。他已经50岁了，教了一辈子书，就要退休了，他希望这一级的学生能给自己的教学生涯画上一个圆满的句号。

可是这一段时间以来，他一直感到自己力不从心，总感觉胸腔里膨胀得厉害。他强忍着越来越厉害的疼痛，继续坚持上课。直到学生毕业前两个月，他在一次上晚自习辅导课时，倒在了课堂上。

躺在病床上，他从同事和家人悲伤的表情中知道自己一定是得了绝症。他很痛苦，自己从教一生，学生的成绩一直都没有拿过顶尖的名次。这一级的学生是自己从初一带上来的，基础很扎实，加上自己这一年的调教，相信他们会给自己争气的，可是这病使他没有机会看到这一天了。医生告诉他，他只有一个月的时间了。他知道在这个时候更换老师对学生是极为不利的。

"怎么就不能再给我两个月的时间呢？假如再有两个月，我就没有什么遗憾了。"他一遍遍地问自己。

突然间，他似有所悟。医生不是说我有一个月吗？那么，我还可以利用这一个月做一些有针对性的事情。他列了20个学生的名字，交给同事，要求每天按顺序来一个学生。这20个学生，他认为都是很有潜质但又有明显弱点的学生，属于只要一撒手就变成野马，一管严就浪子回头的那一类。对这些学生的特点，只有他最清楚，他必须再逐一进行点拨。不然，换老师，这些学生可能就毁了。

学生们一个个地来，蓝老师的时间在一天天地减少。

20天过去了，20个学生都来过了，蓝老师感到从未有过的满足。他对家人说，我没有什么遗憾了。

他突然间又想起了医生的话，一个月的时间，现在已经过了20天，还有10天呢，为什么不利用这10天的时间，把我一生的从教经验和体会写下来呢？这不是很有用的一件事情吗？

他已经拿不起笔了，他就口述，让老伴帮他记。他每天都坚持说三个小时。医生说，太劳累了，他应该多休息。他说，我休息做什么呢？一天天等待死亡的来临？到了第九天的时候，他终于说完了，他把一篇三万多字的教学心得，交到了校长的手里。

"我的生命就要到终点了，但我没有什么遗憾。"蓝老师消瘦的脸上溢满了其他任何一个病人都没有的幸福和满足，好像他不是面临死亡，而是去赴一个美丽的约会。

48. 在绝境处寻找生机

懂得放弃是要人不要轻易地放弃，因为在绝境处，我们还有生存的机会。

曾读过一则非常有意思的寓言：

话说两条欢天喜地的河，从山上的源头出发，相约流向大海。它们各自分别经过了山林幽谷、翠绿草原，最后在隔着大海的一片荒漠前碰头，相对叹息。

若不顾一切往前奔流，它们必会被干涸的沙漠吸干，化为乌有；要是停滞不前，就永远也到达不了自由、无边无际的大海。云朵闻声而至，向它们提出了一个拯救它们的办法——化成蒸汽。

第一条河绝望地认为云朵的办法行不通，执意不就范；第二条河则不肯就此放弃投奔大海的梦想，毅然化成了蒸汽，让云朵牵引着它飞越沙漠，终于随着暴雨落在地上，还原成河水流到大海。而不相信奇迹的那条河，宿命地流向前方，终被无情的沙漠吞噬了。

在面对生活的困境时，我们都可以选择当第二条河，凭着自己坚定的信念和梦想，在绝处中寻找生机，而不是用死亡来拒绝面对难题。

曾访问过一名乳癌病患者，她透露自己当初在被推入手术房的那一刻，不断地和上帝"讨价还价"，祈求上帝让她多活10年，等她那两个年幼的孩子长大一些，再来把她带走。

在那一刻，孩子成了她活着的最大的意义。为了孩子，她积极乐观地面对病魔，一路走来已有12年，而上帝也未向她"讨债"。她说，患病后认识的另一名女士就没这么幸运了，虽然病情相似，但她却因丈夫离开，生活失去了重心而自怜自艾，放弃与病魔搏斗。面对死神的挑战，患病不到五个月的她选择了弃权，像极了沙漠中被索汲水分至死的第一条河。

反观前者，从最初难以接受地不断质问："为什么是我？"到现阶段能自适豁达地面对自己的病情，她显然已飞越过生命中干旱的沙漠，尝到了生命源泉的甘甜。

是不是没尝过茶般的苦涩，就无法体会美酒的醉人？难道我们就非得经过挫折和生活的历练，才能真正领悟出活着的意义？

我们周围有很多看似平平无奇的人，背后其实都有着一个个发人深省的故事待我们去观察发掘，并引以为鉴。只要你放缓脚步，懂得在喧闹过后，在沉淀的平静中，换个观点看待周围的人和事，或许你就能借他人的生活经历，咀嚼出生命的真味。

49. 成功说难也易

成功仅靠坚持还不够，还要学会选择，懂得放弃。

1965年，一位韩国留学生到剑桥大学主修心理学，在每天喝下午茶的时候，常到学校的咖啡厅或茶座听一些成功人士举办的讲座，这些成功人士包括诺贝尔奖获得者、某一领域的学术权威和一些创造了经济神话的人。这些人幽默风趣，把自己的成功都看得非常自然和顺理成章。时间长了，他发现，在国内时，他被一些成功人士欺骗了。那些人为了让正在创业的人知难而退，普遍把自己的创业艰辛夸大了，也就是说，他们在用自己的成功经历吓唬那些还没有取得成功的人。

作为心理学系的学生,他认为很有必要对韩国成功人士的心态进行深究。1970年,他把《成功不像你想象的那么难》作为毕业论文,提交给现代经济心理学的创始人威尔·布雷登教授。布雷登教授读后,大为惊喜,他认为这是一个新发现,这种现象虽然在东方甚至在世界各地都普遍存在,但还没有一个人能大胆地提出来进行研究。

惊喜之余,他写信给他的剑桥校友——当时坐在韩国政坛第一把交椅上的朴正熙。他在信中说,我不敢说这部著作对你有多大的帮助,但我敢肯定它比你的任何一个政令都能产生震动。

后来,这部书果然伴随着韩国的经济一起起飞了。而那位韩国留学生也因此鼓舞了许多人,他从一个新的角度告诉人们,成功与"劳其筋骨,饿其体肤"、与"三更灯火,五更鸡"、与"头悬梁,锥刺股"没有必然的联系,只要你对某一事业感兴趣,长久地坚持下去都会成功,因为上帝赋予你的时间和智慧,够你圆满地做完一件事情。后来,这位青年也理所当然地获得了成功,他成了韩国泛亚汽车公司的总裁。

成功,当然也不是我们想象中的那么难,真正的"难"就在于我们能否坚持自己的事业,在坚持的同时还要懂得去放弃。有了坚持的勇气,你终究会成功。懂得去放弃,你会继续成功。

50. 火把的启示

世事大多如此,许多身处黑暗的人,磕磕绊绊,最终走向了成功;而另一些人往往被眼前的光明照耀的迷失了前进的方向，终生与成功无缘。

一个商人在翻越一座山时，遭遇了一个拦路抢劫的山匪。商人立即逃跑，但山匪穷追不舍。走投无路时，商人钻进了一个山洞里，在洞的深处，他被山匪逮住了，遭到一顿毒打，身上所有钱财，包括火把，都被山匪掳去了，幸好山匪并没有要他的命。之后，两个人各自寻找着洞的出口。这山洞极深极黑，且洞中有洞，纵横交错。两个人置身洞里，像置身于一座地下迷宫。

山匪庆幸自己从商人那里抢来了火把，于是他将火把点着，借着火把的亮光在洞中行走。但是，他走来走去，就是走不出这个洞。最终，他力竭而死。商人失去了火把，没有照明，他在黑暗中摸索行走得十分艰辛，他不时碰壁，不时被石块绊倒，跌得鼻青脸肿。但是，正因为他置身于一片黑暗之中，所以他的眼睛能够敏锐地感受到洞口透进来的微光，他迎着这缕微光摸索爬行，最终逃离了山洞。

51. 败者的起点

面对失败，我们可以再次选择，只要有好心态，成功迟早会光临。

在一次别开生面的人才招聘会上，A君以其绝对的实力闯过了5关，不知最后一关会是什么。A君在揣摩着。而另一位同是某名牌大学毕业的B君则有两关是勉强通过的。

此时，他们都在等待着第6关考题的公布，这将是之于他们的一次宣判，因为两人当中只能选一个。

A君入选是无疑了。大家都向他投去赞赏的目光。

主持者在片刻有些令人窒息的"冷场"之后开始宣布："A君被录取，B君请另谋高就。"

宣布完后，A君兴奋地站起来，抑制不住心中的激动之情带头为自己鼓掌。这时，B君不卑不亢地起身微笑着说："哦，正可谓人各有志不可强求，选择人才是择优录取，更何况每个单位都有它用人的标准和尺度，每个人都要求找到自己适合的位置。好了，再见。"

"B先生请留步！"主持者面带欣喜起身走向B君，"B先生，你被录取了。"

接着，主持者向大会郑重宣布："成功与失败本是两个相互依存的概念，是相对而存在的，该是平等的，如果把任何一方看得过重，这个天平就要失衡，在这个世上生存或是发展，我们不只羡慕成功者的辉煌，而更看重能镇定自若面对失败的人。因为，每一次成功实际上是以许多次的失败为起点的，连在起点上都坚持不住的人，何谈以后的漫漫长途呢！"

全场响起热烈的掌声。

此时，我们都该和A君一样，知道我们所面临的第6个问题了吧。

生活需要一种平和的态度，对待成功与失败更需要用一种平和的心态去面对，成功固然可喜，失败也不必气馁，每一次成功实际上是以许多次的失败为起点的，在起点上能平静面对，并坚持下去的人，必能达到成功的终点。

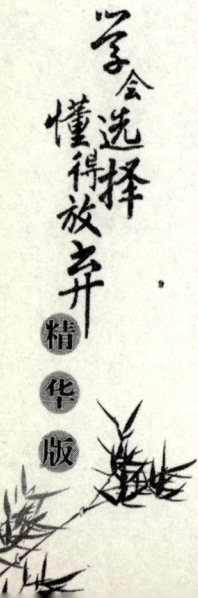

52. 成功的捷径

现实生活中，人人都渴望成功，都想找到一条成功的捷径。其实捷径就在你的身边，那就是勤于积累，脚踏实地。

在一本有关泰国文化的书里曾读到这样一个故事。

在很久以前，泰国有个叫奈哈松的人，一心想成为一个富翁。他觉得成为富翁的捷径便是学会炼金之术。

此后他把全部的时间、金钱和精力，都用在炼金术的实验中了。不久以后他花光了自己的全部积蓄，家中变得一贫如洗，连饭都没得吃了。妻子无奈，跑到父亲那里诉苦。她父亲决定帮女婿改掉恶习。

他让奈哈松前来相见，并对他说："我已经掌握了炼金之术，只是现在还缺少一样炼金的东西……"

"快告诉我还缺少什么？"奈哈松急切问道。

"那好吧，我可以让你知道这个秘密。我需要3公斤香蕉叶下的白色绒毛。这些绒毛必须是你自己种的香蕉树上的。等到收齐绒毛后，我便告诉你炼金的方法。"

奈哈松回家后立刻将已荒废多年的田地种上了香蕉。为了尽快凑齐绒毛，他除了种以前就有的自家的田地外，还开垦了大量的荒地。当香蕉长熟后，他便小心地从每张香蕉叶下收刮白绒毛。而他的妻子和儿女则抬着一串串香蕉到市场上去卖。就这样，十年过去了，奈哈松终于收集够了3公斤绒毛。这天，他兴奋地拿着绒毛来到岳父的家里，向岳父讨要炼金之术。

岳父指着院中的一间房子说："现在，你把那边的房门打开看看。"

奈哈松打开了那扇门，立即看到满屋金光，竟全是黄金，她的妻子儿女都站在屋中。妻子告诉他，这些金子都是他这十年里所种的香蕉换来的。面对着满屋实实在在的黄金，奈哈松恍然大悟。

53. 锻造柔软

如果人生的压力太大，为何不去选择放弃？

在加拿大魁北克山麓，有一条南北走向的山谷。山谷有一个独特的景观：西坡长满了松柏、女贞等大大小小的树，东坡却如精心遴选过了一般——只有雪松。这一奇景异观吸引了不少人前去探究其中的奥秘，但却一直无人能够揭开谜底。

1983年冬，一对婚姻濒临破裂的加拿大夫妇，准备做一次长途旅行，以期重新找回昔日的爱情，两人约定：如能找回就继续生活，否则就分手。当他们来到那个山谷的时候，天下起了大雪，他们只好躲在帐篷里，看着漫天的大雪飞舞。不经意间，他们发现由于特殊的风向，东坡的雪总比西坡的雪下得大而密，不一会儿，雪松上就落了厚厚的一层雪。然而，每当雪落到一定程度时，雪松那富有弹性的枝丫就会弯曲，使雪滑落一些下来。就这样，反复地积雪，反复地弯曲，反复地滑落，无论雪下得多大，雪松始终完好无损，而其他的树则由于不能弯曲很快就被压断了。西坡的雪下得很小，不少树都没有受到损害。

妻子若有所悟，对丈夫说："东坡肯定也长过其他的树，只不过由于不会弯曲而被大雪摧毁了。"丈夫点头之际，两个似乎同时恍然大悟，旋即忘情地紧拥热吻起来。丈夫兴奋地说："我们揭开了一个谜——对于外界的压力，要尽可能去承受。在承受不了的时候，要像雪松一样弯曲一下，这样就不会被压垮。"

一对浪漫的夫妇，通过一次特殊的旅行，不仅揭开了一个自然之谜，而且找到了一个人生的真谛。

在人生的旅途上，各种摧折命运之树的暴风大雪常常会不期而至。一个人要想经受住人生风雪的侵袭，就该从雪松抵御大雪的自然景象中汲取生存与发展的艺术，该伸则伸，该屈则屈，始终从容不迫、游刃有余地绷拉命运之簧，弯而不折，曲而不断。弯曲，实质上是柔软的表现。应该指出的是，柔软不是怯懦，不是趋炎附势，不是卑躬屈膝，不是在困难的障碍面前畏缩不前。如同弯弓是为了更有力地射箭、退却是为了更勇猛地进攻一样，柔软的关键在于韬光养晦、蓄势待发、坚忍不拔、以柔克刚。这是一种至高至善的人生艺术，必须精心锻造才能成就！

54. 渔夫的放弃

放弃很容易，但要懂得如何去放弃很难。

有个富翁去海边旅游，见一渔夫正悠闲自在地躺在沙滩上晒太阳，富翁问："天气这么好，无风无浪的，你怎么不下海捕鱼？"渔夫说："我捕一天鱼能吃五六天，衣食无忧，挣太多的钱啥用？"富翁说:"成了大款,你就可以舒舒服服晒太阳了。"渔夫笑道:"我现在不是已经正在舒舒服服晒太阳了吗?"富翁无言以对,怏怏不乐地走了。

　　三年后,富翁又来到海边,有个乞丐伸手向他乞讨:"先生,行行好,可怜可怜我,给点儿吃的吧!"富翁一怔,认出这个乞丐正是三年前那个舒舒服服晒太阳的渔夫。富翁问:"你怎么会落到这步田地了呢?"渔夫也认出了富翁,羞愧地低下头,他长叹一口气,然后说:"先生,我真后悔当初没听您的劝告,我目光短浅,太容易满足。这几年,捕鱼的人多了,人家用的是高科技捕鱼新设备,我那小破船小破网再也捕不到鱼了。"

　　是啊,生活中不也有许多像渔夫那样安于现状,认为小富即安的人吗?俗话说:人无远虑,必有近忧。那些偶获成功便放弃向更大的成功努力的人,其结局定会和渔夫一样,得到生活的惩罚。

第三篇

名人的殿堂

1. 轻易放弃，永远到不了终点

坚持不懈，最后就会有一个圆满的结果。在前行的道路上，你我都没有权利嘲笑那些不断前进的人，因为成功就在于他们不懈地前行，轻易放弃，那么你永远也到不了终点。

一天，在一棵古老的橄榄树下，乌龟听见一只长得很漂亮的雄鸽子说，狮王28世要举行婚礼，邀请所有的动物都去参加庆典。既然狮王28世邀请所有的动物都去参加庆典，那我是动物，我也应该去!乌龟心里想。

它上路了，在路上它碰见了蜘蛛、蜗牛、壁虎，还有一大群乌鸦。它们先是发愣，然后嘲笑说："乌龟呀乌龟，不是我们说你，这么一个非常简单的道理你都不懂，婚礼马上就要举行，可你爬得这么慢，你能赶上吗?等你赶到，别说婚宴早结束，洞房也已闹完，恐怕生下的小孩也已经长大成人可以举行婚礼了。"

但乌龟执意前行。

许多年后，乌龟终于爬到了狮王洞口。只见洞口到处张灯结彩，各类动物也几乎应有尽有。这时快活的小金丝猴告诉它说："今天，我们在这里庆祝狮王29世的婚礼。"

如果当初乌龟听了别人的规劝后放弃前行的念头，又怎能赶上29世的婚礼呢?

再来看看日本的金栗志藏。1912年，日本选手金栗志藏在斯德哥尔摩奥运会的马拉松赛跑中，由于体力不支，中途昏倒，放弃比赛。1966年，76岁高龄的金栗志藏到瑞典旧地重游。他从当时退出比赛的地点，稳步向终点斯德哥尔摩奥林匹克运动场走去，终于完成了当年的未尽之赛。至此，他的马拉松成绩为54年8个月6天8小时32分20秒。

面对向他表示祝贺的瑞典记者，金栗志藏意味深长地说："尽管我比对手落后了半个多世纪，但我最后还是抵达了终点。"

2. 下一次就是你

阳光的温暖不会放弃任何一个微弱的生命！

有一个女孩对足球十分痴迷，一个偶然机会，她被父亲送到了体校学踢足球。

在体校女孩并不是一个很出色的球员，因为没有受过规范的训练，踢球的动作、感觉都比不上先入校的队友。女孩上场训练踢球时常常受到队友们的奚落，说她是"野路子"球员，女孩为此情绪一度很低落。每个队员踢足球的目标就是进职业队打上主力，职业队也经常去体校挑选后备力量。每次选人，女孩都卖力地踢球，然而终场哨响，女孩总是没有被选中，而她的队友已经有不少陆续进了职业队，没选中的也有人悄悄离队。于是，平时训练最刻苦认真的女孩便去找一直对她赞赏有加的教练，教练总是很委婉地说："名额不够，下一次就是你。"天真的女孩似乎看到了希望，树立了信心，又努力练了下去。

一年之后，女孩仍没有选上，她实在没有信心再练下去，她觉得自己虽然场上意识不错，但个头太矮，又是半路出家，再加上每次选人时，她都迫切希望被选中，因此上场后就显得紧张，导致平时训练水平发挥不出来。她为自己在足球道路上黯淡的前程感到迷茫，就有了离开体校放弃踢球生涯的打算。

这天，她没有参加训练，而是告诉教练说："看来我不适合踢足球了，我想读书，想考大学。"然而，第二天女孩却收到了职业队的录取通知书，她激动不已地立马前去报了到。女孩这次很高兴地跑去找教练了，她发现教练的眼中同她一样闪烁着喜悦的光芒："孩子，以前我总说下一次就是你，其实那句话不是真的，我是不想打击你而告诉你说你的球艺还不精，我是希望你一直努力下去啊！"女孩一下子什么都明白了。

在职业队受到良好系统实战训练后女孩充满信心，她很快便脱颖而出。她就是获得20世纪"世界最佳女子足球运动员"称号的我国球星孙雯。

后来，孙雯讲述这段往事时，感慨地说："一个人在人生低谷中徘徊，感觉自己支持不下去的时候，其实就是黎明的前夜，只要你坚持一下，再坚持一下，前面肯定是一道亮丽的彩虹。"

"下一次就是你"，不仅给了人希望，还隐含了我们在某些方面还有缺陷，仍需努力付出，只要不断充实、完善自己，时刻准备着，在逆境中绝不放弃，再坚持一下，那么，下一次见到彩虹的可能就是你。

3. 爱拼才会赢

什么事情，能鼓舞着一个人屡败屡起，最终夺得最后的胜利？是积极的心态。

世界游泳冠军摩拉里的成长过程，就是一个积极心态助人成长的过程。早在少年时代，他的心中就充满了梦想，梦想着即将到来的成功时刻。

1984年的洛杉矶奥运会前夕，摩拉里已经跻身于最优秀的参赛运动员之列。令人遗憾的是，在赛场上，他发挥欠佳，只获得一枚银牌，与冠军擦肩而过。但他没有灰心丧气，他把目标瞄准了1988年的韩国汉城奥运会。

然而这一次，他的梦想在奥运预选赛上就告破灭，他被淘汰了。他变得沮丧，把体育的梦想深埋心中，有3年的时间，他很少游泳，那成了他心中永远的痛。

但在摩拉里的心中，自始至终有股燃烧的烈焰，没法子完全把它扑灭。离1992年夏季奥运会不到一年的时候，他决定孤注一掷。在属于年轻人的游泳赛事中，30多岁的人就算是高龄了，摩拉里久已脱离体育运动，再去百米蝶泳的比赛中与那些优秀的选手们拼搏，简直就像是拿着枪矛戳风车的唐·吉诃德一样的不自量力。

在预赛中，他的成绩比世界纪录慢一秒多，因此，在决赛中他必须付出更多的努力，他努力地为自己增压打气。在游泳池中，他的速度果然是不可思议的快，超过其他的竞赛者一路遥遥领先，最后他不仅夺得了冠军，还破了世界纪录。

　　一个人的内心中蕴藏着无穷无尽的力量，若是自甘埋没，对身边的一切事情都作低调处理，为了避免失败和遇挫的尴尬，有意识地放弃一些难得的机会，虽然表面上看来是最大程度地保全了面子，但事实上却是在最大程度地埋没了自己的才能，只有敢于挺身而出，对任何的挫折和磨难都不在乎，心中所有的意念只浓缩到一点——我要争强竞胜，我要发挥出我全部的力量和智慧，才能屡败而屡战，屡战而屡胜。

相信自己

　　不是因为有些事情难以做到，我们才失去自信；而是因为我们失去了自信，有些事情才显得难以做到。

　　2001年5月20日，美国一位名叫乔治·赫伯特的推销员，成功地把一把斧子推销给小布什总统。布鲁金斯学会得知这一消息，把刻有"最伟大推销员"的一只金靴子赠予他。这是自1975年以来，该学会的一名学员成功地把一台微型录音机卖给尼克松后，又一学员获此殊荣。

　　"布鲁金斯学会"以培养世界上最杰出的推销员著称于世。它有一个传统，在每期学员毕业时，设计一道最能体现推销员能力的实习题，让学生去完成。克林顿当政期间，他们出了这么一个题目：请把一条三角裤推销给现任总统。八年间，有无数个学员为此绞尽脑汁，可是，最后都无功而返。克林顿卸任后；布鲁金斯学会把题目换成：

请把一把斧子推销给小布什总统。

鉴于前八年的失败与教训，许多学员放弃了争夺金靴子奖，个别学员甚至认为，这道毕业实习题会和克林顿当政期间一样毫无结果，因为现在的总统什么都不缺少，再说即使缺少，也用不着他亲自购买。

然而，乔治·赫伯特却做到了，并且没有花多少功夫。一位记者在采访他的时候，他是这样说的："我认为，把一把斧子推销给小布什总统是完全可能的，因为布什总统在得克萨斯州有一农场，里面长着许多树。于是我给他写了一封信，说：'有一次，我有幸参观您的农场，发现里面长着许多大树，有些已经死掉，木质已变得松软。我想，您一定需要一把小斧头，但是从您现在的体质来看，这种小斧头显然太轻，因此您仍然需要一把不甚锋利的老斧头。现在我这儿正好有一把这样的斧头，很适合砍伐枯树。假若您有兴趣的话，请按这封信所留的信箱，给予回复……'最后他就给我汇来了15美元。"

乔治·赫伯特成功后，布鲁金斯学会在表彰他的时候说："金靴子奖已空置了26年，26年间，布鲁金斯学会培养了数以万计的推销员，造就了数以百计的百万富翁，这只金靴子之所以没有授予他们，是因为我们一直想寻找这么一个人，这个人不因有人说某一目标不能实现而放弃，不因某件事情难以办到而失去自信。"

5. 困难可以磨练意志

所有非凡的成就或伟大的壮举，都非一朝一夕之功，更不是上天的赐予或额外垂青，而是有人经历了炼狱般的磨难和艰辛方才取得的。

德国的歌德，一生著述颇丰，24岁就以小说《少年维特的烦恼》风靡整个西欧，但他生活浮华，博爱不专，据说80岁了还向少女求爱。

但他却说："不要羡慕我取得的那一点成绩，告诉你们吧，我只不过比你们多作了些思考罢了，这些年来，我每天都像在推着石头上山，日子对我来说从来就没有轻松过。"上山已是不易，要是再推着石头，其难可想而知。

这么说来，在我们喝着咖啡、啜着茶的时候，勤奋的歌德已经端坐桌旁，开始同他生活的这个世界进行对话了。也可以说，他在走路、吃饭、乃至于上厕所的间隙，都没有像我们一样"无动于衷"，而是将身边所见的点滴摄入了他无时不在思索的脑海之中。

一个人年轻时要是取得了歌德那样显赫的成就，或许早已枕着它为自己带来的丰厚资本悠然生活了，而他，却偏偏要"推上一车石头"，去攀登更高的山头。

6. 有梦就有希望

信念就是这样一支火把，它能最大限度地燃烧一个人的潜能，指引他飞向梦想的天空。

多年前，一位穷苦的牧羊人领着两个年幼的儿子以替别人放羊为生。一天，他们赶着羊来到一个山坡，这时，一群大雁从他们的头顶飞过，牧羊人的小儿子问他的父亲："大雁要往哪里飞？""它们要去一个温暖的地方,在那里安家,度过寒冷的冬天。"牧羊人说。他的大儿子眨着眼睛羡慕地说:"要是我们也能像大雁一样飞起来就好了,那我就要飞得比大雁还要高,去天堂,看妈妈是不是在那里。"小儿子也对父亲说:"做只会飞的大雁多好啊!那样就不用放羊了,可以飞到自己想去的地方。"

牧羊人沉默了一下,然后对两个儿子说:"只要你们想,你们也能飞起来。"两个儿子试了试,并没有飞起来。他们用怀疑的眼神瞅着父亲。

牧羊人说:"让我飞给你们看。"可是他飞了两下,也没飞起来。牧羊人肯定地说:"我是因为年纪大了才飞不起来,你们还小,只要不断努力,就一定能飞起来,去想去的地方。"儿子们牢牢地记住了父亲的话,并一直不断地努力,等他们长大以后果然"飞"起来了,他们发明了飞机,他们就是美国的莱特兄弟。

7. 智慧就是金子

生意场上,无论买卖大小,并非靠尔虞我诈就能成功,关键在于你的智慧,这才是长盛之本。做人同样,智慧的人永远是赢家。

越战期间,美国好莱坞举行过一次募捐晚会,由于当时的反战情绪比较强烈,募捐晚会以1美元的收获而收场,创下好莱坞的一个吉尼斯纪录。不过,在这次晚会上,一个叫卡塞尔的小伙子却一举成名,他是苏富比拍卖行的拍卖师,那1美元是他用智慧募集到的。

当时他让大家在晚会上选一位最漂亮的姑娘，然后由他来拍卖这位姑娘的一个吻，最后他募到了1美元。当好莱坞把这1美元寄往越南前线的时候，美国的各大报纸都进行了报道。

人们看到这一消息，无不惊叹于卡塞尔对战争的嘲讽。然而德国的某一猎头公司却发现了这位天才，他们认为卡塞尔是棵摇钱树，谁能运用他的头脑，谁必将财源滚滚。于是，这家猎头公司建议日渐衰萎的奥格斯堡啤酒厂重金聘他为顾问。

于是在1972年，卡塞尔移居德国，受聘于奥格斯堡啤酒厂。他果然不负众望，异想天开地开发了美容啤酒和浴用啤酒，从而使奥格斯堡啤酒厂一夜之间成为全世界销量最大的啤酒厂。

1990年，卡塞尔以德国政府顾问的身份主持拆除柏林墙，这一次，他使柏林墙的每一块砖都以收藏品的形式进入了世界上200多万个家庭和公司，创造了城墙砖售价的世界之最。

1998年，卡塞尔返回美国，他下飞机的时候，美国大西洋赌城——拉斯维加斯正上演一出拳击喜剧——泰森咬掉了霍利菲尔德的半只耳朵。出人预料的是，第二天，欧洲和美国的许多超市竟然出现了"霍氏耳朵"巧克力，其生产厂家是卡塞尔所属的特尔尼公司。这一次，卡塞尔虽因霍利菲尔德的起诉输掉了盈利额的百分之八十，然而，他天才的商业洞察力却给他赢来年薪3000万美元的身价。

新世纪到来的那一天，卡塞尔应休斯敦大学校长曼海姆的邀请，回母校做创业方面的演讲。在这次演讲会上，一个学生当众向他提了这么一个问题："卡塞尔先生，您能在我单腿站立的时间里，把您创业的精髓告诉我吗？"那位学生正准备抬起一只脚，卡塞尔就已答复完毕："生意场上，无论买卖大小，出卖的都是智慧。"

这次，他赢得的不仅是掌声，还有一个荣誉博士的头衔。

8. 帮人帮己

"腾出一只手"给卑微者——赞扬他们;"腾出一只手"给狂妄者——规劝他们;"腾出一只手"给绝望者——鼓励他们……"我曾'腾出一只手'给别人"。你能面无愧色地说出这句话吗?

陀思妥耶夫斯基二十多岁时写了一部中篇小说《穷人》,学工程专业的他怯生生地把稿子投给《祖国纪事》。编辑格利罗雏奇和涅克拉索夫傍晚时分开始看这篇稿子,他们看了十多页后,打算再看十多页,一个人读累了,另一个人接着读,就这样一直到凌晨。他们再也无法抑制住激动的心情,顾不得休息,找到陀思妥耶夫斯基的住所,扑过去紧紧把他抱住,流出泪来。他们告诉陀思妥耶夫斯基,这部作品是那么出色,让他不要放弃文学创作。之后,他们又把《穷人》拿给著名文艺评论家别林斯基看,并叫喊着:"新的'果戈里'出现了。"别林斯基开始不以为然:"你以为'果戈里'会像蘑菇一样长得那么快呀!"但他读完以后也激动得语无伦次,瞪着陌生的年轻人说:"你写的是什么,你了解自己吗?"平静下来以后,他对陀思妥耶夫斯基说:"你会成为一个伟大的作家。"

陀思妥耶夫斯基作出了反应:"我一定要无愧于这种赞扬,多么好的人!这是些了不起的人,我要勤奋,努力成为像他们那样高尚而有才华的人!"后来陀思妥耶夫斯基写出了大量优秀的小说,成为俄国十九世纪经典作家,被西方现代派奉为鼻祖。

格利罗维奇、涅克拉索夫、别林斯基因各自的成就赢得人们的尊敬，但同样令人们尊敬的是他们"腾出一只手"托举一个陌生人的行动。而且从最初他们就预料到这个年轻人的光芒将盖过自己，但他们连想也没想就伸出了自己的手。

别林斯基等三位伟大的艺术家虽然后来被陀思妥耶夫斯基抢了光芒，但毕竟因陀氏的成功而使自己的人格举世皆知。生活中更多的"腾出一只手"者则是默默无闻的，因为不是每一个人都能像陀氏那样成为"不再重放的花朵"。然而"腾出一只手"给别人，在于过程，而不在于结果。无论被托举者最后是否平凡，无论能否得到回报，都不影响爱的价值。

9. 钱只是符号而已

钱不是万能的，但没钱是万万不能的，我们选择钱，但很多时候也要懂得放弃。

四川新希望集团董事长刘永好先生在荣登"《福布斯》2001年中国内地100名富豪"榜首之后，对上海的记者感叹道："当一个人拥有10万元时，他对于财富的渴求最为强烈；当他口袋里装有1000万元时，他的感觉就是'要什么有什么'；当他的财富增加到10亿，他会感觉到口袋里只有1亿元，其他9亿似乎已经与他无关。"他坦言，再多的钱，在他眼里也只是"符号"而已。

刘永好先生是爽快人，他的这番"答记者问"很诚恳。但是，如果这话是出自一个每月只拿300元基本生活费的下岗职工，或者一个只拿400元最低工资的普通市民之口，某些人恐怕就要感到很不理解了。

他们认为普通人对财富的感觉应该更"近在眼前"一些。刘永好先生现在与他的兄弟们分享着80亿元人民币的财富，再多的钱在他眼里都只是"符号"，但凭着他当初一步一个脚印艰苦创业的经历，以及他对财富的独到理解，对于下岗职工和机关事业单位的普通工作人员为了每月能多拿几十百把块钱而欢呼雀跃，我想他应该不会觉得是在小题大做吧。

有钱的感觉是什么?富兰克林有过一句听起来有点像"废话"的名言："有钱的好处无非是有钱花"。而在刘永好看来，"财富对于我个人已经失去了意义，现在积累财富就意味着对社会的贡献。"他说的其实和富兰克林的名言是一个道理，即一个人只有把自己的钱"花"掉，他的钱才算有"用"，他只有把自己的财富和社会发生某种关系，比如投资、消费、捐赠、馈赠或继承，他的财富才能发挥其应有的作用。

据说世界首富比尔·盖茨创造财富的速度，比一个人一天24小时不停地弯腰，每次都从地上捡起一张100美元的钞票还要快。而我在《今日早报》上读到一条新闻，说是一些外来民工在浙江宁波发展起了一种新行当——厕所淘金，他们带着一根长铁棍，上面绑一串吸铁石，专门到厕所里捞硬币，每天能从粪池中淘出50多元钱。假如比尔·盖茨在中国宁波目睹了这一幕，不知道该作何感想。

什么样的人什么样的命，有多大的命挣多大的钱，挣多大的钱就会有多大的"有钱的感觉"，这是现实。但"富翁大款，宁有种乎"？要相信命运绝不会一成不变。大家都加油吧!

10. 剔凿生命的石屑

敢于剔凿掉自己的缺点和不足，不断割舍生命中多余的"石屑"——这样的人生才能凸现生命的质感，镂刻出别样的景致。

孔子年轻的时候，很喜欢到他隔壁的邻居家去。他的邻居是一位技艺精湛的老石匠，一块块岩石经过他的刻凿，便成了千姿百态栩栩如生的花鸟。

一天，孔子又踱至邻家，那个老石匠正为鲁国一位已故大夫刻石铭碑。孔子叹息道："有人淡如云影来去无痕，有人却把自己活进了碑石，活进了史册里，这样的人真是不虚此生啊！"

老石匠停下锤，问孔子说："你是想一生虚如云影，还是想把自己的名字铭进碑石，流芳千古？"

孔子长叹一声说："一介草木之人，想把自己刻到一代一代人的心里，那不是比登天还难吗？"老石匠听了，摇摇头说："其实并不难。"他指着一块坚硬又平滑的石块说："要把这块石坯刻成碑铭，就要雕凿它。"老石匠说完，就一手握凿一手拴锤叮叮当当地凿起来，一块块石屑很快在锤子清脆的敲击声中飞起来。不一会儿，岩石上便现出了一朵栩栩如生的莲花图案。老石匠说："如果想使这个图案不容易被风雨抹平，那就要凿得更深些，要剔掉更多的石屑。只有剔凿掉许多不必要的石屑，才能成为浮碑铭。"

11. 人要活得自由自在

面对生与死，只要你的心选择生，你就是生，若你的心已死，就是生那又能怎样呢？

著名的楚辞专家文怀沙，已经年过九旬了。他满头白发，银须飘逸，颇像个古代人仙翁。

最有意思的是，他对文老的尊称颇不以为然。每次我在电话中称呼他文老，都要受到他的责怪："古人云：'老而不死是贼'。我今年才45岁挂零，我是'文小'。"他把年龄减去了一半，言罢哈哈大笑。当我问起他为什么难以割舍那辆自行车时，他振振有词地对我说："人要活得自由自在，比如，你坐在汽车里，看见一位妙龄女子，能够观而品之吗？而我则能下车驻足观之，直到她消失为止。汽车阶级有这个自由吗？《诗经》中的首篇，就写下了'窈窕淑女，君子好逑'，我'文小'虽然有心无力了，但是凝视两眼总还可以吧！"

对于死亡他也有一番奇谈。他说："我对我夫人说了，我'文小'总有一天会做古，我的遗嘱非常简单——把骨灰顺着抽水马桶冲下去。"夫人难以接受他的意愿，反问他说："青山绿水皆可埋骨；你为什么非要做出这种选择？"文老回答道："骨灰与粪便合成有机肥料，可以肥田美地。"

我被他的达观心态逗得也笑了起来。然后我"将"了他一军："文老，将来你的那么多儿女，要祭祀你该怎么办？"

他说："他们对着大地上的高粱或者玉米鞠躬就是了，那就是我。"

236

是笑话还是真言?这似乎并不重要,重要的是文老有一颗开阔的心,生死由之。这话说起来不难,但是真正做到这种潇洒,也并非易事。

12. 不赌为赢

　　博弈人生,是智者的人生;而博彩人生,则是赌徒的人生。同为一个"博"字,细细品味,则差在千里之外、天壤之间。

　　靠10元港币起家,如今已是亿万富豪的澳门"赌王",在总结他毕生奋斗的人生经验时,出人意料地说:"不赌为赢"。

　　奇怪,赌王不赌,何以成为赢家?

　　纵观其历史,才渐渐悟出其中的深刻道理。

　　想当初,赌王从香港抵达澳门时,身上仅有10元港币。但他并不是用这10元钱去赌彩撞大运,而是找了一家贸易公司落下脚跟。由于他吃苦耐劳,又善于动脑筋,很快就拉住了一批客户。股东看到他是个可用之才,便邀他入股成为合伙人。他慧眼识商机,将澳门的一些剩余物资如小汽船、发电机等运住内地,换取粮食运回港澳。当时正值兵荒马乱,港澳粮食奇缺,这一来一往,便获厚利。这种独具慧眼的易货贸易,为他以后的发展打下了良好的基础。

　　赌王的真正机会是在20世纪60年代初,当时承包澳门赌业的一家公司合约期满,有关方面登报公开招商。又是这双慧眼看到了这个千载难逢的发展契机,于是他竭尽全力参与竞标,最后功夫不负有心人,终于以高于对手仅8万元的微弱优势获澳门赌业专营权。

拿到了赌业专营权，他并未就此高枕无忧地坐收渔利，而是把赌业作为一项产业来经营。他为了广招客源，投资建立来往港澳的现代化船队，同时又投资兴建直升机场和澳门机场，吸引世界各地的游客。他提出把旅游与赌业结合，以赌业为龙头，带动全澳门的交通、酒店、饮食和旅游全面发展。他一改过去赌场由江湖人士把持的局面，在赌场各级管理人员中，重用懂现代企业管理的知识分子，使赌业由传统的带江湖色彩的行业逐渐向现代化的企业经营管理方式迈进……

不赌为赢，正是他不靠侥幸中彩而靠实干与抓住机遇起家，正是他不靠吃赌混日子而把赌业作为一项产业来发展，正是他不靠江湖义气维系赌业而引入现代管理，从而让赌业发展跟上时代的步伐。这一切，都是他"不赌"的前提。

诚然，赌王是以赌业成名的，他的成功，离不开赌业。但他成功的历程，是博弈，不是博彩。博弈，凭的是心智与实力；博彩，则靠的是瞎撞与碰运，撞不上则心灰意冷，碰上了则乐迷心窍。博弈，是全局在胸的行棋，环环相扣与步步进逼，最终达到决胜的顶点；而博彩，则是系命运于股掌之中的押宝，成败于浑沌懵懂之间。

13. 可以选择好生命

生命我们不能选择"长"，但是可以选择"好"。心情好，身体好，亲人好，生命就好。

北美的北极地带有一个部落，部落里有个说法：月亮因忙于新的灵魂的降世，于是便从天空消失了，所以有的夜晚没有月光，但最终月亮是要回来的，就像我们每个人一样。这是我所知道的关于死亡的最美好最诗意的形容。

从1936年夏天，玛格丽特·米切尔因《飘》的出版而名声鹊起，她所有的精力都耗费在要么将自己包裹起来，反抗它，要么忙于对付它布下的天罗地网。由于她如此坚决不让名声改变她的生活，无论感情上或是理智上，她都停止了成长，除了说这是一种死亡，它还是什么呢?至少我们从中看到，名利也可以令生命变得不好。

梵高在他生命终结的那个六月里，清晰地感觉到自己生命的最好部分已经死亡了，仿佛以前从他手下诞生的每一幅画都带走了他的一部分。他死了，他的生命留在他的画里，没有什么不好。

2000年攀登玉珠峰的死亡名单中，有深圳的山友王涛和周虹俊。他们的朋友在追思活动中，念了一段话："当我们在夏夜晚，遥望群星时，我们一定会看到你的闪烁，还能听到你那亲切的语调，你会告诉我们：'我不能形容你所未曾见到的美景，但是请相信我，这里更好!'"这里更好，这是死者对生者的慰藉。他们是渴望像鹰一样在天上飞的人，天上一日，地上千年，我们试着去体验他们的快乐，分担他们离去的空白，活得精彩，活得好。

我们会为每一个微小的愿望的实现而喜悦，而赞美生的美好；为每一个微小的不如意而沮丧，而诅咒命运的不公正。我们应该在每一个有月亮的晚上，想一想生的偶然，还有每一个人都无法回避的死亡，那永远离去的日子，都会有跟这个世界前嫌冰释的悟性，身心沐浴在平和和充满感知的月色中，好好活下去。

14. 天才选择给自己铺路

天才之路都是用爱心铺成，这条路上也有天才自己的一颗爱心。

在里约热内卢的一个贫民窟里，有一个男孩，他非常喜欢足球，可是又买不起，于是就踢塑料盒，踢汽水瓶，踢从垃圾箱拣来的椰子壳。他在巷口里踢，在能找到的任何一片空地上踢。

有一天，当他在一个干涸的水塘里踢一只猪膀胱时，被一位足球教练看见了，他发现这男孩踢得很是那么回事，就主动提出送给他一只足球。小男孩得到足球后踢得更卖劲了，不久，他就能准确地把球踢进远处的随意摆放的一只水桶里。

圣诞节到了，男孩的妈妈说："我们没有钱买圣诞礼物送给我们的恩人。就让我们为我们的恩人祈祷吧。"

小男孩跟妈妈祷告完毕，向妈妈要了一只铲子跑了出去，他来到教练住的别墅前的花圃里，开始挖坑。

就在他快挖好的时候，教练从别墅里走出来，问小孩子在干什么，小男孩抬起满是汗珠的脸蛋，说："教练，圣诞节到了，我没有礼物送给您，我愿给您的圣诞树挖一个树坑。"

教练把小男孩从树坑里拉上来，说："我今天得到了世界上最好的礼物，明天你到我的训练场去吧。"

三年后，这位十七岁的男孩在第六届世界杯足球赛上独进六球，为巴西第一次捧回金杯，一个原来不为世人所知的名字——贝利，随之传遍世界。

15. 你手里有支笔，怕什么

> 人在穷迫困难的时候，只会活出两种结果：要么就此消沉灭亡；要么激发心灵，奋勇而起。到底怎样？一切由你自己选择。看清自己的长处，找准方向，你定会走出困境。

1946年的秋天，26岁的汪曾祺从西南联大肄业后，只身来到上海，打算单枪匹马闯天下。在一间简陋的旅馆住下后，他就开始四处找工作。工作显然不好找，他便每天夹本外国小说上街。走累了，他就找条石凳，点燃一支烟，有滋有味地吸着，同时，打开书，细心阅读起来。有时书读得上瘾了，干脆把找工作的事抛到一边，一颗心彻底跳入文字里沐浴。

日子越拖越久，兜里的钱越来越少，能找的熟人都找了，能尝试的路子都尝试过了。终于，有一天下午，他一反往日的温文尔雅，像一头暴怒不已的狮子，拼命地吼叫。他摔碎了旅馆里的茶壶、茶杯，烧毁了写了一半的手稿和书，然后给远在北京的沈从文先生写了一封诀别信。信邮走后，他拎着一瓶老酒来到大街上。他边迷迷糊糊地喝酒，边思考一种最佳的自杀方式。他一口口对着嘴巴猛灌烧酒，内心里涌动着生不逢时的苍凉……晚上，几个朋友找到他，他已趴到街侧一隅醉昏了。

后来还没有从自杀情结中解脱出来的汪曾祺很快就接到了沈先生的回信。沈先生在信中把他臭骂了一顿，沈先生说："为了一时的困难，就这样哭哭啼啼的，甚至想到要自杀，真是没出息!你手里有一支笔，怕什么!"

沈先生在信中谈了他初来北京的遭遇。那时沈先生才刚刚二十岁，在北京举目无亲，连标点符号都不会用，就梦想着用一只笔闯天下。但只读过小学的沈先生最终成功了——成为国内外享有盛誉的大作家。读着沈先生的信，回味着沈先生的往事和话语，汪曾祺如遭棒喝，后来一个人偷偷地乐了。

不久，在沈先生的推荐下，《文艺复兴》杂志发表了汪曾祺的两篇小说。后来，汪曾祺进了上海一家民办学校，当上了一名中学教师，再后来，他也和沈先生一样，成了国内外享有盛誉的作家。

16. 做别人没有做过的

做别人没做过的事情，除了自己需有过人的敏锐外，更需要一种执着与勇气，否则，你只有放弃了。

很多外国的啤酒商都发现，打开比利时首都布鲁塞尔的市场非常难。于是就有人向比利时国内的某畅销名牌酒厂取经。这家叫"哈罗"的啤酒厂位于布鲁塞尔东郊，无论是厂房建筑还是车间生产设备都没有很特别的地方。但该厂的销售总监林达是轰动欧洲的策划人员，由他策划的"啤酒文化节"曾经在欧洲多个国家盛行。当有人问林达是怎么做"哈罗"啤酒的销售时，他显得非常得意而自信。林达说，自己和哈罗啤酒的成长经历一样，从默默无闻开始到轰动半个世界。

林达刚到这个厂时是个还不满25岁的小伙子,那时候他有些发愁自己找不到对象,因为他相貌平平又贫穷。但他还是看上厂里一个很优秀的女孩,当他在情人节偷偷地给她献花时,那个女孩伤害了他,说:"我不会看上一个普通得像你这样的男人。"于是林达决定做些不普通的事情,但什么是不普通的事情呢?林达还没有仔细想过。

那时的哈罗啤酒厂正一年一年地减产,因为销售的不景气而没有钱在电视或者报纸上做广告,这样开始恶性循环,做销售员的林达多次建议厂长到电视台做一次演讲或者广告,都被厂长拒绝。林达决定冒险做自己"想要做的事情",于是他贷款承包了厂里的销售工作,正当他为怎样去做一个最省钱的广告而发愁时,他徘徊到了布鲁塞尔市中心的于连广场。这天正是感恩节,虽然已是深夜了,广场上还有很多欢快的人们,广场中心撒尿的男孩铜像就是因挽救城市而闻名于世的小英雄于连。当然铜像撒出的"尿"是自来水。广场上一群调皮的孩子用自己喝空的矿泉水瓶子去接铜像里"尿"出的自来水来泼洒对方,他们的调皮启发了林达的灵感。

第二天,路过广场的人们发现于连的"尿"变成了色泽金黄、泡沫泛起的"哈罗"啤酒。铜像旁边的大广告牌子上写着"哈罗啤酒,免费品尝"的字样。一传十,十传百,全市老百姓都从家里拿自己的瓶子杯子排成长队去接啤酒喝。电视台、报纸、广播电台争相报道,林达把哈罗啤酒的广告不掏一分钱就成功地上了电视和报纸。后来哈罗啤酒该年度的啤酒销售产量跃升了1.8倍。

林达成了闻名布鲁塞尔的销售专家,这就是他的经验:做别人没有做过的事情。

17. 只有舍去才能得到

其实有许多时候，赠予也是一种经营之道。有舍有得，只有舍去，才能得到。

"赠予"别人，其实就是"赠"给我自己。

二战的硝烟刚刚散尽时，以美英法为首的战胜国们几经磋商，决定在美国纽约成立一个协调处理世界事务的联合国。一切准备就绪之后大家才蓦然发现，这个全球至高无上、最权威的世界性组织，竟没有自己的立足之地。

买一块地皮吧，刚刚成立的联合国机构还身无分文。让世界各国筹资吧，牌子刚刚挂起，就要向世界各国搞经济摊派，负面影响太大。况且刚刚经历了二次大战的浩劫，各国政府都财库空虚，甚至许多国家都是财政赤字，在寸金寸土的纽约筹资买下一块地皮，并不是一件容易的事情。

听到这一消息后，美国著名的家族财团洛克菲勒家族经商议，马上果断出资870万美元，在纽约买下一块地皮，将这块地皮无条件地赠予了这个刚刚挂牌的国际性组织——联合国。同时，洛克菲勒家族亦将毗连这块地皮的大面积地皮全部买下。

对洛克菲勒家族的这一出人意料之举，当时许多美国大财团都吃惊不已，870万美元，对于战后经济萎靡的美国和全世界来说，都是一笔不小的数目呀，而洛克菲勒家族却将它拱手赠出了，并且什么条件也没有。这条消息传出后，美国许多财团主和地产商都纷纷嘲笑说:"这简直是蠢人之举!"并纷纷断言:"这样经营不要十年,著名的洛克菲勒家族财团,便会沦落为著名的洛克菲勒家族贫民集团!"

但出人意料的是,联合国大楼刚刚建成完工,毗邻它四周的地价便立刻飙升起来,相当于捐赠款数十倍、近百倍的巨额财富源源不尽地流进了洛克菲勒家族财团。这种结局,令那些曾经讥讽和嘲笑过洛克菲勒家族捐赠之举的财团和商人们目瞪口呆。

18. 选择开除自己

把自己从相对安逸的环境中开除出去,再开除自己身上的缺点,那么,你离成功的彼岸,肯定会越来越近。不管怎么说,开除自己,就是给自己提供压力的同时,也提供了更多的希望与机遇。

有一个人,在不到十年的时间里,竟多次选择开除自己。第一次是在1993年,也就是他大学毕业后两年,离开了工作单位宁波市电信局。第二次选择开除自己,是在外企,缘于他想创办一家网络服务公司。最终,他创办了网络公司并一举成名。也许,你已经猜出来了,他就是搜狐公司总裁张朝阳。用张朝阳自己的话说就是:"选择开除自己,才能成功。"

当知足常乐成为一些人生活信条的时候,选择开除自己,就显得很有震撼力。确实,安于现状,也能暂时得到一些世俗的幸福,但随之而来的,可能是懒散与麻木。甚至可以这样说:选择开除自己,是对智力与勇气的挑战。

由此，我想起了一个哲理小品文：把青蛙放在锅里，然后，加上满满的一锅水，用小火慢慢地加热，青蛙会被渐渐地蒸死；而若把青蛙突然放进热水里，出于求生的本能，它会竭尽全力地跳出来。这篇小品，可以有几种理解，但我认为，一个原地踏步、不思进取的人，和在锅里被慢慢加热蒸煮的青蛙，又有何本质的区别？

若从字面上说，选择开除自己，还有这样一层意思：如果你是个见了毛毛虫也要打哆嗦的人，那么，请开除自己的懦弱；如果你是一个毫不利人、专门利己的人，那么，请开除自己的自私……同样道理，我们还可以开除自己的浅薄、浮躁、虚伪、狂妄——总之，你尽可能地开除自己的缺点，使自己不断地趋于完美，就像一棵不断修枝剪蔓的树，惟一的目标，就是为了日后做一棵高大挺拔的树。

19. 选择"叫"

契诃夫在一百年前说，大狗叫，小狗也叫，既然来到这个世界上，上帝就赋予它叫的权力。选择"叫"就是让这个世界认识自己价值的简捷途径。

我有一位老领导，已经过世几年了。他有一个儿子叫黑海涛，如今是奥地利皇家歌剧院的首席歌唱家。海涛是如何取得成功的呢？这里有一个故事。

世界歌王帕瓦罗蒂到北京来的那一次，去了趟北京音乐学院。机会难得，当时许多有背景的人都想让这位歌王听一听自己子女的歌唱。帕瓦罗蒂耐着性子听，不置褒贬。这时，窗外有一男生引吭高歌，唱的正是名曲《今夜无人入睡》，他就是从陕北山区来的学生黑海涛。他知道自己没有面见帕瓦罗蒂的可能，于是他要凭借歌声推荐自己。

听到窗外的歌声，帕瓦罗蒂说："这个学生的声音像我。"接着他又说："这个学生叫什么名字？我要见他！并收他做我的学生！"后来，帕瓦罗蒂亲自张罗黑海涛出国深造事宜(但终因意大利制裁中国而未拿到签证)。1998年，意大利举行世界声乐大赛，正在奥地利学习的黑海涛写信给帕瓦罗蒂。于是，帕氏亲自给意大利总统写信，终于使海涛成行，并在那次大赛上获得名次。

这个奇迹告诉我们，你是千里马，但是你还得选择"叫"。如果没有黑海涛那一嗓子《今夜无人入睡》，此刻他大约会在一个中学当音乐老师。

伯乐相马是我们一个典故。那故事说，伯乐看遍了槽上拴的马，正失望地就要走开时，在马厩的一角，一匹瘦骨嶙峋的马突然清亮地嘶鸣起来。"听声音我就知道是一匹良马，虽然它是那么瘦，那么卑微，主人用拉车的标准衡量它，故而嫌弃它。其实，它的抱负不在车辇与槽头呀！"伯乐说着，走过去，抱住这匹可怜的马。是那不同凡响的一声，成就了它千里马的命运。

我是在听到一位朋友谈到她大学毕业的女儿不安心眼下的工作，又要去深造时，想起了上面这些事情的。我在电话中说，时代变了，观念变了，人们有理由努力地扩张自己，表现自己。当人人都能做到最好，都把自己的潜能开掘到极致的时候，也正是我们这个社会大繁荣的时候。

20. 选择一个"冤家"做搭档

选择一个"冤家"做搭档，正是为了使你更及时更深刻地发现自己的不足，从而使自己更趋完善，达到意想不到的效果。

海湾战争之后，美国军方提出了战争状态下士兵的生存能力比作战能力更为重要的全新理念。于是一种被称之为"埃布拉姆式"的M1A2型坦克开始陆续装备美陆军，这种坦克的防护装甲目前是世界上最坚固的，它可以抵抗时速超过4500公里，单位破坏力超过13500公斤的打击力量，而这种打击力量用美国武器专家的话来说是"可以轻易地将一只球捧送上月球。"那么，M1A2型坦克这种品质优异的防护装甲是如何研制出来的呢？

乔治·巴顿中校是美国陆军最优秀的坦克防护装甲专家之一，他接受研制M1A2型坦克装甲的任务后，立即找来了一位"冤家"做搭档——毕业于麻省理工学院的著名破坏力专家迈克·马茨工程师。两人各带一个研究小组开始工作，所不同的是，巴顿带的是研制小组，负责研制防护装甲；迈克·马茨带的则是破坏小组，专门负责摧毁巴顿已研制出来的防护装甲。

刚开始的时候，马茨总是能轻而易举地将巴顿开进试验场地的坦克炸个稀巴烂，但随着时间的推移，巴顿一次次地更换材料，修改设计方案，终于有一天，马茨使尽浑身解数甚至直接将高爆炸药裹在防护装甲上引爆也未能奏效，于是，世界上最坚固的坦克在这种近乎疯狂的"破坏"与"反破坏"试验中诞生了，巴顿与马茨这两个技术上的"冤家"也因此同时荣膺了"紫心勋章"。

巴顿中校事后说："尽可能地找出问题，是为了更好地解决问题。事实上，问题并不是最可怕的，最可怕的是不知道问题出在哪儿，于是我找了马茨做搭档，因为马茨是最棒的'找问题专家'。"

巴顿与马茨的搭档的确是珠联璧合，而前者的这一段经验之谈也是放之四海皆适用的——不管你是干大事业也好，做小买卖也罢，选择一个优秀的"冤家"做搭档，你一定会取得意想不到的绝佳效果——哪怕就是卖牛肉面，你也会成为最棒的"牛肉面大王"！

21. 危机的背后

世界上任何形式的灾难，其实都是人的灾难，一旦人的灾难被化解了，希望也便降临了。

1993年，正当经济危机在美国蔓延的时候，加利福尼亚的哈理逊纺织公司，因一场大火化为灰烬。3000名员工沮丧地回到家里，等待着失业来临之时，却接到了董事会办公室的一封信："向全公司员工继续支薪一个月。"

在全国上下经济一片萧条的时候，能有这样的消息传来，员工们深感意外。他们惊喜万分，纷纷打电话或写信向董事长亚伦·傅斯表示感谢。

一个月后，正当他们为下个月的生活发愁时，他们又接到董事会办公室发来的第二封信，董事长宣布，再支付全体员工薪酬一个月。

3000名员工接到信后,热泪盈眶。在失业席卷全国,人人生计无着落的时候,能得到如此照顾,谁不会感激万分呢?第二天他们纷纷涌向公司,自发地清理废墟、擦洗机器,还有一些人主动去联络被终断的货源。三个月后,哈理逊公司重新运转了起来。对这一奇迹,当时的《基督教科学箴言报》是这样描述的:"员工们使用浑身的解数,日夜不懈地卖力工作,恨不得一天干二十五小时。"

现在,哈理逊公司已成为美国最大的纺织公司,它的分公司遍布五大洲的六十多个国家。

22. 宽容是"黏合剂"

人生苦短,岁月如梭,夫妻有缘尘世相聚,走到一起很不容易。但愿天下有情人以"宽容"为"黏合剂",不断地更新爱情,相伴到永远!

美国专家曾断言,在所有婚姻中,不幸婚姻占58%,而破坏它的魔鬼是非难。如俄国文学家托尔斯泰就是因为承受不了妻子的时常埋怨、指责,在一个冰天雪夜里弃家出走,而后溘然长逝于一个铁路小站上。

与此不同的是,英国杰出首相克莱斯顿尽管在国会里是一位非常挑剔的辩论家,但回到家后从不责难任何人。他的宽容理所当然地受到妻子和家人乃至佣人的尊敬。家人的支持使他更有信心地在国会里参与政事。

宽容是一种品性修养,是良好心理的外在表现。至于外界的"流言蜚语"，全赖夫妻双方在诚信中将其化为乌有。倘若因此别扭起来，家人应适当创造条件，促使夫妻双方在"宽容"中"黏合"起来。有则李世民计和小夫妻的历史典故，或许对今人有所启示吧。

唐太宗李世民的女儿平阳公主下嫁给薛万彻为妻。旁人诽言："薛驸马才能不高，平阳公主嫁给他太委屈了。"公主觉得丢了面子，不肯再与丈夫出双入对了。后被李世民察觉了，特请女儿、女婿和部分大臣赴宴。席间，太宗有意以挑起女婿的长处为话题，不断地夸奖薛万彻。乘着酒兴，翁婿俩又以身边的佩刀作彩头，玩起了比手劲的游戏。两人同时握住长矛柄，彼此使劲拉，太宗佯装输了，便解下心爱的佩刀，亲自给薛万彻佩戴。这样一来，平阳公主在人前挣足了面子，感到光彩，便不再怨夫君无能了。

23. 选择小鱼，放弃大鱼

眼睛所看着的地方，就是你会到达的地方。

重量级拳王吉姆·柯伯特有一回在跑步时，看见一个人在河边钓鱼，一条接着一条，收获颇丰。奇怪的是，柯伯特注意到那个人钓到大鱼就把它放回河里，小鱼才装进鱼篓里去。柯伯特很好奇，他就走过去问那个钓鱼的人为什么要那么做。钓鱼翁答道："老兄，你以为我喜欢这么做吗？我也是没办法呀！我只有一个小煎锅，煎不下大鱼啊！"

很多时候，我们有一番雄心壮志时，就习惯性地告诉自己："算了吧，我想的未免也太天真了，我只有一个小锅，可煮不了大鱼。"

我们甚至会进一步找借口来劝退自己："更何况，如果这真是个好主意，别人一定早就想过了。我的胃口没有那么大，还是挑容易一点的事情做就好，别把自己累坏了。"

戴高乐说："眼睛所看着的地方，就是你会到达的地方，惟有伟大的人才能成就伟大的事。他们之所以伟大，是因为决心要做出伟大的事。"教田径的老师会告诉你："跳远的时候，眼睛要看着远处，你才会跳得够远。"

目标能激发出令人难以置信的能量，改写一个人的命运。要想把看不见的梦想变成看得见的事实，首先要做的事便是制定目标，这是人生中一切成功的基础。目标会引导你的一切想法，而你的想法便决定了你的人生。

设定目标有一个重要的原则，那就是它要有足够的难度，乍看之下似乎不易达成，可是它又得对你有足够的吸引力，愿意全心全力去完成。当我们有了这个心动的目标，若再加上必然能够实现的信念，那么就可说成功了一半。

24. 用心去干一件事

那些具有非凡毅力、顽强意志的人，经过自己不屈不挠的执着追求，终会换来成功的喜悦，也会赢得世人的崇敬。

亨利·必克斯特恩出生在威斯特麦兰郡的克拜伦德尔地区，他父亲是一个外科医生。他本人也准备继承父业，在爱丁堡求学期间，他坚韧刻苦，对医学研究专心致志，从不动摇。回到克伦拜德尔地区之后，他积极从事实践活动，但日久天长，他渐渐对这门职业失去了兴趣，对这个偏僻小镇的闭塞与落后也日益不满。

他是那么地渴望进一步提高自己，这时他已对生理学发生了兴趣，并有了自己的思考。他父亲完全赞成必克斯特恩本人的愿望，于是把他送到了剑桥大学，以使他在这个世界闻名的大学进一步深造。

但过分地用功严重地损害了他的身体。为了恢复健康，他接受了一项职务——去洛德奥克斯福德当一位旅行医生。在此期间，他掌握了意大利语，并对意大利文学产生了浓厚的兴趣，而对医学的兴趣远不如以前了，他打算放弃医学。回到剑桥之后，他决心攻读数学学位，随后他获得了当年剑桥大学数学学位考试一等及格者。他的努力程度，由此可见一斑。

毕业之后，令人遗憾的是他未能进入军界，他只得进入律师界。

但作为一名刚刚毕业的学生，他进了内殿法学协会。他像以前钻研医学一样刻苦地钻研法律。他在给他父亲的信中写道："每一个人都对我说：'你一定会成功——以你这非凡的毅力'。尽管我不明白将来会是什么样子，但有一点我敢相信：只要我用心去干一件事，我是决不会失败的。"

28岁那年，他进入律师界，虽然也曾经历一段经济十分拮据的日子，但他终于成了一位声名显赫的主事官，以蓝格德尔贵族的身份坐在上议院之中。

25. 千万别怀疑自己

只要你真正相信自己并投入工作，就能冲破一切困难获得成功。

著名的推销员齐格参加了一个由梅里尔指导的全日制培训课程。

培训结束后，梅里尔先生将齐格留下说："你有许多能力，你可以成为一个了不起的人，甚至一个全国优胜者。我绝对相信，如果你真正投入工作，真正相信自己，你能冲破一切困难获得成功。"

齐格细细品味这些话时，他惊呆了。他回忆道："当我是个小男孩时，我长得很小，即使在穿得最多时也没超过120磅。我上学后，从五年级开始，放学后和周六的大部分时间都在工作，运动方面也不是很活跃。另外，我还很胆小，直到17岁才敢和女孩约会，而且还是别人指定给我的一个约会。一个从小镇中出来的小人物，希望回到小镇上一年赚上5000美元，我的自我意识仅限于此。现在却突然有一个受我尊敬的人对我说'你能成为一个了不起的人'。"所幸的是，齐格相信了梅里尔先生，开始像一个优胜者一样思想、行动，把自己看成优胜者，于是，他真的就像个优胜者了。

齐格说："梅里尔先生并未教很多推销技巧，但那年年底，我在美国一家7000多名推销员的公司中，推销成绩列第2位。我从用克莱斯勒车变成用豪华小汽车，而且有望获得提升。第二年，我成为全州报酬最高的经理之一，后来我成为全国最年轻的地区主管人。"

齐格遇到梅里尔先生后，并不是获得一系列全新的推销技巧，也不是他的智商提高了50点，只是梅里尔先生让他确信自己有获得成功的能力，并给了他目标和发挥自己能力的信心。如果齐格不相信梅里尔先生，梅里尔先生的话对他就不会有什么影响。

26. 确定你是对的，然后勇往直前

既然你确定了是对的，就决不能妥协。

你听过塞蒙·纽康这名字吗？这个人出生于1835年，卒于1909年。在莱特兄弟首次飞行成功前一年半，他说了以下的"名言"："想叫比空气重的机器飞上天，不但不可能，而且毫不实用。"

你知道约翰·莱特福特吗？他不但是个博士，而且当过英国剑桥大学副校长。在达尔文出版《物种起源》这部名著前夕，他郑重指出："天与地，在公元前4000年10月23日上午9点诞生。"

狄奥尼西斯·拉多纳博士生于1793年，曾任伦敦大学天文学教授。他的高见是："在铁轨上高速旅行根本不可能，乘客将不能呼吸，甚至将窒息而死。"

1786年，莫扎特的歌剧《费加罗的婚礼》初演，落幕后，拿波里国王费迪南德四世，坦率地发表了感想："莫扎特，你这个作品太吵了，音符用得太多了。"

国王不懂音乐，我们可以不苛责，但是美国波士顿的音乐评论家菲力普·海尔，于1873年表示："贝多芬的第七交响乐，要是不设法删减，早晚会被淘汰。"

乐评家也不懂音乐，但是音乐家自己就懂音乐吗？柴可夫斯基在他1886年10月9日的日记上说："我演奏了勃拉姆斯的作品，这家伙毫无天分，眼看这样平凡的自大狂被人尊为天才，真教我忍无可忍。"

有趣的是，乐评家亚历山大·鲁布，1881年就事先替勃拉姆斯报了仇。他在杂志上撰文表示："柴可夫斯基一定和贝多芬一样聋了，他运气真好，可以不必听自己的作品。"

1962年，还未成名的披头士合唱团，向英国威克唱片公司毛遂自荐，但是被拒绝。公司负责人的看法是："我不喜欢这群人的音乐，吉它合奏已经太落伍了。"

你听说过艾伦斯特·马哈吗？他曾任维也纳大学物理学教授，生于1838年，卒于1916年。他说："我不承认爱因斯坦的相对论，正如我不承认原子存在。"

爱因斯坦对以上批评并不在意，因为早在他10岁于慕尼黑念小学的时候，任课老师就对他说："你以后不会有出息。"

严格说来，遭人反对、小看不是坏事，这可以提醒我们争取进步。可是，人身攻击就令人难以忍受了。

法国小说家莫泊桑，曾被人批评为："这个作家的愚蠢，在他眼睛上表露无遗。那双眼珠，有一半陷入上眼皮，如在看天，又像狗在小便。他注视你时，你会为了那愚蠢与无知，打他100万记耳光仍觉吃亏。"

就算西方文学的大宗师莎士比亚，也有阴沟里翻船的时候。以日记文学闻名的法国作家雷纳尔，1896年在日记中说："第一，我未必了解莎士比亚；第二，我未必喜欢莎士比亚；第三，莎士比亚总是令我厌烦。"1906年，他又在日记中说："只有讨厌完美的老人，才会喜欢莎士比亚。"

这位雷纳尔先生爱说俏皮话，他在1906年的日记中说："你问我对尼采有何看法？我认为他的名字里赘字太多。"连名字都有毛病，文章如何自不待言。

英国作家王尔德，也以似通不通的修辞技巧，批评萧伯纳说："他没有敌人，但是他的朋友都深深地恨他。"

思想家卢梭54岁那年，即1766年，被人讽刺为："卢梭有一点像哲学家，正如猴子有点像人类。"

戴维·克罗克特有一句很简单的座右铭："确定你是对的，然后勇往直前。"

每一个人，无论是贩夫走卒还是英雄人物，总有遭人批评的时刻。事实上，越成功的人，受到的批评就越多。只有那些什么都不做的人，才能免除别人的批评。真正的勇气就是秉持自己的信念，不管别人怎么说。

21. 学会选择，不要被他人所左右

学会选择，不要被他人的论断阻挡了自己前进的步伐。追随你的热情，追随你的心灵，它们将带你到你想要去的地方。

世界第一名女性打击乐独奏家伊芙琳·格兰妮说："从一开始我就决定：一定不要让其他人的观点阻挡我成为一名音乐家的热情。"

她成长在苏格兰东北部的一个农场，从8岁起她就开始学习钢琴。随着年龄的增长，她对音乐的热情与日俱增。但不幸的是，她的听力却在渐渐地下降，医生们断定是由于难以康复的神经损伤造成的，而且到12岁，她将彻底耳聋。可是，她对音乐的热爱却从未停止过。

她的目标是成为一名打击乐独奏家，即便当时并没有这么一类音乐家。为了演奏，她学会了用不同的方法"聆听"其他人演奏的音乐。她只穿着长袜演奏，这样她就能通过她的身体和想象感觉到每个音符的震动，她几乎用她所有的感官来感受着她的整个声音世界。

她决心成为一名音乐家，而不是一名聋的音乐家，于是她向伦敦著名的皇家音乐学院提出了申请。因为以前从来没有一个聋学生提出过申请，所以一些老师反对接收她入学。但是她的演奏征服了所有的老师，她顺利地入了学，并在毕业时荣获了学院的最高荣誉奖。

从那以后，她的目标就致力于成为第一名专职的打击乐独奏家，并且为打击乐独奏谱写和改编了很多乐章，因为那时几乎没有专为打击乐而谱写的乐谱。

罗斯福总统的夫人曾向她的姨妈请教对待别人不公正的批评有什么秘诀。她姨妈说："不要管别人怎么说，只要你自己心里知道你是对的就行了。"避免所有批评的惟一方法就是只管做你心里认为对的事——因为你反正是会受到批评的。

28. 学会以退为进的策略

对于成功者来说，只要人生目标的大方向没变，有时候选择以退为进的策略，也不失是一种明智的选择。

我们在谈到成功之道时，更多地强调要有一种勇往直前的精神，一种积极进取的精神。但是，有时候，一味地硬冲硬打未必是最好的方法，以退为进也是一种人生的策略。

的确，疾风知劲草，人须有傲骨，面对险恶的局势，人应当有一种"宁为玉碎，不为瓦全"的精神。这种不达目的誓不罢休"视死如归"的精神我们自应提倡，但是，客观世界是复杂多变的，就某个具体的事情来说，也有其"时"、"势"的问题，采取以退为进的方法，也是一种积极的人生策略，而并非是消极退让。

美国前总统克林顿跟莱温斯基的那场"拉链门"风波仍在我们的记忆之中。我们可以想一想，当克林顿与莱温斯基的事情东窗事发，克林顿死不承认，采取死撑着的态度，这是一种选择。当着全世界人的面，堂堂的美国总统承认自己的丑事，这是多让人难为情的事情啊！但克林顿聪明之处就在于，他采取了一种以退为进的策略，承认了自己的错误。这么做，其实是将包袱扔给了所有的美国人：我已经承认了我自己的错误，你们有权利让我下台，你们也有权利让我继续留在总统的位子上；对一个已经承认错误的人，你们就看着办吧！

同样是美国总统，当年肯尼迪在竞选美国参议员的时候，他的竞选对手在最关键的时候轻易地抓到了他的一个把柄：肯尼迪在学生时代，因为欺骗而被哈佛大学退学。这类事件在政治上的影响是巨大的，竞选对手只要充分利用这个证据，就可以使肯尼迪诚实、正直与道德的形象蒙上一层阴影，使他的政治前途黯然无光。一般人面对这类事情的反应不外是极力否认，澄清自己，但肯尼迪很爽快地承认了自己的确曾犯过一项很严重的错误，他说："我对于自己曾经做过的事情感到很抱歉。我是错的。我没有什么可以辩驳的余地。"肯尼迪这么做，等于说"我已经放弃了所有的抵抗"，而对于一个已经放弃抵抗的人，你还要跟他没完没了吗？如果对手真的继续进攻，就显得没有一点风度了。

所以，我们应记住一个基本原则：一个人既然已经承认错误了，那么你就不能再去攻击他，再去跟他计较。无论是克林顿还是肯尼迪，他们都没有因为有过劣迹而受到伤害，相反的是，他们还都将它转变为了一个优点，这从肯尼迪后来当选总统和克林顿的事情完全在互联网上披露后他们的支持率反而上升就可以得到证实。他们承认自己有过错误，他们就已经将自己人性化了：我们和平常人一样，也会犯错；同时，承认自己有错，赢得人们的同情。而别人这时也乐得做顺水人情。

这是在被动的情况下以退为进的策略。在主动的情况下，由于彻底解决某个问题的时机没有完全成熟，也可以采用这种策略。

清朝康熙皇帝继位时年龄很小，功臣鳌拜掌握了朝中大权，并进而想谋取皇位。康熙十分清楚鳌拜的野心，但他觉得自己跟基未稳，准备还不充分，于是索性不问政事，整天与一帮哥们儿"游戏"，以造成一种自己昏庸无知的假象。一次，康熙着便服同索额图一起去拜访鳌拜，鳌拜见皇帝突然来访，以为事情败露，伸手到炕上的被褥中摸出一把尖刀，被索额图一把抓住。直到这时，康熙仍装糊涂说："这没什么，想我满人自古以来就有刀不离身的习惯，有何奇怪！"康熙此举让鳌拜对他彻底放松戒备，最后康熙等时机成熟时一举将其擒获，可以说放出长线钓上了大鱼。

29. 为他人着想是为自己铺路

当"自我"成为你生活的全部，你也就失去了他人。

著名的心理学家卡尔·罗吉斯在他的《如何做人》一书中写道："当我尝试去了解别人的时候，我发现这真是太有价值了。我这样说，你或许会觉得奇怪。我们真的有必要这样做吗？我认为这是必要的。在我们听别人说话的时候，大部分的反应是评估或判断，而不是试着了解这些话，在别人述说某种感觉、态度和信念的时候，我们几乎立刻倾向于判定'说得不错'或'真是好笑'、'这不正常吗'、'这不合情理'、'这不正确'、'这不太好'，我们很少让自己确实地去了解这些话对其他人具有什么样的意义。"

这就是善于以自我为中心的人类，过分地相信自我的标准。因而在日常的人际交往中，我们遭遇太多的争论，造成太多心与心的隔膜。在那些自以为是的争论中，我们竭尽全力地卫护那些并不全面、并不成熟的观点。对那些无关紧要的问题、不足称道的异己意见，我们给予太隆重的对待。一场狂风暴雨般的唇枪舌箭过后，我们得到的是"心乱"，失去的却是"亲密无间"，或许，我们还得到了些什么？在过后的日子里，我们发现那是隔膜。

卡耐基极为悲观地说："你赢不了争论。要是输了，当然你就输了；如果赢了，还是输了。"在争论中，并不产生胜者，所有不愿对敌的人在争论中都只能充当失败者，无论他(她)愿意与否。因为，十之八九，争论的结果都只会使双方比以前更相信自己绝对正确，或者，即使你感到自己错了，也决不会在对手跟前俯首认输。在这里，心服与口服没法达到应有的统一，人的固执性，将双方越拉越远，到争论结束，双方的立场已不再是开始时的并列，一场毫无必要的争论造成了双方可怕的对立。所以，天底下只有一种能在争论中获胜的方式，就是避免争论。

正如班杰明·富兰克林所说的："如果你老是抬杠、反驳，也许偶尔能获胜，但那是空洞的胜利，因为你永远得不到对方的好感。"

在热闹的争论中，我们日益变得孤立。当所有人都不对我们表示好感时，我们终于体会到"人多时候最寂寞"。佛祖释迦牟尼来到我们的面前，告诫我们："恨不消恨，端赖爱止。"争强疾辩绝不可能消弭误会。所以，我们不再固执，我们准备抛弃争论，从头做起。

但我们却犹豫了。纽约联合国总部内似乎永不休止的辩论，让我们再一次怀疑自己做出的决定是否正确。佛祖永远不会了解那些辩论对人类的重要性，因为他生活的是另外一个纯"爱"的世界。作为世人，我们无法对此熟视无睹。我们在迷惑中，习惯性地准备重新拾起争论的大棒。

然而，当我们进一步思考，并进而发现把自己与联合国相提并论时，我们不禁哑然失笑。个体与集团各自有其很大的特殊性，莽撞的类比，往往是荒谬而毫无意义的。当我们正在探索日常生活中的为人处事时，却一再顾虑联合国这一庞大的特殊组织，无疑是毫无道理的。

所以，让我们回到平凡的生活中来，听一听林肯是如何斥责一位和同事发生激烈争吵的青年军官的：

"任何决心有成就的人，决不肯在私人争执上耗费时间。争执的后果不是他所能承担得起的。要在跟别人拥有相等权利的事物上多让步一点，而在那些显然是你对的事情就让步少一点，与其跟狗争道，被它咬一口，倒不如让它先走。因为就算宰了它，也治不好你被咬的伤。"

是的，我们承担不起后果，"就算宰了它，也治不好你被咬的伤。"所以我们宁愿在一定基础上作出让步，以避免争论。

如今，我们已经有了足够的心理准备，我们已下定决心尽量避免争论。然而，麻烦的是，我们并不太明了我们应该如何去做，这样子是有可能遭至"自我优越"与"自我权威"的反攻倒算的。

所以，我们要学会"承认自己也许会错"。苏格拉底在雅典一再告诫门徒："我只知道一件事，就是我一无所知。"我们试着用这么一种句式："唔，是这样的!我也有一种想法不过也许不对，我常常出错，不过希望我能被原谅，啊，依我看，这是——"结果，我们在任何场合下都可能畅行无阻，因为没有人会反对"我也许不对"的看法。

所以，在承认自己错误的同时，我们便已备下了灭火剂。但这也许并不够，因为灭火剂也会有"没招"的时候。所以，我们在小心翼翼地试图指出对方显然是错的地方时，我们不得不讲究一个适当的方式。

英国19世纪一位叫查士德·斐尔的爵士对他儿子说："如果可能的话，要比别人聪明，却不要告诉人家你比他聪明。"

300年前的伽利略说："你不可能教会一个人任何事情；我只能帮助他自己学会这件事情。"

所以我们"必须以若无实有的方式开导别人，提醒他不知道的好象是他忘记的。"因为不论你用什么方式指责别人：眼神、语调、手势、话语，只要你告诉他他错了，他就绝不会对你善罢干休。因为，你直接打击了他的智慧、荣耀、判断力和自尊心。即使你搬出所有柏拉图或黑格尔的逻辑，也改变不了他的看法，因为你伤了他的感情。在日常的琐事中，支配人们行为的往往不是理智，而是感情。所以我们开始尊重对方的意见，并不直接了当的指出他错了。

我们似乎已完全避免了争论。事实上，从一方面来看，确实是做到了。我们千言万语地要求人们推翻心中的"自我优越"与"自我权威"，我们自以为自己已经做到了这一点。然而在后来的行动中，我们却一直假定自己是"对"的，而对方是错的，我们一直以一种"正确者"的高姿在谈论其实我们也可能有错的"争论"。因而，现在我们不得不先承认是自己错了，因为在生活中，我们不可能永远是"正确者"，我们也有"错误"的时候。苏格拉底的谦虚，使得我们任何一人都不敢妄自称大。

避免争论，我们赢得了好感，在人海中，我们不再孤立。

30. 奋斗才能永恒

恐惧一无是处，它只会消磨人的自信、勇气与活力。

这不是一个个体的世界。当"理解万岁"响彻云霄之际，我们深知那是"恐惧"的结果：我们的心灵突破重重障碍，呼喊出这么一句响亮的口号，其深层的目的正是为了消除心底对生活交际的恐惧。

人们表面要求的是"理解"，实际上却是希望以口号联结成一个强大的阵线，以对抗那些他们认为个体所无法克服的恐惧。因为，那

"恐惧"的对象正是另一些个体的看法。这不是一个个体的世界，我们无法不去重视他人的看法；这是一个交际的世界，"我行我素"只会遭来群体的排斥。

塞尼加说："我们的恐惧总较我们的危险为多。"我们得感谢恐惧这一家伙，它让我们避免了太多的"危险"。然而，在我们说这话时，一副嘴脸是多么的虚伪。我们即使因为恐惧，而一生"稳当"，也决不会对"恐惧"产生一丝一毫的感激之情，我们是那样的憎恨恐惧，就是因为生命中有了他，我们的人生才变得那么的平庸、萎缩，而缺乏激情。

我们已经到了这么一种境地：穿一件衣服，害怕不合潮流；说一句话，害怕说错而遭人笑话。在事情还没开始做之时，我们的思想便想到了事后，也许我们有想到事后欢庆成功的情景，然而我们似乎更"愿意"去想想失败后的悲惨境地。我们因而恐惧，因而退缩。当时间的车轮飞快地驶过，我们为自己终于没有撞上"失败"的悲惨而庆幸，但同时也为自己缺乏勇气而感到羞愧。我们似乎忘了，虽没有遭受"那件事"的失败，我们却已遭受了更大的"失败"。当下一次挑战来临时，我们仍旧只会选择恐惧与逃避。

如果我们对自己严厉一点，便会发现"恐惧"并不仅仅是因为我们缺乏自信和勇气。每一次的恐惧，我们都能将之"消灭"，为何？因为我们逃避了！我们为什么能逃避呢？

因为我们有路可选，有地可避！

因为我们慈悲的心总能谅解自己无能的退却！

因为我们时刻都在为逃避作准备！

这就是我们，"恐惧"的懦弱者，在我们的背后有舒适的处所让我们依靠，"哪里好也好不过家里"。屈原"穷极"才思家，而我们，些许的恐惧，便让我们找到了缩头的借口。

记住，我们最大的荣光并非绝不殒落，却是在于每次我们跌倒时重新站起。所以，我们还有什么可恐惧的，当失败已不重要，我们便重拾丢失的勇气，满怀着信念，追逐人生的真谛。

当人们问贝利，他对自己进的哪个球最满意时？贝利回答说："下一个球。"没有人称其狂妄，人们看到的只有他的大将风度。贝利没有恐惧，他甚至没将以前的成功放在眼里。对多少人而言，那是多好的"避风港"，然而对他而言，那只是过去。他既然已经"夸下了海口"，就已表明他并不在乎别人将如何看待他"可能"的失败。而事实上，他想到更多的是"我能成功"。他心里只有勇气和信念，而不是幻想式的欣喜或沮丧。

卡耐基说："只要下定决心克服恐惧，便几乎能克服任何恐惧。因为，请记住，除了在脑海中，恐惧无处存身。""害怕时，把心思放在必须做的事情上。如果曾经彻底准备过，便不会害怕。"

至此，我们已经听了很大一堆的"教条"，然而，我们仍然感到无论如何也提不起勇气，象贝利这种人的"狂傲"，是有其实力为基础的，而我们……，我们害怕，并不就是如你所说的那么窝囊，我们只是深知自己就只有那么一些斤两。

如此，我们便真是太可悲了。艾琳诺·罗斯福曾说："不经你的同意，没有人能使你自觉低劣。"

而我们竟然就同意了。想想吧，我们是如何得知自己缺乏足够的实力的呢？我们从不曾经历过这样的事，然而我们竟知道了自己与这事"不配"。当我们对"不可以貌取人"大点其头时，却不知是在嘲笑自己。我们的实力在实践中体现，也在实践中得以加强。以一个毫无根据的"想当然"判断，来作为自己逃避的冠冕堂皇的借口，对于我们自己的人生是多么的不负责任。

"失去金钱的人损失甚少，失去健康的人损失极多，而失去勇气与信念的人损失一切。"信不过自己的实力，你永远是个长不大的孩童。

医学家证明：人脑的潜能只被开发了百分之一左右。潜能的开发，是对大脑的不断磨炼，这就是俗语所说的"脑筋越使越活"。

最后，我们将致力于"逃避余地"的消灭。"余地"的存在，给了我们一种坚实的"后盾"感，人类的惰性便有可能勾结"恐惧"以达到其目的。所以，我们要让自己无处藏身，无可躲避——只有一条路，就是前进的路。而后面，只剩下悬崖，我们无路可退。我们是在冒险？没错，整个生命就是一场冒险。走得最远的人，常是愿意去做，并愿意去冒险的人。稳妥之船，从未能从岸边走远。

我们似乎已经完成了自己的使命。然而，在最后一刻，却想起了一个非常重要的问题——我们之所以"能"恐惧，还在于我们"有时间"去恐惧。

所以，我们花了那么多"时间"去讨论如何击溃恐惧，却偏偏身在其中而忘记了它——时间——这一得力的"帮凶"。

然而，"时间"并不可怕，元凶已就擒，帮凶就简单了。我们只需：决定好行为的方向，然后遵循它；保持忙碌，使自己没空"恐惧"。

我们只有一个使命，那就是——使自己的生命奔放。

31. 为何一定要成方圆

为人处事，是不能拘泥形式的，该圆时圆，该方时方，需要有任意形状时，也无不可，这样才能做到圆润通达。

方圆的意思，就是中规中矩，它们是在圆规和矩形板的限制下画成的图形，代表着做人行事的基本规则。但同时，由于世事的千变万化，一个人为人处事总要能与外界相适应才成，一个面孔对外，完全的规规矩矩，一成不变，就会拘泥不化，作茧自缚。

孙武呕心沥血，著成《孙子兵法》，然而每次作战却都要脱离兵书，注意权变。赵括用兵，依葫芦画瓢，死守兵法规则，不知融会权变，20万大军战败被活埋，就成了必然。

辩证法认为，任何事物的发展都存在着必然性和偶然性，二者是相互统一的。必然性是本质，构成了事物发展的规律、规则和趋势，而偶然性则是事物发展中某一时空的具体形为，具备千变万化、灵活多样的特性，忽视偶然性的存在也就忽视了事物的个性，世界就会停止。孙武的用兵，能将规则的必然性与战术运用的偶然性灵活地结合起来，因而百战不殆。赵括的用兵则死守规则的必然性，因而只能纸上谈兵，一战而殁。

可惜，新时期仍然有那么多人在教条主义这些规则上大作文章。

伟大领袖毛主席集马列主义之大成，凝炼和发展形成了"毛泽东思想"，"文革"十年，愚忠的人们把他神化起来，把他的每一句话都作为行事的规则，利用作为"文革"斗争的工具，给国家造成了多大的损失！

20世纪80年代初，首钢第一个开始实行了承包制，前期给企业的改革和发展注入了很大的活力，于是企业界竞相效仿，许多国有企业不顾自己的实际情况和发展需要，将承包制规则一成不变地搬过来，不做灵活的结合和深入的了解。13年后，首钢承包制以其失败宣告结束了。一些企业却仍抱着这个不变的规则死撑着经济效益日趋滑坡的局面，而不知对承包制做一些自我发展。

规则的运用是灵活的，规则本身的发展也是不断变化的。新的资产经营责任制的制定就是对规则发展变化的反映。同样随着人对客观世界认识的不断加深和对世事的洞察明朗，以前所订立的规则和遵循的规则也是不断变化、不断更新的。"只要功夫深，铁棒磨成针"的思维规则已远不够人类的行事需要，只能持之以恒，专注于"磨针"的事情，却不知道动动脑筋，采取别的更为快捷的方式。科学技术飞速发展的今天，做事象"磨针"那般，不知会误了多少人力、物力和财力。

俗话说："识时务者为俊杰"。所谓"识时务"，即指能够把握事情发展的规则，洞察当时的情势，并能据此结合自己所处的境地，采取权变之策，集天时、地利、人和的优势，发挥自己的聪明才智，义无所顾地投入到社会发展的潮流中开创一个崭新的天地，这样的人，才能称之为俊杰。

邓小平同志创造了"三个有利于"，突破了原有的方圆框框，使中国经济获得了大发展。我们为人处世也应该突破传统的束缚，只要有利于社会、有利于成事、有利于人性的完善，我们又何尝要死守着"方圆"来蒙昧自己呢，为什么不懂得去放弃？

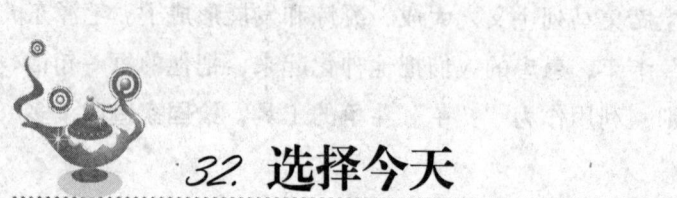

32. 选择今天

失去了今天，你就永远不会拥有未来。

"理想者"拍案而起，怒斥"现实者"的目光短浅，人生目标的缺乏。因为他们已习惯于对未来的"自我设计"。在心的未来，他们的生活是那样的清晰，连最感人的细节都丝丝入目，所有的喜怒哀乐，他们在今天提前体验。而且他们坚信，目标与理想给了他们今天的"坚定"，这些在他们的脑海中是那么的活灵活现，现实中他们却是活得最累，拥有最多牢骚的典型。

我们并非反理想者，因为我们是那么的热爱那些为了新中国的建立，而前赴后继的革命先烈们，他们那崇高的理想激励了多少青春年少的热血人儿。

当我们听到北京的一位出租车司机说："80年代的大学生，我还佩服，现在的大学生，啥玩意儿呀？"我们能不深思：社会的精英——大学生——都已到了这一境地了，更何况校园净土之外的人士？"

所以，我们的"理想者"已不再是我们所敬佩的"理想者"。大部分人想的是：我如何拥有一个显赫的地位，因而人们对未来的"自我设计"往往就是：从政与经商。记得以前上大学时的一次英语讨论课上，老师让同学们在教师与经理之间作一选择，结果绝大多数人都选择了经理，因为大家都认为经理不仅可拥有较多的金钱，还可拥有权力。而唯一的一位选择教师的同学则是这样阐述理由的："我认为，在未来的时间里，教师的待遇将会大大改善。"

确实，当经济在世界范围取得其统治的地位，"赚钱"就成为多少人梦寐以求的理想。我们不是自命清高地蔑视这一无可非议的行为。我们只是关注拥有这一理想后，人们的生活将会发生如何的逆转。

和平时期往往使人们有更多的机会和时间去为自己的未来设计。然而人们没有注意到：当我们观望着未来时，此时却已成为过去，而未来却成了今天。

"目的论"在古希腊时期便被提出并得以确立，一度取得统治地位，但几百年前它遭到了否定。然而在社会生活中，我们每做一件事，却仍然无法脱离"目的"的狭隘。我们为了寻找那个目的，苦苦地对未来思索着。康德对时间的结论似乎在此时显示了其合理性，他认为："时间只是一种主观的内在表现形式"。

因此，我们才能超越现在，步入未来，设计好自己的形象。之后，我们又不得不回到今天，远远地观望着未来的自己的形象。我们在今天为着那个形象苦苦奋斗，我们因害怕无法与那个形象重合而深深地忧虑，于是在奋斗中，我们多了几许挣扎的无奈。我们慨叹活得太累了，却没明白之所以太累是因为那个标志着个体对社会妥协的理想，是多么地与我们内心最底处、最本能的渴望发生冲突：无论金钱、地位，还是权力，都是社会表层的符号，而我们本能的要求远不是世俗的符号。

所以，我们活得太累，是因为我们所做的并非我们所愿的，我们自以为成熟的目标，却是个体对社会的妥协标志。更何况，在成长的历程中，有多少不同的外界事物在影响着我们思想的轨迹，小时候曾做的科学梦，往往因资质所限而成为自己可笑的幼稚。从幼小步向成熟，从校园步向社会，这中间社会人生经历的缺乏，本身就已注定了形象设计时的粗糙与脆弱。在被称为"可塑造的年龄"中，我们的思想是容易被外界所左右的。即使当我们已经步入成熟，随着理性与情感的冲突，世俗追求与崇高超越的碰撞，我们的理想也将不断地发生变化。于是在观望中，我们的目光游离不定，我们的烦恼随之而来。

艾伯特·爱因斯坦毫不忌讳地在世人面前坦言："我从不去想未来，因为它来得太快了。"而中国道家宣扬"无为以求心净"，这也是有其生活依据的。所谓"无为"并非什么事都不做，而是强调不去思考未来，尽力做好眼前的事。

乔治·麦克唐纳也说："无人曾经陷沉于每日重负之下。惟有把明天的重负加在今天的重负之上时，那个重量才超过一个人所能忍受的限度。"

亨利·华兹华新·朗费罗在诗中写道：

"切勿信任将来，不论多美好。

且让已逝的过去，埋葬它的死者；

要行动——在这鲜活的'现在'行动。

良心在内，上帝在上。"

未来已不再受到关注，我们的要务不是望着远方模糊的事物，而是做手边清楚的事情。一步一个脚印，踏踏实实地向未来迈去。我们深知：现在未能把握的生命是没有把握的；现在未能享受的生命是无法享受的；而现在未能明智地度过的生命是难以过得明智。因为过去的已去，而又无人得知未来。

我们需要理想，但我们不能沉浸于理想，如果让未来占据我们的生活，我们的一生便葬送在对未来的幻想上了。歌德说："抓紧现在的时刻。每一种情况的忍耐，每一秒钟的忍耐，都价值无限。我们像一个在一张牌上押大笔赌注的人，一直在'现在'上押赌注，而且这不是夸张，我总是设法把赌注尽可能的押高。"

我们只要顾着那一分一秒，因为"小时"已经足够大了，它会自己照顾自己的。所以我们不再观望未来，心中只有一个信念：选择今天，把握今天，走向成功。

我们以奥玛·卡亚姆的诗作为对自己的告诫：

"明日的命运，纵然你聪明，你却无法预言，也无法揣测。因此，莫虚度今天，因为它再不回来。"

33. 学会放弃烦恼

　　对生命而言，烦恼微不足道；砒霜过量，就是致命毒药。

　　人来到这个世界，就与烦恼结上了生死之缘，不死不休。或许，人生之所以多姿多彩，绮丽曲折，正是因之有了紧张，因之有了烦恼。情感犹如画家手中的画笔，将枯燥苍白的理性世界涂抹得艳丽多姿，丰韵迷人。然而，这终归还是理性统治的时代，情感虽然狂野，却也只能长时间的充当理智的奴隶。这就是人们内心的等级世界。

　　这个时代，人类早已不再幼稚地幻想成仙永生，转而追求那可能的长寿。人们宁愿割舍对情感的尽情体验，也要去追逐那压抑了的生命延伸。

　　美国棒坛老将康尼·麦克曾毫不讳言地声称："我如果不停止烦恼，早就进棺材了。"在纷繁芜杂的社会中，在曲曲折折的人生旅途，我们难免磕磕碰碰，烦恼在所难免，伴随而来的是精神肉体的高度紧张。特别是在如今已转得疯狂的社会大转盘里，紧张与烦恼更是在所难逃，人们因而耗尽了精力，消瘦了肉体，处罚了生命。

　　肖伯纳说："悲哀的秘诀，在于有余暇来烦恼你是否快乐。"在此，"余暇"实已失去其意义，成为对悲哀者最无情的嘲讽，而放松时，恰恰就是你精神肉体上最为紧张烦恼的时刻。萧伯纳道出的，不仅仅是烦恼者的悲哀，他更道出了自古流传的"快乐与烦恼"的对抗。那是全人类的悲哀。而两者的对抗史，也正是人们摆脱自然奴役,创造发展人类文明的斗争史。

跨入历史的长河,回溯那蛮荒的源头,我们看到身穿兽皮,头插羽毛的祖先们将一个小孩送上了高筑的木架,人们高举着火把,齐声高呼:"呜——,啊——,呜——,啊——"当熊熊烈火夹杂着孩子痛苦的呼救而发出的噼叭声时,人们,无论男女老少都由原本的整齐高呼,转而成为撼天动地的扭腰、摆臂、跺脚、狂喊,恣意发泄着心内的恐慌,脸上充满了散发时的快感。在野蛮的献祭中,人们完成了恐惧、烦恼与快乐的转换,而今人脑海中挥之不去的,往往只是那残酷的"生命烙印"。

对中国的道教学派,人们往往更愿将其与养生相提并论,而不愿谈及与政治的关系。道家追求的大都是"清静无为""无为而治""味无味"的人生境界,其目的便是要舍却尘世凡事的扰乱。正所谓"天下本无事,庸人自扰之,"烦恼因凡事而起,故而退而以求"无为"避免争端之起,以求得心灵的明净。佛教与道教虽似各奔东西,实则殊途同归,佛教所谓"去七情,断六欲"并将之作为入门首要戒条,严加监察,实则正是以避开尘事来求得心灵的空明。我们与其把"逃避现实"看作一种价值判断,不如把它看成是"寻求快乐"的另一种解说。而这一解说却是庸俗的。

当我们不自量力地去描绘人类社会史上两种力量的对抗时,心里只有一个想法,那就是:希望通过人类斗争史,看到人们亘古不变的追求,继而引起思索,为自己寻找一条途径,结束烦恼与快乐的对抗。

哲学家们承认:"人"是宇宙中最难懂的事物。人类走了几百年、几千年、甚至几万年,都在忙于关注着外部的世界。直至一位哲学家振臂一呼:让我们好好看看自己吧!人们才发现了自身的"存在"。

在烦恼与快乐的斗争中,人们犯下了同样的错误。直至今日,"人"在世界上获得了空前至高的地位,即便如此,烦恼仍然是人们生活的最大部分,甚至还有变本加厉的趋势,我们并不打心底地憎恨"烦恼"(相反,有些人恰能以享受"烦恼"为乐),然而,"烦恼"

往往会把一个人推到坟墓的边缘，稍加打击，他便一骨碌滚了进去。

　　石油大王洛克菲勒在53岁时便患了神秘的消化病症，头发全掉光了，甚至连眼睫毛都掉得一根不剩，为他写传记的约翰·温克勒说他"活象个木乃伊"；驰骋沙场，风光无限，却终日缺乏起码的安全感。他拥有大笔财富，却疲于捍卫、增长财富，忧虑和烦恼使他53岁时便被判了"死刑"。

　　死神之门已经向他敞开，他非常不情愿地接受了医生的建议。他退休了，成立了洛克菲勒慈善基金会，并尽力保持轻松愉快的心情。即使当他旗下的"标准石油公司"因《反托拉斯法》的颁布而被课以"历史上最重的罚款"，他也只是对他的律师说："不要担心，约翰逊先生，我本来就打算好好睡一觉，晚安！"

　　而洛克菲勒的逝世，已经是45年后的事了。

　　这便是现代人的斗争方法：爱心、信心。唯其拥有爱心，才能捐巨款以慈善；唯其拥有信心，才能将重挫以谈笑。

　　记住，学会放弃烦恼，你便得到了"余暇"；学会放弃烦恼，你便释放了紧张；学会放弃烦恼，你便获得了快乐。

34. "懒惰"也是一种智慧

　　谁说懒惰是坏习惯，实际上，正是懒汉承担了促进文化发展的重任。

　　您一定听人说起不体面的懒惰和不招人喜欢的懒汉，在正常人思维的词典里，懒惰等于不思进取、不求上进，是十足的恶习。可是，今天，我们要告诉你：没有懒汉，就不会有社会的进步；没有懒汉，即使勤劳的人，一生中也会充满单调乏味的劳作。为什么凡是把懒惰想象为邪恶的家庭主妇总是一副忙碌的倦容？为什么大多数妇女比男人更易衰老？这是由于她们不如丈夫们懒惰。当只需走一两步时，她们却不在乎走上十步。她们宁愿循规蹈矩，落个疲惫不堪，也不肯运用心智去偷懒取巧。

或许另一个例子更具有说服力。懒惰的饭店服务员往往最令人满意，他总是讨厌多走半步路，因而任何时候都一次就把餐具全都送上餐桌。只有那些不懂偷懒的伙计才端上咖啡而不带方糖和勺子，他们不在乎多往返两趟，因而每趟只拿一样，等勺子方糖拿上来时咖啡已经凉了。

人类的一切进步都出自懒汉们想少走几步的良苦用心。我们的远祖住在条件恶劣的山洞里，每次想喝水，都要走到溪水旁边才行。于是他们发明了一种容器——水桶，可以把一天的饮用水一次提回家去。当有一天，懒汉们对每天提水也感到厌倦，他们自然想到了修建管道、沟渠。为了使水自动流进家中，又发明了水车、水泵，所有这些，都是懒汉们的自豪。

据说，100多年前，有一个叫汉弗莱·波特的少年，别人雇他坐在一台讨厌的蒸汽发动机旁，每当操纵杆敲下，就把废蒸汽放出来。做为一个十足的懒人，他当然觉得这活儿太累，于是几经钻研，在机器上加装了几条铁丝和螺拴，这样，阀门就可以靠这些东西自动开关了。而他不但可以脱身走开，玩个痛快，且发动机的功率立刻提高了一倍。他"懒洋洋"地发现了往复式机动活塞的原理。

杰出的工程师，管理学的创始人之一——弗兰克·B·吉尔布雷斯也是一个人类动机研究者。他常常把各行各业优秀工人的劳动拍成影片，判断一种工作最少可以用几个动作完成。他发现，最优秀的工人毫无例外地全是"懒汉"，人们可以向这些人学习的东西最多，但他"懒"得连一个多余的动作都不肯做。一个称职的领导人也同样懒惰，凡是可以让有能力的下属做的事，他绝不事必躬亲。

精神的懒惰也同样促进了人类的进步。许多重要的规则和定理都是懒汉想出来的，这些人在脑力劳动上寻找捷径。因为讨厌对纷繁自然现象的各自描述，懒汉发现了适用万物的物理定律。试想，如果没有"懒汉们"建立的自然科学法则，人们可能还停留在结绳记帐的原始状态。

朋友，当你明白了是"懒汉"承担了促进文明发展的重任时，你明白该怎样做了吗？

35. 一定要选择好人生的进退

> 用心计较般般错，退步思量事事宽；有心栽花花不开，无心插柳柳成荫。此之为成事之理也。

每个人都渴望成功，而且成功要连续不断，从一次次小小的成功，到更大的成功。当然，这种心思可以理解，毕竟人总是有追求的，人都想有所进步，都有一种追求优越感、超过别人的愿望，但事实上是，人不可能在所有方面超过别人，一味追求成功，一味闷在一条死胡同里，必然会导致无谓的牺牲浪费，甚至失败。

从某种意义上讲，人没有理由不允许别人超过自己。为什么非要去计较一城一地的得失呢？为什么非为一点利益而争得头破血流呢？为什么不向后看看？聪明的人总是有远见卓识的，他们不会一味地走进一条死胡同，相反，他们擅于在广阔的人生海洋中发现机会。

"退"从表面上看，意味着胆怯、失败。但是下面一个事实也许会令你感叹不已。森林中，唯老虎为百兽之王，谁见谁怕，无不撒腿而逃跑。可是，你仔细观察，这样一种虎王，在捕食时却总是先后退几步，然后狂奔而上，当然是紧紧地抓住了猎物。老虎尚知道在进攻时后退几步，以便产生更大的势能，而我们又何苦于只知前进，不许后退呢？

前几个月，一位同事忧心忡忡地对我说，她的小孩最近数学成绩大滑坡，气得她一连数顿都没吃好饭，来问我该如何办。我问她是何种原因导致这种局面的。她说也并非他不刻苦用功，老师的作业每天使他累得连自己心爱的足球赛也无法看，体育锻炼的时间更不用说了。可这孩子对戏剧艺术挺感兴趣，无论哪里一谈起京剧便能脱口唱出，而且其嗓音也是极其出色的。但孩子的父亲认为，在目前社会上学京剧没有出息，不如学点实用的东西，将来成为大款或高级官员之类，于是对这孩子的兴趣横加指责而不去鼓励他自由发展。听她这么一说，我颇感兴趣。好一个急于成功，只求成而不愿败的父亲！

后来，我建议她，必须退让，不能强逼孩子去干自己不愿干的事，也不能强逼他放弃自己的兴趣和业余爱好，唯一可行的办法就是让孩子在广阔的天地里找到自己的欢乐、痛苦和失败，这样以后他肯定会找到自己的成功！

果不出所料，过了几周，同事跑来告诉我说她孩子参加了业余京剧班，进步很快。同时，学习也得心应手。心理压力被去掉了，似乎前边的路很宽，也很轻松。

大禹治水的故事，不照样给我们启示吗？

黄河，是中华民族的摇篮，它哺育了伟大的中华民族，同时也给人们带来灾难。传说尧的时候发大水，年年泛滥。尧用鲧治水，鲧采用的方法是筑堤防水，可是今天刚筑好的堤坝，明天就被大水冲垮了。这样鲧足足用了9年时间仍没将大水治服，结果却被舜杀掉了。舜利用鲧的儿子禹来治水。禹在治水过程中，善于总结前人的经验，作退步思考，不钻进一条死胡同里。他凭着自身的智慧和顽强的斗争精神，经过十几年的艰苦斗争，利用疏导的办法，开凿了许多条河床渠道，终于把洪水引入大河，由大河流入大海，最终取得治黄河的成功。其实，疏导对于筑堤来说就是一种后退，面对汹涌而来的河水，我们不后退怎么能行呢？后退并非意味着河水的强大，而是为了寻找更好的时机和手段来控制它、牵引它、疏导它，使它按渠道流入大海。这种方法不是让人耳目一新吗？

退本身并不能说明我们胆怯、我们弱小、我们是逃兵。相反，能进能退、能屈能伸则是我们智慧的象征。古人形容大丈夫就说，能屈能伸为大丈夫也，可见大丈夫行事，理应是有进有退。退的目的是为什么呢？是为了更好地进攻。战斗打起来，非需要战士有韧性不可，没有韧性的战士终究会失败的。那么退到什么程度为止呢？当然是退到我们不能再退为止，也即退到我们反攻为止。这时的反攻，其势绝对不可挡，在强大的势能下加上韧性的战斗，胜利一定属于我们！

很多男孩子在追求女孩子的过程中，便很会利用这种战术。开始猛烈地进攻，使她眼花缭乱，无法招架。但这时，进攻却停止了，对方也感到纳闷了，心想，这人怎么回事？于是，渴望被进攻的愿望加强了，这时你只要勇敢地发起第二次进攻，不用说在锐气不可挡的情况下，你必然会成为常胜将军！

36. 要想获得，必先给予

成人之美，胜造七级浮屠。给予别人，等于给予自己。给的目的是为了获得。

交换现象出现于人类社会的早期阶段，人们彼此互通有无，进行贸易，这是交换。人生儿育女，而子女顺从、听话，这是交换。人们交流感情，进行社交活动，这也是交换。通过我们对交换现象的观察我们不难得出下列结论：由于彼此的缺乏和平等的原则才使得交换得以实现，而只有在双方相互平等的前提下，交换才能更好地发生作用。一旦破坏了这一"看不见的"原则，我们便无法得到对方的东西。回报是理所当然的，它就基于以上的交换原则，这与伦理是没有多大联系的。至于不图回报的说法，至少也掩盖了这一基本的社会历史事实。

通过平等的交换，我们各自得了我们所缺乏的东西，使各自的效用得到了优化。可见，交易这种手段它联系了世间人与人之间的纷繁芜杂的社会关系，使得每个人都倾心于有利于自己和他人的交易行为。

可见，给予不是为了别的，给予是为了获得。其实，我们在给予的时候，就注定了获得的渴求，正是有了这种渴求才使我们的给予有了动力。天上没有掉下来的馅饼，更没有免费的午餐，我们时刻都在渴求着什么，希望着什么。

春秋战国时期，魏国的信陵君为人忠厚、讲仁义、善于成人之美，他的门客达到3000多人。其中有一位门客叫侯生的，本是屠户出身，其才平平，其貌庸庸，受到其它门客及家人的嘲弄与鄙视。而信陵君以士之礼待之，一视同仁，毫无嫌弃和厌恶之感。

公元前248年，秦国围攻赵国都城邯郸，赵王数次遣使向魏求救。魏王怕引火烧身而不敢发兵，但是在各国一片合纵抗秦的呼声之下，又不能对邻居见死不救，只好派大将晋鄙率领十万人象征性地救援，虽大造声势，实则驻军于邺下，停滞不前。信陵君多次请求魏王催促晋鄙进兵，魏王不听，于是他一怒之下，带领自己的1000多门客准备与秦军决一死战。临别找侯生，侯生却一反常态，对信陵君的"赴汤蹈火"无动于衷。一怒之下，信陵君行出数里，可是越想越不对劲，于是就想回头问个明白。原来侯生使的是欲扬先抑之计，他故作冷淡，使信陵君诧异，然后再提出自己的意见。侯生指出这样行动无异于以孵击石，与其铤而走险，不如偷来兵符，操纵军队。最后在好友朱亥的帮助下，终于盗得了兵符并取得了晋鄙的兵权。之后信陵君传令全军："父子俱在军中者，父归；兄弟俱在军中者，兄归；独子无兄弟者，回家赡养父母；有疾病者，留下治疗。"这一成人之美的命令深得人心，除去按命令留下的人外，剩下8万精兵，及千余门客，个个斗志昂扬，最后大败秦军。

我们从中可以看到信陵君的成功并非偶然的，他的仁义为人，成人之美的美德使他在遇到困难时，很多人愿意帮助他，甚至为他拼死卖命。

从以上历史故事中我们得到启迪：要想获得，必须先给予，为了让别人归心于自己，首先要做到成人之美。

37. 庄稼看收成，做人看结果

看人只看后半截，浪子回头金不换。更有肆意杀戮者，放下屠刀即成佛。

种田人盼着好年景，希望庄稼收成好。一天天看着庄稼由青转黄，丰收在即，孰料到，一场连绵大雨，庄稼一半毁在田里，抢收回来的又由于闷热潮湿，开始发芽，一年的辛苦付东流。可惜！可怜！

种田看的是收成。不管是事倍功半还是事半功倍，人们都能够接受，因为有结果，这总比徒劳无功，空忙一场的好。

做人也看重结果，"声妓晚景从良，一世之胭花无碍，贞妇白头失守，半生之清苦俱非。"要评定一个人的功过得失，必须看他后半生的晚节，不一定善始，但求善终。

佛讲："苦海无边，回头是岸""放下屠刀，立地成佛""浪子回头金不换"，所有这些话都是在强调一个道理，就是一个人无论以前出身如何低贱或者如何堕落，只要能够痛下决心，猛回头重新做人，世人会原谅他们过去的失足和不善，不仅如此，而且还会钦佩和赞赏他们的毅力与勇气，反之，一个人虽然有好的出身和功勋，不幸的是到了晚年竟由于受不了权益的诱惑，误入歧途，作出自毁名节的劣迹，人们对他除了叹息之外，只能说："天作孽尚可恕，自作孽不可活。"

例如，汪精卫青年时代就追随孙中山，投身革命，而且立下了很多功劳。当年他刺杀满清摄政王，被俘入狱，曾写下了一首壮志凌云的诗说："慷慨歌燕市，从容作梦囚，引刀成一快，不负少年头。"岂料到他后半生却晚节不保，不顾民族大义甘为日寇傀儡，在武汉成立"新中华民国政府"，结果落得一个遗臭万年的汉奸罪名。相反，吴佩孚虽然作了大半辈子祸国殃民的大军阀，但他到了晚年却能秉持民族气节，不畏日寇的威胁恫吓。可见一个人的晚节实为重要，这就是所谓的"盖棺定论"的道理所在。

青年人面对纷繁复杂的世界，面对各种各样的诱惑，难免一时糊涂做了错事，走到歧路上去，早一点清醒，早一日回头归于正路，最好。我们可以从晋代周处"朝闻夕改"中找到实证，据《晋书·周处传》载：

周处少年丧父，未满20岁时，体力过人。他爱好跑马打猎，又不拘小节，放荡不羁，随心所欲，乡里人都以他为祸患。他知道别人讨厌他，于是立志发奋改过。他从别人口中得知自己与南山猛虎、长桥下的蛟龙并称为"三害"，便向乡里人表示除害的决心。他先去南山射死了猛虎，又入水与蛟搏斗，人们久不见他回来，以为他死了，乡里都为"三害"的消尽而祝贺。等他杀蛟回来，得知人们这种情形，心里很懊悔，就去请教陆机陆云兄弟，陆云鼓励他说，改正错误要像古人那样朝闻夕改，一个人只要有志向，就能美名远扬。从此，周处发愤上进，从善如流，终于成为一个利国利民的人。可见，周处这种"浪子回头金不换"的精神，值得今人发扬。

不求善始，须求善终。朋友，走好你今后的每一步路！

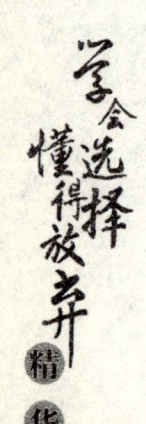

38. 强弱只是相对的

　　世上没有绝对的弱者。在夹缝中生存，逃避自然，是弱者天生的本领。弱肉未必强食，相反强肉可能被蚕食。无论强者弱者都要适应环境因素，遇强则弱，遇弱则强。

　　一位朋友向我讲起在动物的世界里弱肉强食的故事。他说，一只野驴被老虎撞上，拼命地逃跑，可老虎穷追不舍，最后还是被追上，断其喉，尽其肉，乃去。他说这就是自然法则：物竞天择，适者生存，弱肉强食。我说也许有一半正确，我对他反问道："那么大自然中仍存在着那么多相对的弱者，这是为何？"对我的反驳朋友也愣了好一阵，不知如何是好。最后，我给他讲了一个更为玄妙的故事。

　　一个风和日丽的春天，一只美丽的梅花鹿在河边吃着细嫩的青草，正当它得意忘形的时候，厄运却突然降临了——一个彪悍的东北虎正从她的背后向她走来。说时迟，那时快，老虎一扑一跳向这只可怜的梅花鹿身上扑过来。惊慌之下，这只小鹿侧身一躲，躲过了老虎的一扑。她拼命地撒腿便跑。于是，老虎拼命地追。眼看被老虎追上了，这时前面出现了一排排郁郁葱葱的灌木丛，于是，梅花鹿便迅速跳进了灌木丛，与老虎开始周旋起来，结果，在灌木丛里，老虎哪里是梅花鹿的对手，几个回合下来，老虎只好望肉叹息，气得头也不回地就走了，梅花鹿取得了最后的胜利。

　　听了故事，朋友才慌然大悟，原来自然界也还有一条定律：弱者自有自己的空间。的确无论强者、弱者他们都有一套适应自然法则的本领，只要你认真地生活着，并不十分在意自己的强大与弱小，且你能找到自己能游刃有余的空间，充分地发挥自己的优势，到那时，你的优势会弥补你的不足，你定能会获得别人也许苦苦求索而无法得到的东西。

弱常常与小联系在一起的，但正因为小，使弱者本身也具备了很大一部分优势，比如小而灵活，小而精，小而全等。小的事物常常是容易被忽视的，那么你何不利用这种有利的时机，暗地里逐步发展壮大。

著名的爱国将领蔡锷就很善于保护自己，在敌强我弱的情况下巧妙地逃出了敌人的手掌。当时，蔡锷的活动已被袁世凯有所察觉，袁将蔡锷羁畔于北京，派了密探在暗中监视。在这种险恶的情况下，蔡锷使出了迷惑敌人的手法。他装出一幅生平无大志的庸人形象，整天忙于出入烟花青楼之列，与名妓小凤仙出入成双，堕入绵绵私情之深渊而不能自拨，灯红酒绿的生活使他表面上变得腐化、堕落、颓废而丝毫没有一丝强者的威风。这样，密探将以上的情况告知于袁世凯，袁世凯窃喜，心想蔡锷原来也只不过是如此一个无能之辈，于是就放松了对他的警惕。蔡锷借机辗转回滇，组建讨袁护国军。就这样，袁很快在全国的声讨中仅做了八十三天的皇帝就一命呜呼了。

另外，在强大的竞争丛林中，能够在夹缝中生存也是弱者的一种本领。在自然界中也许你会注意到有一类攀援的植物，它们最善于在高大树林的夹缝中求生存，从而给自己找到了一份安全的空间，兔丝子即是如此。那么在人类社会中呢？弱者照样可以生存于夹缝之中。为什么呢？强者往往并非一人，众多的高手间的竞争，其残酷程度不亚于丛林中强者对弱者的竞争。而在几个强者之激烈的竞争中，往往便会产生一个真空地带，即没有一个强者敢于涉入的地区。因为大家彼此都能料到，一旦进入该区，便会引起对方残酷的报复，于是，便出现了所谓的真空地带。但是正是这个无人敢涉入的雷池有时却是弱者的又一片天空。勇敢的弱者会选择这一个雷区的，因为他明白，这个地区强者是不愿插手的，也是不敢插手的。

总之，在自然界中，并无绝对的强弱之分，只有相对的强弱，如果你是弱者不妨聪明地保护自己，在强者的夹缝中寻找广阔的天地。

39. 喊出属于你的声音

真正成功的人生，不在于成就的大小，而在于你是否努力地去实现自我，喊出属于自己的声音，走出属于自己的道路。

贝多芬学拉小提琴时，技术并不高明，他宁可拉他自己作的曲子，也不肯做技巧上的改善，他的老师说他绝不是个当作曲家的料。

歌剧演员卡罗素美妙的歌声享誉全球。但当初他的父母希望他能当工程师，而他的老师则说他那副嗓子是不能唱歌的。

发表《进化论》的达尔文当年决定放弃行医时，遭到父亲的斥责："你放着正经事不干，整天只管打猎、捉狗、捉耗子。"另外，达尔文在自传上透露："小时候，所有的老师和长辈都认为我资质平庸，我与聪明是沾不上边的。"

沃特·迪斯尼当年被报社主编以缺乏创意的理由开除，建立迪斯尼乐园前也曾破产好几次。

爱因斯坦4岁才会说话，7岁才会认字。老师给他的评语是："反应迟钝，不合群，满脑袋不切实际的幻想。"他曾遭到退学的命运。

法国化学家巴斯德在读大学时表现并不突出，他的化学成绩在22人中排第15名。

牛顿在小学的成绩一团糟，曾被老师和同学称为"呆子"。

罗丹的父亲曾怨叹自己有个白痴儿子，在众人眼中，他曾是个前途无"亮"的学生，艺术学院考了三次还考不进去。他的叔叔曾绝望地说：孺子不可教也。

《战争与和平》的作者托尔斯泰读大学时因成绩太差而被劝退学。老师认为他既没读书的头脑，又缺乏学习的兴趣。

如果这些人不是"走自己的路"，而是被别人的评论所左右，怎么能取得举世瞩目的成绩？

人生的成功自然包含有功成名就的意思，但是，这并不意味着你只有做出了举世无双的事业，才算得上成功。世界上永远没有绝对的第一。看过马拉多纳踢球的人，还想一身臭汗地在足球队里混吗？听过帕瓦罗蒂歌声的人，还想修练美声唱法吗？——其实，如果总是担心自己比不上别人，只想功成名就，那么世界上也就没有帕瓦罗蒂、马拉多纳这类人了。

俄国作家契诃夫说得好："有大狗，也有小狗。小狗不该因为大狗的存在而心慌意乱。所有的狗都应当叫，就让它们各自用自己的声音叫好了。"

小狗也要大声叫！实际上，追求一种充实有益的生活，其本质并不是竞争性的，并不是把争夺第一看得高于一切，它只是个人对自我发展、自我完善和美好幸福的生活的追求。那些每天一早来到公园练武打拳、练健美操、跳迪斯科的人，那些只要有空就练习书法绘画、设计剪裁服装和唱戏奏乐的人，根本不在意别人对他们的姿态和成果品头论足，也不会因没人叫好或有人挑剔就停止练习、情绪消沉。他们的主要目的不在于当众展示、参赛获奖，而是自得其乐、自有收益，满足自己对生活美和艺术美的渴求。

40. 学会思索，懂得放弃

如果您提出了目标——想在科学领域中获得尽可能大的成果，那么必须把思考的时间留出来。

最早完成原子核裂变实验的英国著名物理学家卢瑟福，有一天晚上走进实验室，当时时间已经很晚了，他见一个学生仍俯在工作台上，便问道："这么晚了，你还在干什么呢？"

学生回答说："我在工作。"

"那你白天干什么呢？"

"我也工作。"

"那么你早上也在工作吗？"

"是的，教授，早上我也在工作。"

于是，卢瑟福提出了一个问题："那么这样一来，你用什么时间思考呢？"

这个问题提得真好！

拉开历史的帷幕就会发现，古今中外凡是有重大成就的人，在其攀登科学高峰的征途中，都是给思考留有一定时间的。据说爱因斯坦狭义相对论的建立，经过了"十年的沉思"。他说："学习知识要善于思考、思考、再思考，我就是靠这个学习方法成为科学家的。"伟大思想家黑格尔在著书立说之前，曾缄默六年，不露锋芒，在这六年中，他是以思为主，专研哲学。哲学史家认为，这平静的六年，其实是黑格尔一生中最重要的时刻。牛顿从苹果落地导出了万有引力定律，有人问他这有什么"诀窍？"牛顿说："我并没有什么方法，只是对于一件事情作长时间热情地思索罢了。"德国数学家高斯，在许多方面都有杰出的贡献，有人称他为"数学的王子"，而他则谦虚地说："假如别人和我一样深刻和持续地思考数学真理，他们会做出同样的发现的。"

苏联昆虫学家柳比歇夫在回答一位抱怨没有时间考虑问题的年轻科学家时说："……没有时间思索的科学家(这不是短时期，而是一年、二年、三年)，那是一个毫无指望的科学家。他如果不能改变自己的日常生活制度，挤出足够的时间去思考，那他最好放弃科学。"

41. 每个人都有获得成功的机会

每个人都具有成功的机会。亦即在起跑点上是一样的。至于起跑后的差距则是日积月累发展出来的。

在选美竞赛上，众人瞩目的总是亮丽鲜艳的面孔，婀娜多姿的体态。外在美是选美的标准，可是也有人相信内在美的焕发才是选美最重要的条件，而且这样的理念也得到证实了，至少在美国小姐唐娜·亚松真身上，是世人见识到内在美获得认同的实例。

唐娜出生在阿肯色州的一个小镇上，她的青春期就像大多数的青少年一样，生涩、害羞，对自己的将来不知所从。那个时候她想像自己是只丑小鸭，而不是选美的皇后。可是唐娜有一些远比外在的美丽更要紧的特质——她的气质清新，风度稳健。从审美的角度来看，她是一块璞玉，稍加雕琢就能大放异彩。至少她相信是的。

她决定要把自己的内在美表现出来。她去练健身，学习仪态，然后报名参加一场选美比赛。那一场比赛她没进入决赛，可是唐娜并不灰心，接着又参加了好几场比赛，直到参加过16场选美比赛之后，她终于当选阿肯色州小姐，然后又成为美国小姐。后来她带着那一份自然芬芳的内在美，以及辛勤努力地工作，踏入了娱乐界。目前已是一个出色的艺人，拥有自己的节目。

对我们来说，每个人都拥有同样芬芳的内在美，最重要的是去找出自己的内在美，并把它表现出来。你不见得会是另一个选美皇后，可是它能使你成为人生的赢家。

42. 天才懂得选择

天才不是固执者，而是懂得适机地放弃。

开普顿·布朗先生一直在潜心研究桥梁的结构问题。当时要在他家附近的特威德河上建一座大桥，开普顿一直在构思如何设计一座造价低廉的大桥，并画出比较理想的图纸来。在初夏的一个早上，他正在自家的花园里散步，突然他看到一张蜘蛛网横在路上。他突然灵感大发，一个主意涌上心头：铁索和铁绳不正可以像蜘蛛网一样连成一座大桥吗?结果他发明了举世闻名的悬索大桥。

詹姆斯·沃特一直在思考如何在克来迪这个地方铺设地下输水管道。这地方河流纵横，河床情形千差万别，他苦思冥想未能想出理想的方案。有一天，他偶尔看到桌上一只龙虾的壳，由此他受到启发。他设计了一种类似龙虾形状的铁管，铺好之后，果然解决了以前没解决的难题。

伊兹贝德·布约尔设计著名的托马斯隧道的灵感则是观察微小的船蛆的结果。他发现这种小小的动物用自己全副武装的头部首先朝一个方向钻孔，然后朝另一个方向钻一个孔，再钻出一个拱道，这是第一道工序。第二步是在洞的顶上和两边涂上一层滑滑的东西。布约尔很受船蛆的启发。他把船蛆的操作过程及其方法认真加以研究，终于建好他的掩护支架，并完成了他那项伟大工程。

当马尔格兹·沃赛斯特在监狱当囚犯时，有一次，他观察到水壶里的热气掀起水壶盖子这一现象，从此他的注意力就集中到蒸汽动力这个课题上。他把观察的结果发表在《世纪发明》这本杂志上，相当一个时期，他的论文被当作探讨蒸汽动力的教材使用。一直到后来，赛威热、纽卡门等人把蒸汽原理运用到实际生活中，制造出了最初的蒸汽机。后来瓦特被叫去修理这台已属于格拉斯哥大学的"纽卡门机器"。这一偶然的事件给瓦特带来了一次机遇，他花一辈子时间使蒸汽机完善起来。

善于抓住由这些偶然事件造成的机遇，从中探索出内在的原理，引申出科学的知识，这是许多科学家、发明家的成功之道。

天才就是常人们把自己的注意力偶然地专注于某一特殊的方向。当然，这里的常人必须是那些全身心追求自己目标的人。一个人只要致力于追求自己的目标，他总会找到属于他的"偶然性"或机遇。当然，"偶然性"和机遇也只会光顾这样的人。

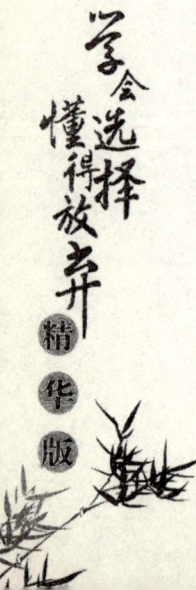

43. "敢做"比"会做"更重要

许多相当成功的人，并不一定是他比你会做，更重要的是他比你敢做。

1956年，58岁的哈默购买了西方石油公司，开始做石油生意。石油是最能赚大钱的行业，也正因为最能赚钱，所以竞争尤为激烈。初涉石油领域的哈默要建立起自己的石油王国，无疑面临着极大的竞争风险。

首先碰到的是油源问题。1960年石油产量占美国总产量38%的得克萨斯州，已被几家大石油公司垄断，哈默无法插手；沙特阿拉伯是美国埃克森石油公司的天下，哈默难以染指。如何解决油源问题呢？1960年，当花费了100万美元勘探基金而毫无结果时，哈默再一次冒险地接受了一位青年地质学家的建议：旧金山以东一片被德士古石油公司放弃的地区，可能蕴藏着丰富的天然气，并建议哈默的西方石油公司把它租下来。哈默又千方百计从各方面筹集了一大笔钱，投入了这一冒险的投资。当钻到860英尺深时，终于钻出了加利福尼亚州的第二大天然气田，估计价值在2亿美元以上。

哈默成功的事实告诉我们：风险和利润的大小是成正比的，巨大的风险能带来巨大的效益。

与其不尝试而失败，不如尝试了再失败，不战而败如同运动员在竞赛时弃权，是一种极端怯懦的行为。作为一个成功的经营者，就必须具备坚强的毅力，以及"拼着失败也要试试看"的勇气和胆略。当然，冒风险也并非铤而走险，敢冒风险的勇气和胆略是建立在对客观现实的科学分析基础之上的。顺应客观规律，加上主观努力，力争从风险中获得效益，是成功者必备的心理素质，这就是人们常说的胆识结合。

44. 选择冒险

如果你面对风险时信心不足的话，不妨大胆些，及时迈出决定性的第一步。记住，在你已经冒了第一个很大的险以后，再去面对风险就容易得多了。

黛比出生在一个有很多兄弟姐妹的大家庭。从小她就非常渴望得到父母亲的赞扬和鼓励，但是由于孩子多，她的父母根本就顾不上她。这种经历使得她长大成人后依然缺少自信心。她后来嫁给一个非常成功的高级管理人员，但美满的婚姻并没有能改变她缺乏自信的心态。她与朋友出去参加社交活动时总是显得很笨拙，惟一使她感到自信的是在厨房里烤制面包的时候。她非常渴望成功，但是鼓起勇气从家务中走出去，对她来说是想也不敢想的事情。随着时间的推移，她终于认识到自己要么停止成功的梦想，要么就鼓起勇气去冒一次险。黛比这样讲述自己的经历：

"我决定进入烹饪行业。"我对我的妈妈爸爸，以及我的丈夫说，"我准备去开一家食品店，因为你们总是告诉我说我的烹饪手艺有多么了不起。"

"噢，黛比，"他们一起呻吟道，"这是一个多么荒唐的主意。你肯定要失败的。这事太难了，快别胡思乱想了。"你知道，他们一直这样劝阻我,说实话,我几乎相信他们说的。但是更重要的是我不愿意再倒退回去,再像以往那样犹犹豫豫地说"如果真的出现……"。

她下决心要开一家食品店。她丈夫始终反对,但最后还是给了她开食品店的资金。食品店开张的那一天,没有一个顾客光临。黛比几乎被残酷的现实击垮了。她冒了一次险,并且使自己身陷其中,看起来她是必败无疑了。她甚至相信她的丈夫是对的,冒这么大的险是一个错误。但是人就是这样,在你已经冒了第一个很大的险以后,再去面对风险就容易得多。黛比决定继续走下去。

一反平时胆怯羞涩的窘态,黛比端着一盘刚烘制的热烘烘的食品在她居住的街区,请每一个过往的人品尝。后来她越来越自信:所有尝过她的食品的人都认为味道非常好。人们开始接受她的食品。现在,"黛比·菲尔茨"的名字在美国数以百计的食品商店的货架上出现,她的公司"菲尔茨太太原味食品公司"是食品行业最成功的连锁企业,现在的黛比·菲尔茨已经成了一个浑身都散发出自信的人!

45. 成功是平凡的积累

成功是平凡的积累,实力体现在每一件小事中。

18世纪瑞典化学家舍勒在化学领域做出了杰出的贡献,可是瑞典国王毫不知情。在一次去欧洲旅行的旅途中,国王才了解到自己的国家有这么一位优秀的科学家,于是国王决定授予舍勒一枚勋章。可是负责发奖的官员孤陋寡闻,竟然没有找到那位全欧知名的舍勒,却把勋章发给了一个与舍勒同姓的人。

其实，舍勒就在瑞典一个小镇上当药剂师，他知道国王要给自己发一枚勋章，也知道发错了人，但他只是付诸一笑，只当没有那么一回事，仍然埋头于化学研究之中。

舍勒在业余时间里用极其简陋的自制设置，首先发现了氧，还发现了氯、氨、氯化氢，以及几十种新元素和化合物。他从酒石中提取酒石酸，并根据实验写成两篇论文，送到斯德哥尔摩科学院。科学院竟以"格式不合"为理由，拒绝发表他的论文。但是舍勒并不灰心，在他获得了大量研究成果以后，根据这个实验写成的著作终于与读者见面了。随后舍勒在32岁那年当选为瑞典科学院院士。

如果我们也有舍勒这种埋头苦干、锲而不舍的精神，有在平凡中求伟大的品性，那么成功也就离你不远了。要知道在整个社会系统中，除了一些特殊的人从事特定工作之外，一般人的工作都是很平凡的。虽然是平凡的工作，但只要努力去做，和周围的人配合好，依然可以做出不平凡的成绩。

那种大事干不了、小事又不愿干的心理是要不得的。小至个人，大到一个公司、企业，它们的成功发展，正是来源于平凡工作的积累。公司需要的是能够在平凡中求成长的人，所以能够认真对待每一件事，能够把平凡工作做得很好的人才是能够发挥实力的人。因此不要看轻任何一项工作，没有人可以一步登天的，当你认真对待并了解每一件事，你会发现自己的人生之路越来越广，成功的机遇也会接踵而来。

46. 用心很重要

用满腔的工作热忱把每一份工作都做好，它们就成了你人生晋级的一个个台阶。

休斯·查姆斯在担任"国家收银机公司"销售经理期间，曾面临着一种最为尴尬的情况：该公司的财政发生了困难。这件事被在外头负责推销的销售人员知道了，他们因此失去了工作的热忱，销售量开始下跌。到后来，情况极为严重，销售部门不得不召集全体销售员开一次大会，查姆斯先生主持了这次会议。

首先，他请手下最佳的几位销售员站起来，要他们说明销售量为何会下跌。这些销售员被唤到名字以后，一一站起来列举种种困难情况：商业不景气，资金缺少，人们都希望等到总统大选揭晓以后再买东西等等。

当第五个销售员开始列举时，查姆斯先生突然跳到一张桌子上，高举双手，要求大家肃静。然后，他说道："停止，我命令大会暂停十分钟，让我把我的皮鞋擦亮。"

然后，他命令坐在附近的一名黑人小工友把他的擦鞋工具箱拿来，并要求这名工友把他的皮鞋擦亮，而他就站在桌上不动。

在场的销售员都吓呆了。有些人以为查姆斯先生发疯了，开始窃窃私语。在这同时，那位黑人小工友先擦亮他的第一只鞋子，然后又擦另一只鞋子，他不慌不忙地擦着，表现出一流的擦鞋技巧。

皮鞋擦亮之后，查姆斯先生给了小工友一毛钱，然后发表他的演说。

"我希望你们每个人，"他说，"好好看看这个小工友，他拥有在我们整个工厂及办公室内擦皮鞋的特权。他的前任是位白人小男孩，年纪比他大得多，尽管公司每周补贴他五元的薪水，而且工厂里有数千名员工，但他仍然无法从这个公司赚取足以维持他生活的费用。

"但这位黑人小男孩却可以赚到相当不错的收入，他不仅不需要公司补贴薪水，而且每周还可存下一点钱来，而他和他的前任工作环境完全相同，也在同一家工厂内，工作的对象也完全相同。

"现在我问你们一个问题，那个白人小男孩拉不到更多的生意，是谁的错？是他的错还是他顾客的错？"

那些推销员不约而同地大声说："当然了，是那个小男孩的错。"

"正是如此。"查姆斯回答说，"现在我要告诉你们，你们现在推销收银机和一年前的情况完全相同：同样的地区，同样的对象，以及同样的商业条件。但是，你们的销售成绩却比不上一年前。这是谁的错？是你们的错，还是顾客的错？"

同样又传来如雷般的回答："当然，是我们的错！"

"我很高兴，你们能坦率承认你们的错。"查姆斯继续说，"我现在要告诉你们。你们的错误在于，你们听到了有关本公司财务发生困难的谣言，这影响了你们的工作热忱，因此，你们就不像以前那般努力了。只要你们回到自己的销售地区，并保证在以后三十天内，每人卖出五台收银机，那么，本公司就不会再发生什么财务危机了。你们愿意这样做吗？"

大家都说"愿意"，后来果然办到了。

47. 选择专注

成功的艺术大师，往往都具有那种除了追求完整的意志以外，把一切都忘掉的热忱。一个成功的人一定能够把他自己完全沉浸在他的工作里，此外，没有别的秘诀。

一位奥地利朋友曾经讲述了对著名雕刻大师罗丹工作的如下见闻和感受：

在罗丹的工作室——有着大窗户的简朴的屋子，有完成的雕像，有许许多多小塑样：一支胳膊，一只手，有的只是一只手指或者指节；他已动工而搁下的雕像，堆着草图的桌子。这间屋子是他一生不断地追求与劳作的地方。

罗丹罩上了粗布工作衫，就好像变成了一个工人，他在一个台架前停下。

"这是我的近作。"他说，他把湿布揭开，现出一座女正身像。

"这已完工了。"我想。

他退后一步，仔细看着。但是在审视片刻之后，他低语了一句："就在这肩上线条还是太粗。对不起……"

他拿起刮刀、木刀片轻轻滑过软和的粘土，给肌肉一种更柔美的光泽。他健壮的手动起来了；他的眼睛闪耀着。"还有那里……还有那里……"他又修改了一下，他走回去。他把台架转过来，含糊地吐着奇异的喉音。时而，他的眼睛高兴得发亮；时而，他的双眉苦恼地蹙着。他捏好小块的粘土，粘在人像身上，刮开一些。

这样过了半点钟，一点钟……他没有再向我说过一句话。他忘掉了一切，除了他要创造的更崇高的形体的意象。他专注于他的工作，犹如在创世之初的上帝。

最后，带着喟叹，他扔下刮刀，像一个男子把披肩披到他情人肩上那种温存关怀般地把湿布蒙上女正身像，接着他又转身要走。在他快走到门口之前，他看见了我。他凝视着，就在那时他才记起我的存在，他显然为他的失礼而惊惶："对不起，先生，我完全把你忘记了，可是你知道……"

我握着他的手，感谢地紧握着。也许他已领悟到我所感受到的，因为在我们走出屋子时他微笑了，用手抚着我的肩头。

再没有什么像亲眼见一个人全然忘记时间、地方与世界那样使我感动。那时，我参悟到一切艺术与伟业的奥妙——专心，完成或大或小的事业的全力集中，把易于弛散的意志贯注在一件事情上的本领。

48. 你的态度决定了你的前途

你的态度决定了你的前途，你想着自己是什么样的人，你就会成为什么样的人。

罗伯特·洛西斯在哈佛大学做了一个有趣的实验。被试者包括三组学生和三组白鼠。

他告诉第一组的学生："你们非常幸运，你们将训练一组聪明的白鼠，这些白鼠已经经过智力训练且非常聪明了。"

他又告诉第二组的学生："你们的白鼠是一般的白鼠，不很聪

明，也不太笨。它们最终将走出迷宫，但不能对它们有过高的期望。因为它们仅有一般能力和智力，所以它们的成绩也仅为一般。"

最后，他告诉第三组的学生说："这些白鼠确实很笨，如果它们走到了迷宫的终点，也纯属偶然。它们是名副其实的白痴，自然它们的成绩也将很不理想。"

后来学生们在严格的控制条件下进行了为期6周的实验。结果表明，白鼠的成绩，第一组最好，第二组中等，第三组最差。有趣的是，所有作为被试的白鼠实际上都是从一般白鼠中随机取样并随机分组的。实验之初，三组白鼠在智力上并无显著差异。那么为何会产生如此不同的实验结果呢？显然是由于实施实验的三组学生对白鼠具有不同的态度从而导致了不同的实验结果。

上述实验后来又在以学生为对象的实验中得到证实。该实验是由两位水平相当的教师分别给两组学生教授相同的内容。所不同的是，其中一位教师被告知："你很幸运，你的学生天资聪颖。然而，他们中有的人很懒，并将要求你少布置作业，别听他们的话，只要你给他们布置作业。他们就能完成。你也不必担心题目太难。如果你帮助他们树立信心，同时倾注着真诚的爱，他们将可能解决最棘手的问题。"

另一位教师则被告知："你的学生智力一般，他们既不太聪明也不太笨，他们具有一般的智商和能力。所以我们期待着一般的结果。"

在该学年底，实验结果表明，"聪明"组学生比"一般"组学生在学习成绩上整整领先了一年。其实，在被试中根本没有所谓"聪明"的学生，两组被试的全都是一般学生，惟一的区别就在于教师对学生的认知不同，导致了对他们的期望态度也不同，从而以不同的方式对待他们。其中一位教师把这些一般的学生看作是天才儿童，因而就作为天才儿童来施教，并期望他们像天才儿童一样出色地完成作业。正是这种特殊的对待方式，使得一般学生有了突出的进步。

49. 泥泞的路才能留下脚印

善于化解心中之结，才能走过泥泞的路。

鉴真和尚刚刚剃度遁入空门时，寺里的住持让他做了寺里谁都不愿做的行脚僧。

有一天，日已三竿了，鉴真依旧大睡不起。住持很奇怪，推开鉴真的房门，见床边堆了一大堆破破烂烂的芒鞋。住持叫醒鉴真问："你今天不外出化缘，堆这么一堆破芒鞋做什么？"

鉴真打了个哈欠说："别人一年一双芒鞋都穿不破，我刚剃度一年多，就穿烂了这么多的鞋子，我是不是该为庙里节省些鞋子？"

住持一听就明白了，微微一笑说："昨天夜里落了一场雨，你随我到寺前的路上走走看看吧。"

寺前是一座黄土坡，由于刚下过雨，路面泥泞不堪。

住持拍着鉴真的肩膀说："你是愿意做一天和尚撞一天钟，还是想做一个能光大佛法的名僧？"

鉴真说："我当然希望能光大佛法，做一代名僧。"

住持捻须一笑："你昨天是否在这条路上走过？"

鉴真说："当然。"

住持问："你能找到自己的脚印吗？"

鉴真十分不解地说："昨天这路又坦又硬，小僧哪能找到自己的脚印？"

住持又笑笑说："今天我俩在这路上走一遭，你能找到你的脚印吗？"

鉴真说："当然能了。"

住持听了，微笑着拍拍鉴真的肩说："泥泞的路才能留下脚印，世上芸芸众生莫不如此啊。那些一生碌碌无为的人，不经风不沐雨，没有起也没有伏，就像一双脚踩在又坦又硬的大路上，脚步抬起，什么也没有留下，而那些经风沐雨的人，他们在苦难中跋涉不停，就像一双脚行走在泥泞里，他们走远了，但脚印却印证着他们行走的价值。"

鉴真惭愧地低下了头。

选择泥泞的路才能留下脚印，不经历风雨，没有起伏的人总想在一片坦途上行走，终究不会有任何的收获。只可惜有许多人只知道放弃而不懂得如何放弃。

50. 放弃的力量

当你被迫放弃时，你会主动去选择吗？

那个男孩患了小儿麻痹症，落后的医学无法救他，他成了瘸子。因此，他的童年、青年时代是在痛苦中度过的。在别人或怜悯、或嘲笑、或漠然的眼光中，他的内心充满了自卑。他的名字叫罗斯福，美国人。

那个男人太高傲了，他的思想情绪特立独行，充满了叛逆精神，为此，皇帝很讨厌他，想狠狠地教训他一次。如果砍他头，那也罢了；但是，皇帝下流地阉割了他的生殖器！这种奇耻大辱几乎可以毁灭一个男人的终生啊！无论生理上还是心理上，他都不再是一个正常人，甚至连"残废"的称号也不配!他是谁?他是司马迁,中国人。

他是一位米谷商人的第二个儿子,家庭富足,但他却认为自己的童年并不快乐,因为他自小便是个驼子。行动不便不说,他还常常沦为别人眼中的小丑。他是孤立的、孤独的,世界与他之间一直拉开着巨大的距离,他难以逾越那道鸿沟,他成了一个"生活在别处"的人。他叫阿德勒,奥地利人。

罗斯福生命不息、奋斗不止的精神在美国是家喻户晓的;司马迁发奋著述,终成辉煌《史记》,在中国也是妇孺皆知;阿德勒则不为多数人了解,但是,他独树一帜的心理学思想却与弗洛伊德并驾齐驱。

他们的成就与他们的缺陷形成鲜明对照。阿德勒在《自卑与超越》中认为,成功者离不开自卑,他们必须在自卑的动力驱使下,走出自卑的阴影,在更高、更远的地方寻找生命的补偿。

他们都放弃了生命中的一些东西,但他们选择了奋斗,所以他们都是成功的伟人。

51. 选择小事成就大业

无论大事小事,关键在于你的选择,只要选择对了,你的小事也就成了大事。

在我们的印象中,擦鞋绝对是一难登大雅之堂的职业,如果有人终生以此为业,那他一定不会有多大的出息。实际上呢?我们却想错了,一个名叫源太郎的日本人,就是凭借擦鞋,从而成就了自己辉煌的人生。

多年前，身为化工厂工人的源太郎失业了。一个偶然的机会，他从一位美国军官那里学会了擦鞋，他很快就迷上了这种工作；只要听说哪里有好的擦鞋匠，他就千方百计地赶去请教、虚心学习。

日子一天天地过去了，源太郎的技艺越来越精湛。他的擦鞋方法别具一格：不用鞋刷，而用木棉布绕在右手食指和中指上代替，鞋油也是自行调制。那些早已失去光泽的旧皮鞋，经他匠心独具的一番擦拭，无不焕然一新，光可鉴人，而且光泽持久保持一周以上。更绝的是，凭着高深的职业素养，源太郎与人擦肩而过时，便能知道对方穿的是何种鞋；从鞋的磨损部位和程度，他可以说出这人的健康和生活习惯。他的精湛技艺，打动了东京一家名叫"凯比特东急"的四星级饭店，他们将源太郎请到饭店，为饭店的顾客擦鞋。

令人惊讶的是，自从源太郎来到"凯比特东急"之后，演艺界的各路明星一到东京便非"凯比特东急"不住；一向苛刻挑剔的明星们对此情有独钟的原因非常简单，就是享受一下该店擦鞋的"五星级服务"。当他们穿着焕然一新的皮鞋翩然而去时，他们的心里深深地记下了源太郎的名字。

源太郎炉火纯青的技术、一丝不苟的精神和非同凡响的擦鞋效果，为他赢得了众多顾客的青睐。他的老主顾不只来自东京京都、北海道，甚至还有香港、新加坡等地。在他简朴的工作室内，堆满了发往各地的速寄纸箱。如今的源太郎，早已成为"凯比特东急"的一块金字招牌。

源太郎的努力，为他自己创造出一份辉煌的业绩。事实上，只要我们用心去做，哪一件小事不能成就大业呢？

52. 只选择一把椅子

如果想同时坐两把椅子的人，也许连一把椅子也坐不成。

有人向世界歌坛的超级巨星卢卡诺·帕瓦罗蒂讨教成功秘诀。他每次都提到自己问父亲的一句话。师范院校毕业之际，痴迷音乐并有相当音乐素养的帕瓦罗蒂问父亲："我是当教师呢，还是做歌唱家？"其父回答说："如果你想同时坐在两把椅子上，你可能会从椅子中间掉下去。生活要求你只能选一把椅子坐下去。"

帕瓦罗蒂选了一把椅子——做个歌唱家。经过7年的失败与努力，帕瓦罗蒂首次登台亮相。又过了7年，他才终于登上了大都会歌剧院的舞台。

只选一把椅子，多么形象而切合实际的理念！这就是说，目标只能确定一个，这样才会凝聚起人生的全部合力，将其攻下。确定了目标，那就只能走一条道路，哪怕这条路崎岖不平，同行者寥寥无几。你必须有"板凳坐得十年冷"，忍受孤独和寂寞将它走完的勇气，尤其在诱人的岔路口，你也必须不改初衷，有心无旁骛的坚定信念和超然气度。

选择，与其说是一个严肃的哲学命题，倒不如说是人们为了生存和发展得更好，一种本能的自我优化。只选一把椅子，意味着在选准全力以赴的事业时，也选择了自我的尊严乃至全部的生活。就像贝多芬与音乐、毕加索与绘画、柏拉图与哲学、司马迁与史学、曹雪芹与文学……他们选定的惟一一把人生座椅，决定了各自的人生轨迹及在后世的声誉。

53. 丢失的玩具

"只有砸烂较差的，我们才能创造更好的。"的确，我们很多时候，只满足于眼前的成绩而没有再进一步的动力。不断进取才会更好。

雕塑家有一个十二岁的儿子。儿子要爸爸给他做几件玩具，雕塑家从来不答应，只是说："你自己不能动手试试么？"

为了制好自己的玩具，孩子开始注意父亲的工作，常常站在大台边观看父亲运用各种工具，然后模仿着运用于玩具制作。父亲也从来不向他讲解什么。

一年后，孩子好像初步掌握了一些制作方法，玩具造得颇像个样子。这样，父亲偶尔会指点一二。但孩子脾气倔，从来不将父亲的话当回事。

又一年，孩子的技艺显著提高，可以随心所欲地摆弄出各种人和动物形状。孩子常常将自己的"杰作"展示给别人看，引来诸多夸赞。但雕塑家总是淡淡地笑，并不在乎似的。

忽有一天，孩子存放在工作室的玩具全部不翼而飞！他十分惊疑！父亲说："昨夜可能有小偷来过。"孩子没办法，只得重新制作。

半年后，工作室再次被盗！又半年，工作室又失窃了。孩子有些怀疑是父亲在捣鬼：为什么从不见父亲为失窃而吃惊、防范呢？

偶然一天夜晚，儿子从外边归来，见工作室灯亮着，便溜到窗边窥视：父亲背着手，在雕塑作品前踱步、观看。好一会儿，父亲仿佛作出某种决定，一转身，拾起斧子，将自己大部分作品打得稀巴烂！接着，将这些碎土块堆到一起，放上水重新混和成泥巴。孩子疑惑地站在窗外。这时，他又看见父亲走到他的那批小玩具前，拿起每件玩具端详片刻，然后，父亲将儿子所有的自制玩具扔到泥堆里搅和起来！当父亲回头的时候，儿子已站在他身后，瞪着愤怒的眼睛！父亲有些羞愧，温和地抚摸儿子的脸蛋，吞吞吐吐地说："我，是，哦，是因为，只有砸烂较差的，我们才能创造更好的。"

又十年，父亲和儿子的作品多次同获国内外大奖。

54. 创业的启示

在这个世界上，似乎存在着这么一个真理：对一件事，如果等所有的条件都成熟才去行动，那么他也许得永远等下去。

1973年，英国利物浦市一个叫科莱特的青年，考入了美国哈佛大学，常和他坐在一起听课的，是一位18岁的美国小伙子。大学二年级那年，这位小伙子和科莱特商议，一起退学，去开发"32Bit"财务软件，因为新编教科书中，已解决了进位制路径转换问题。

当时，科莱特感到非常惊诧，因为他来这儿是求学的，不是来闹着玩的。再说对Bit系统，墨尔斯博士才教了点皮毛，要开发Bit财务软件，不学完大学的全部课程是不可能的。他委婉地拒绝了那位小伙子的邀请。

十年后，科莱特成为哈佛大学计算机系Bit方面的博士研究生，那位退学的小伙子也是在这一年，进入美国《福布斯》杂志亿万富翁排行榜。

1992年，科莱特继续攻读，拿到博士后学位。而那位美国小伙子的个人资产，在这一年则仅次于华尔街大亨巴菲特，达到65亿美元，成为美国第二富豪。

1995年科莱特认为自己已具备了足够的学识，可以研究和开发32Bit财务软件了，而那位小伙子则已绕过Bit系统，开发出Eip财务软件，它比Bit快1500倍，并且，在两周内占领了全球市场，这一年他成了世界首富，一个代表着成功和财富的名字——比尔·盖茨也随之传遍全球的每一个角落。

在这个世界上，有许多人认为，只有具备了精深的专业知识才能从事创业。然而，世界创新史表明：先有精深的专业知识才从事发明创造的人并不多，不少成就一番事业的人，都是在知识不多时，就直接对准了目标，然后在创造过程中，根据需要补充知识。比尔·盖茨哈佛没毕业就去创业了，假如等到他学完所有知识再去创办微软，他还会成为世界首富吗？

55. 坦言失败是成功

选择坦言失败要相当的勇气，而很多人都是随意就放弃了。

1928年,大散文家沈从文被当时任中国公学校长的胡适聘为该校讲师。沈从文时那年才26岁,学历只是小学,闯入十里洋场的上海为时不长,即以一手灵气飘逸的散文而震惊文坛,当时已颇有名气。

但是,名气不是胆气,在他第一次走上讲台的时候,除原班学生外,慕名而来听课的人很多。而对台下满堂坐着的渴盼知识的学子,这位大作家竟整整呆了10分钟,一句话也说不出来。后来开始讲课了,而原先准备好要讲授一个课时的内容,被他三下五除二地10分钟就讲完了,离下课时间还早,但他没有天南海北的瞎扯来硬撑"面子",而是老老实实拿起粉笔在黑板上写道:"今天是我第一次上课,人很多,我害怕了。"于是,这选择了老实得可爱的"坦言失败",引得全堂爆发出一阵善意的欢笑……胡适知道后,评价这次讲课时,对沈从文的坦言与直率,认为是"成功"了!

坦言失败的前提,需有光明磊落的胸襟和正视自我的勇气;而善待失败应是对自己失败的原因有所了解和发现,从而才有可靠的举措成竹在胸,这样,就不会重蹈覆辙了。而这样的既敢"坦言"又能"善待"的"失败",才会成为"成功之母"的。

56. 奇迹是怎样创造的

在这个世界上,创造出奇迹的人,凭借的都不是最初的那点勇气,但是只要把最初那点微不足道的勇气保留到底,任何人都会创造奇迹。

1983年,伯森·汉姆徒手攀壁,登上纽约的帝国大厦,在创造了吉尼斯纪录的同时，也赢得了"蜘蛛人"的称号。

美国恐高症康复联席会得知这一消息，致电"蜘蛛人"汉姆，打算聘请他作康复协会的顾问。

伯森·汉姆接到聘书后，打电话给联席会主席诺曼斯，要他查一查第1042号会员，这位会员很快被查了出来，他的名字叫伯森·汉姆。原来他们要聘作顾问的这位"蜘蛛人"，本身就是一位恐高症患者。

诺曼斯对此大为惊讶。一个站在一楼阳台上都心跳加快的人，竟然能徒手攀上四百多米高的大楼。他决定亲自去拜访一下伯森·汉姆。

诺曼斯来到费城郊外的伯森住所，这儿正在举行一个庆祝会，十几名记者正围着一位老太太拍照采访。

原来伯森·汉姆94岁的曾祖母听说汉姆创造了吉尼斯纪录，特意从100公里外的慕拉斯堡罗徒步赶来，她想以这一行动，为汉姆的纪录添彩。

谁知这一异想天开的做法，无意间竟创造了一个耄耋老人徒步百里的世界纪录。

《纽约时报》的一位记者问她，当你打算徒步而来的时候，你是否因年龄关系而动摇过？

老太太精神矍铄，说："小伙子，打算一口气跑100公里也许需要勇气，但是走一步路是不需要勇气的，只要你走一步，接着再走一步，然后一步再一步，一百公里也就走完了。"

诺曼斯站在一旁，一下明白了伯森·汉姆登上帝国大厦的奥秘，原来他有向上攀登一步的勇气。

57. 苦难与天才

　　并非苦难成就天才，也不是天才特别热爱苦难。苦难很多人都可能会碰到，有的人退缩了，有的人过来了。退缩的人就此沉没，过来的人成了天才。

　　上帝像精明的生意人，给你一份天才，就搭配几倍于前的苦难。
　　世界超级小提琴家帕格尼尼就是一位同时接受两种馈赠又善于用苦难的琴弦把天才演奏到极致的天下第一奇人。

　　他首先是一位苦难者。四岁时一场麻疹和强直昏厥症，差点进了棺材；七岁又险些死于猩红热；十三岁患上严重肺炎，不得不大量放血治疗；四十岁牙床突然长满脓疮，只好拔掉几乎所有牙齿；牙病刚愈，又染上了可怕的眼疾，幼小的儿子成了手中拐杖；五十岁后，关节炎、肠道炎、喉结核等多种疾病吞噬着他的肌体。后来声带也坏了，靠儿子按口型翻译他的思想。他仅活到五十七岁，就口吐鲜血而亡。死后尸体也备受磨难，先后搬迁了八次。

　　上帝搭配给他的苦难实在太残酷无情了。

　　但他似乎觉得这还不够深重，又给生活设置了各种障碍和旋涡。他长期把自己囚禁起来，每天练琴十至十二小时，忘记饥饿和死亡。十三岁起，他就周游各地，过着流浪生活。他一生和五个女人发生过感情纠葛，其中有拿破仑的遗孀和两个妹妹。姑嫂间为他展开激烈争夺，但他不齿于上流社会的生活，认定命该受苦受难。在他眼中这也不是爱情，而只是他练琴的教场和获得惟一一个儿子的公平交易。除

· 308 ·

了儿子和小提琴，他几乎没有一个家和其他亲人。

他其次才是一位天才。三岁学琴，十二岁就举办首次音乐会，并一举成功，轰动舆论界。之后他的琴声遍及法、意、奥、德、英、捷等国。他的演奏使帕尔马首席提琴家罗拉惊异得从病榻上跳下来，木然而立，无颜收他为徒。他的琴声使卢卡观众欣喜若狂，宣布他为共和国首席小提琴家。在意大利巡回演出产生神奇效果，人们到处传说他的琴弦是用情妇肠子制作的，魔鬼又暗授妖术，所以他的琴声才魔力无穷。歌德评价他"在琴弦上展现了火一样的灵魂"。李斯特大喊："天啊，在这四根琴弦中包含着多少苦难、痛苦和受到残害的生灵啊！"

人们不禁问："是苦难成就了天才，还是天才特别热爱苦难？"

这问题一时难说清。但人们分明知道：弥尔顿、贝多芬和他被认为世界文艺史上三大怪杰，居然一个成了瞎子、一个成了聋子、一个成了哑巴——或许这正是上帝用他的搭配论摁着计算器早已计算搭配好了的。

58. 机遇是金

从某种意义上说，这几秒钟就是机遇的所在。如果你赢得了这几秒钟，那么你就抓住了某个机遇，也许就此抓住了你想要的一切……

有这样一个故事：在中世纪，两位素不相识的英国青年杰克和约翰不约而同去某个海岛寻找金矿，到海岛的邮船很少，半个月一班。

为了赶到这趟船,两人都日夜兼程了好几天。当他们双双赶到离码头还有100米时,邮船已经起锚。天气奇热,两人都口渴难忍。这时,正好有人推来一车柠檬茶水。邮船已经鸣笛发动了,杰克只瞟了一眼茶水车,就径直飞快地向邮船跑去。约翰则抓起一杯茶就灌,他想,喝了这杯茶也来得及。杰克跑到时,船刚刚离岸1米,于是他纵身跳了上去。而约翰因为喝茶耽搁了几秒钟,等他跑到时,船已离岸五六米了,于是,他只得眼睁睁地看着邮船一点点远去……

杰克到达海岛后,很快就找到了金矿,几年后,他便成为亿万富翁。而约翰在半月后才勉强来到海岛,因为生计问题只得做了杰克手下的一名普通矿工……

这个故事没有题目,但许多听过这个故事的人都由衷地发出同样的感叹:机遇是金啊!

59. 学会低头

学会低头,也就是懂得放弃,若要硬是强出头,只有碰壁。

一次,一位气宇轩昂的年轻人,昂首挺胸,迈着大步去拜访一位德高望重的老前辈。不料,一进门,他的头就狠狠地撞在了门框上,疼得他一边不停地用手揉搓,一边看着比他的身子矮一大截的门。恰巧这时那位前辈前来迎接他,笑笑说:"很疼吧?可是,这将是你今天来访问我的最大收获。"年轻人不解,疑惑地望着他。"一个人要想平安无事地生活在世上,就必须时刻记住:该低头时就低头。这也是我要教你的事情。"

这位年轻人,就是被称为美国之父的富兰克林。

据说,富兰克林把这次拜访得到的教导看成是一生最大的收获,并把它作为人生的生活准则去遵守,因此受益终生。后来,他成为功勋卓越的一代伟人。

由此想到,人生要历经千门万坎,洞开的大门并不完全适合我们的躯体,有时甚至还有人为的障碍,我们可能要不停地碰壁,或伏地而行。若一味地讲骨气,到头来,不但被拒之门外,而且还可能会被撞得头破血流。学会低头,该低头时就低头,巧妙地穿过人生荆棘。它既是人生进步的一种策略和智慧,也是人生立身处世不可缺少的风度和修养。

苏东坡在《留侯论》中有这样一段话:"天下大勇者,卒然临之而不惊,无故加之而不怒,此其所挟持者甚大,而其去甚远也。"这也算得上是对学会低头的另一种注解吧。

60. 失之东隅,收之桑榆

不要硬逼着自己去选择,有时成功不了,放弃反而是另一种收获。

有一个在金融界工作的朋友,立志要读中国人民银行总行的研究生。三大部《中国金融史》几乎被他翻烂了,可是连考数年都未考中。然而,在这期间不断有朋友拿一些古钱向他请教,起初他还能细心解释,不厌其烦。后来,问的人实在太多了,他索性编了一册《中国历代钱币说明》，一是为了巩固所学的知识，一是为了给朋友提供方便。后来，他依旧没有考上研究生，但是，他的那册《中国历代钱币说明》却被一位书商看中，第一次就印了一万册，当年销售一空。

　　日常生活中，我们总是喜欢朝着自己既定的目标奋力拼搏，但却不是每个人的愿望和理想都能实现。那些搏击一世却未获成功的人，会不会是因为他生命中真正精华的部分被自以为"不是最好的"，而从未得以展示呢？

　　李宇明是华中师大的年轻教授，刚结婚不久，妻子就因为患类风湿性关节炎成了卧床不起的病人。生下女儿后，妻子的病情又加重了。面对常年卧床的妻子、刚刚降生的女儿、还没开头的事业，李宇明矛盾重重。一天，他突然想到，能不能把自己的研究方向定在儿童语言的研究上呢？从此，妻子成了他的最佳合作伙伴，刚出生的女儿则成了最好的研究对象。家里处处都是小纸片和铅笔头，女儿一发音，他们立刻作最原始的记载，同时每周一次用录音带录下文字难以描摹的声音。就这样坚持了6年，到女儿上学时，他和妻子开创了一项世界纪录：掌握了从出生到6岁半之间儿童语言发展的原始资料，而国外此项纪录最长的只到3岁。1991年，李宇明的《汉族儿童问句系统控微》的出版，在国内外语言界引起了震动。

　　失之东隅，收之桑榆。很多时候，埋没天才的不是别人，恰恰是自己。成功的路径不止一个，不要循规蹈矩，更不要放弃成功的信心。此路不通，就该换条路试试。

61. 救活自己的只能是自己

> 放弃伤害别人的同时，也就救了自己。

古罗马的大斗兽场几乎尽人皆知，但对于那里出现过的一次奇迹，也许有的人还不曾听闻。

那次，在斗兽场上，人们把饿了好几天的狮子放了出来当时，缩在墙角的囚徒罗支莱斯颤抖着拎起长矛，默默地祈祷。他想自己快要完蛋了，但愿狮子能给自己留下一条全尸。

饿极了的狮子一眼就瞅到了墙角的人，它仰天长啸一声之后，便迫不及待地猛扑上去。罗支莱斯眼睛一闭，把长予向前一刺，狮子却灵巧地避开了。就在这千钧一发之际，那只狮子突然停止了进攻，并且围着罗支莱斯打起了转转。然后它又忽然停了下去，缓缓地在罗支莱斯身边卧了下来，温顺地舔着他的手和脚。

全场顿时鸦雀无声。不一会儿，人群中猛地爆发出热烈的欢呼声。罗马皇帝也大为惊讶，破例地把罗支莱斯叫到看台上来询问缘由。

原来在1年以前，罗支莱斯在路边发现了一只受了重伤的狮子，他小心翼翼地给狮子包扎了伤口，并照料它直到伤口愈合才送它回到森林。今天在斗兽场里遇见的正是这只狮子！

听完了罗支莱斯的讲述，罗马皇帝也大为感动，立即赦免了罗支莱斯。

如果有人说：一只狮子救了一个奴隶的性命。那么这是一个片面的结论。实际上应该这样说，救了罗支莱斯的是罗支莱斯本人，而不是那只饿极了当然同时也不失仁义的狮子。也就是说，正是他自己种下了善因，所以他才收获了善果。

62. 坚持与放弃

成功的人懂得何时坚持何时放弃，失败的人却刚好相反。

约在一个半世纪以前，一艘英国商船沉没于马六甲海域，这艘从广州驶出的船上载满古老中国的丝绸、瓷器及珍宝。

10年前一位名叫鲍尔的人偶然获此信息，便下决心打捞这艘沉船，他在深黑的海底摸索了漫长的8年，探寻了70多平方公里的海域，终于找到了海底的宝物。

这项工作耗资是巨大的，工作刚进行了30天，就用去几万元，两位最初的合伙人认定无望而离去。之后没有一个合伙人能坚持得更久，其中有一位鲍尔的好友，几次加入又几次离去，并一次次劝说鲍尔放弃这"疯子"般的念头。

事后鲍尔说他其实一直有放弃的念头，每次精疲力竭地从海底潜回时他都想永远不再下去了，他甚至怀疑早年的记载有误，而且8年来他已债台高筑，但他终于坚持到了成功的这一天。

坚持不用多，在人的一生中，有一次坚持到底就算是成功，而放弃一旦开了头就决不会少，对于曾经认定的事——事业、爱情、友谊，放弃过一次就会一再放弃。

63. 掌握好分寸

人生当中最难把握的两个字是分寸。

在科学上有一个关于分寸的定论叫黄金分割，德国的科学家刻上勒则称之为神圣分割，就是最具有美学价值的比例，也就是我们人类的视觉感最舒服的造型。其实在生活当中，黄金律几乎无处不在。旗帜的长宽，人体上下部的长短，窗子的大小，一天当中气温冷暖的比差，甚至阳光的强弱，都有一个科学的定律在发挥作用，这也就是人生的分寸。

做人做到恰如其分，是人生的最高境界。做事做到恰到好处，是人生的最大学问。

清末曾国藩回湖南组建湘军，先后攻克太平军几个重要城市，最后攻陷金陵，曾国藩因此受封一等侯爵。可是也就在这时，曾国藩发现他的湘军总数已经达到30万之众，是一支谁也调不动，只听命于曾国藩的私人武装。

曾国藩意识到了顾命大臣功高震主的问题，他开始自削兵权，从而解除了清廷的顾虑，使自己依然得到信任和重用。历史上，有不可尽数的立下绝世功勋的人都没能逃脱"狡兔死，走狗烹"的命运。曾国藩与他们的区别在于他及时地把握好了自己作为一个将军大臣的分寸。

看看我们所处的世界，因为有一个完美的尺度，我们的世界才端庄和谐。看看我们周围的人们，因为有一个人生的分寸，才使我们的人生既有失败的懊恼，也有成功的欢欣。

把握好了人生分寸，就等于掌握了自己的命运。

64. 永不投降

> 永不投降是一种无形的生命刑具，在刑具两旁，一边站着英雄和圣人，一边站着懦夫和小人。

J·D.塞林格是美国当代最负盛名的小说家，他的《麦田里的守望者》被认为是美国文学的"现代经典"，总销售量已超过千万册。

换作其他一些人，或许会是穿华衣、吃美食、坐豪车、娶名妻，极尽张扬。然而，塞林格走的却是一条完全相反的道路。他退隐到新罕布什尔州乡间，在河边小山附近买了九十多英亩土地，在山顶筑一座小屋，周围种上许多树木，外面拦上六英尺半高的铁丝网，网上还装有警报器。每天八点半带了饭盒入内写作，下午五点半才出来，家里任何人不准打扰他，如有要事，只能电话联系。

他平时深居简出，偶尔去小镇购买书刊，有人认出他，他马上拔腿就跑。他不喜欢过多的社交，有人登门造访，得先递上信件或便条；如果来访者是生客，就拒之门外。他更不喜欢自造舆论，成名后，只回答过一个记者的问题，那是一个十六岁的女中学生，为给校刊写稿特地去找他的。

塞林格是值得我们尊敬的。一个人在没有能力获得享受时主动放弃享受，并不是一件怎么了不起的事，难就难在当享受唾手可得，却不向它投降，自觉地坚守自己的生命目标。正是这种视创造为生命，放弃享乐的性格使塞林格的作品保持了持久的艺术魅力,他的作品哪怕是一个短篇,一旦发表,马上就会引起轰动。

65. 谁都不会一无是处

当你把自己彻底放弃时,你就没有了选择,那就真的是一无是处了。

法国文豪大仲马在成名前,穷困潦倒。有一次,他跑到巴黎去拜访他父亲的一位朋友,请他帮忙找个工作。

他父亲的朋友问他:"你能做什么?"

"没有什么了不得的本事,老伯。"

"数学精通吗?"

"不行。"

"你懂得物理吗?或者历史?"

"什么都不知道,老伯。"

"会计呢?法律如何?"

大仲马满脸通红,第一次知道自己太不行了,便说:"我真惭愧,现在我一定要努力补救我的这些不行。我相信不久之后,我一定会给老伯一个满意的答复。"

他父亲的朋友对他说:"可是,你要生活啊?将你的住处留在这张纸上吧。"大仲马无可奈何地写下了他的住址。他父亲的朋友叫着说:"你终究有一样长处,你的名字写得很好呀!"

你看,大仲马在成名前,也曾有过自己认为自己一无是处的时候。然而，他父亲的朋友，却发现了他的一个看似并不是什么优点的优点——把名字写得很好。

把名字写得好，也许你对此不屑一顾，然而，不管这个优点有多么小，但它毕竟是个优点，你可以此为基地，扩大你的优点范围。名字能写好，字也就能写好。字能写好，文章为什么就不能写好？

我们每一个人，特别是不自信的人，切不可把优点的标准订得太高，而对自身的优点视而不见。你不要死盯着自己学习不好，没钱，相貌不佳等等不足的一面，你还应看到自己身体好，会唱歌，字写得好等等不被外人和自己发现或承认的优点。

你不会一无是处，在这个世界上，每个人都潜藏着独特的天赋，这种天赋就像金矿一样埋藏在我们平淡无奇的生命中。那些总在羡慕别人而认为自己一无是处的人，是永远挖掘不到自身的金矿的。

66. 放弃常规

滑铁卢战役的失败是拿破仑一生最后的失败？

我说，不是。拿破仑的最后失败，失败在一枚棋子上。

拿破仑在滑铁卢失败之后，被终身流放到圣赫勒拿岛。他在岛上过着十分艰苦而无聊的生活。后来，拿破仑的一位密友听说此事，通过秘密方式赠给他一件珍贵的礼物——一副用象牙和软玉制成的国际象棋。拿破仑对这副精致而珍贵的象棋爱不释手，后来就一个人默默在下起象棋来，从而解除了被流放的孤独和寂寞。这位有名的囚犯在岛上用那副象棋不厌其烦地打发着时光，最终慢慢地死去。

拿破仑死后，那副象棋多次以高价转手拍卖。最后，象棋的所有者在一次偶然的机会中发现，其中一个象棋的底部可以打开。当那人打开后，惊呆了，里面竟密密麻麻地写着如何从这个岛上逃出的详细计划。随后，这成为世界的一大新闻。可是，拿破仑没有在玩乐中领悟到这一奥秘和朋友的良苦用心，所以，他到死也没有逃出圣赫勒拿岛。这恐怕是拿破仑一生中最大的失败。

拿破仑一生征战南北心机算尽，几乎要称霸欧洲，但是，他没有想到最后竟然死在了常规思维上。如果，他用征战的方法思考一下象棋解除寂寞之外的用意，很可能上帝会向他微笑。

常规是我们解决问题的一般性思考，它能凭经验轻车熟路地完成一些工作，解决平常的一些问题，但是超常的思维会让我们做得别开生面，教我们创造和发明，教我们从容地面对困难，欣然地面对未来。

67. 不被完美所累

要想完美，就一定要懂得去放弃。

著名的音乐家托马斯·杰斐逊其貌不扬，他在向他的妻子玛莎求婚时，还有两位情敌也在追求玛莎。一个星期天，杰斐逊的两个情敌在玛莎的家门口碰上了，于是，他们准备联合起来羞辱杰斐逊。可是这时门里传来优美的小提琴声，还有一个甜美的声音在伴唱，如水的乐曲在房屋周遭流淌着，两个情敌此时竟然没有勇气去推玛莎家的门，他们心照不宣地走了，再也没有回来过。

杰斐逊并不完美，也不出众，但是他有音乐才华。生活中，对自己的缺陷和弱点，不同的人会采取不同的办法，杰斐逊是小提琴，我们呢？其实我们都有发现自己优点的武器。

对于每个人来讲，不完美是客观存在的，但无需怨天尤人，在羡慕别人的同时，不妨想想，怎样才能走出误区。或用善良美化，或用知识充实，或用一技之长发展自己……生命的可贵之处，在于看到自己的不足之处之后，能坦然面对。

世界并不完美，人生当有不足。留些遗憾，反倒可使人清醒，催人奋进，反而是好事。有句话叫做：没有皱纹的祖母最可怕，没有遗憾的过去无法链接人生。

68. 选择你的环境

或许我们没有能力去创造一个环境，但可以去选择一个环境。

我国古代有一名儒学大师叫孟轲，他小时期家住在一片坟地附近，于是他常常去看别人家举行葬礼，久而久之，孟轲就和一些小孩去做埋葬祭祀的游戏。孟母觉得这个环境对孩子的影响很不好，于是就把家搬到了一个集市的附近。可是他家的周围这一次换成了商店和小货摊，整天耳边充斥着叫卖声，孟轲又开始和别的孩子玩做生意的游戏。孟母觉得这种环境对孩子的成长更不利，于是又一次举家搬迁。这一次，孟母把家搬到了一所学校附近定居下来。打这以后，孟轲开始受读书人的影响，渐渐在朗朗读书声中得到了熏陶，懂得了读

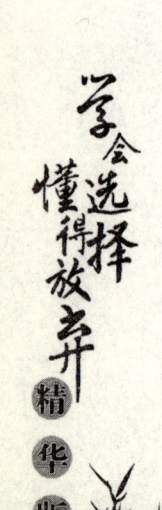

书做人的道理，努力读书，终于成了一代儒学大师。

这就是我们至今传为美谈的"孟母三迁"的故事。环境虽是外因，但有时也能起到关键作用，石头里蹦不出小鸡，但鸡蛋如果离开适宜的温度也不会孵出小鸡，在冰天雪地中它会冻裂，在开水中会烫熟，哪能会再变成小鸡呢？对于环境的重要性，我国早就有精辟的论述——"近朱者赤，近墨者黑"；"蓬生麻中，不扶自直；白沙在涅，与之俱黑"。

我们要善于选择对自己有利的环境。俗话说得好："树挪死，人挪活"，候鸟还懂得随气候变化而迁移呢。

69. 学会恰到好处地放弃

无论你内心的感觉如何，你的坚持一定不要欺骗自己，否则你就要恰到好处地放弃。

拉斐尔11岁那年，一有机会便去湖心岛钓鱼。在鲈鱼钓猎开禁前的一天傍晚，他和妈妈又来钓鱼。

忽然钓竿的另一头沉重起来，他知道一定有大家伙上钩，急忙收起鱼线。终于，孩子小心翼翼地把一条竭力挣扎的鱼拉出水面。好大的鱼啊！是一条鲈鱼。

月光下，鱼鳃一吐一纳地翕动着。妈妈打亮小电筒看看表，已是晚上十点——但距禁止钓猎鲈鱼的时间还差2个小时。

"你得把它放回去，儿子。"母亲说。

"妈妈！"孩子哭了。

"还会有别的鱼的。"母亲安慰他。

"再没有这么大的鱼了。"孩子难过着。

他环视了四周,已看不到一个鱼艇或钓鱼的人,但他从母亲坚决的脸上知道无可更改。暗夜中,那鲈鱼抖动笨大的身躯慢慢游向湖水深处,渐渐消失了。

这是很多年前的事了,后来拉斐尔成为纽约市著名的建筑师。他确实没再钓到那么大的鱼,但他却为此终身感谢母亲。因为他通过自己的诚实、勤奋、守法,猎取到生活中的大鱼——事业上成绩斐然。

70. 放心面对,用心解决

人生犹如一条大船,人人都应准备好去掌舵。

美国有一位著名的潜能开发大师席勒,由于所采用激励的效果极佳而且内容丰富,十分得到学员的喜爱,并且受邀到世界各地去巡回演讲。

席勒有一句招牌话:"任何一个苦难与问题的背后,都有一个更大的祝福!"他常常用这句话来激励学员积极思考。由于他时常将这句话挂在嘴上,连他惟一的女儿,才念小学时就可以琅琅上口地附和他念这句话。他的女儿是一个非常活跃抢眼的小姑娘。

有一次,席勒受邀到韩国演讲,就在演讲进行当中,他收到一封来自美国的紧急电报:他的女儿发生了一场意外,已经送医院进行紧急手术,有可能切除小腿!他心情错乱地结束演讲,火速地赶回美国。到了医院,看到的是躺在病床上,一双小腿已经被切除的女儿。

这是他头一次发现自己的口才完全不见了，笨拙地不知如何来安慰这个热爱运动、充满活力的天使!

女儿好似察觉到父亲的心事，告诉他："爸爸!你不是时常说，任何一个苦难与问题的背后，都有一个更大的祝福吗?不要难过呀!"他无奈又激动地说："可是!你的脚……"

女儿又说："爸爸放心，脚不行，我还有手可以用呀!"2年后，小女孩升中学了，并且再度入选垒球队，成为该联盟有史以来最厉害的全垒球王!

许多人在困难出现时，退却了；在无法突破时，灰心了；更有人在没有达到预期的目标时就丧失了斗志，甚至有人用放弃自己的生命了结问题。

先放心去面对，再用心去解决，你会发觉，问题有时只是我们想像中的巨兽，一旦你带着武器反攻，它们却可能成为不堪一击的泡泡，轻轻一刺，便快速地消失了!

如果你的答案是肯定的，那就不要再拖延了。先思考一下问题的重点，再搜集相关有助于解决问题的资讯，拟定解决的方案与替代的方法，然后把自己推向最重要的执行上，突破限制、激发自己的能力，成功应该不会很难的!